程序设计竞赛入门

周　娟　杨书新　卢家兴　　编著

www.waterpub.com.cn

·北京·

内 容 提 要

《程序设计竞赛入门》以程序设计语言C语言为基础，对程序设计竞赛中所涉及的基本题型和知识点进行了系统归纳和详细讲解，不仅为大学生们参加程序设计竞赛提供了入门指导，而且对参赛学生拓展解题思路和提高训练水平也有很大的帮助。本书基于传统的教学大纲，以实验部分为主体，包含了理论介绍、程序设计试题、试题来源和在线测试地址、试题解析、带关键注解的解答程序等。本书对算法结构与逻辑的清晰阐述，有利于学生对知识点的理解，同时也能够增加学生学习的兴趣。

《程序设计竞赛入门》内容包括编程语言部分和程序设计竞赛入门训练部分，涵盖了编程基础、编程结构、进制转换和数据存储方式、链表、排序、STL、思维训练、递推、贪心算法、优先队列、简单搜索、分治、数论初步、动态规划、图论初步，以及各大程序设计竞赛介绍、蓝桥杯竞赛若干题解、ICPC竞赛若干题解等。

《程序设计竞赛入门》不仅可以帮助学生进行程序设计竞赛的入门学习，帮助学生参加各类程序设计竞赛，如国际大学生程序设计竞赛（ICPC）、中国大学生程序设计竞赛（CCPC）、天梯赛、蓝桥杯大赛、青少年信息学奥林匹克竞赛（NOI）等，还可为喜爱程序设计的学生深入学习打下更扎实的基础，为考研学生提供很好的专业课复习资源，提升升学和就业竞争力。

图书在版编目（CIP）数据

程序设计竞赛入门 / 周娟，杨书新，卢家兴编著．
-- 北京：中国水利水电出版社，2021.6
ISBN 978-7-5170-9265-0

Ⅰ．①程… Ⅱ．①周… ②杨… ③卢… Ⅲ．①程序设计－竞赛－高等学校－教学参考资料 Ⅳ．① TP311.1

中国版本图书馆 CIP 数据核字 (2020) 第 265125 号

书 名	程序设计竞赛入门 CHENGXU SHEJI JINGSAI RUMEN
作 者	周 娟 杨书新 卢家兴 编著
出版发行	中国水利水电出版社 （北京市海淀区玉渊潭南路1号D座 100038） 网址：www.waterpub.com.cn E-mail：zhiboshangshu@163.com 电话：（010）62572966-2205/2266/2201（营销中心）
经 售	北京科水图书销售中心（零售） 电话：（010）88383994、63202643、68545874 全国各地新华书店和相关出版物销售网点
排 版	北京智博尚书文化传媒有限公司
印 刷	北京瑞斯通印务发展有限公司
规 格	190mm×235mm 16开本 18.25印张 436千字
版 次	2021年6月第1版 2021年6月第1次印刷
印 数	0001—5000册
定 价	79.80元

前　言

从某种角度来看，计算机科学要为编程服务，要吸收并分析来自各行各业、各科目和范畴的问题，找出一个高效的算法，通过编程把算法实现，最终解决问题。编写程序需要大量的练习，编写一个程序，除了要彻底了解所使用的语言的特性之外，还需想出一个解决问题的算法，本书将带领读者边看书、边思考、边练习。

在程序设计竞赛中，即使程序写完了，如果程序存在关键漏洞，就是 0 分。刘汝佳说："这不难理解，如果用这个程序控制人造卫星发射，难道当卫星爆炸之后，你还可以向人炫耀说除了有一个加号被我粗心地写成减号而引起爆炸之外这个卫星的发射程序几乎是完美的？"

1998 年我参加了 ACM 国际大学生程序设计竞赛亚洲区域赛并获得了第 11 名，那时候没有相关教材，也没有 OJ（在线裁判系统），我的父亲，也是我的教练，他下载了历年真题，给我训练用，我发现题目很吸引我，越做越喜欢。和大部分竞赛选手一样，我深刻地感受到 ACM 竞赛受训和参赛的历程对自己的学习和职业生涯发挥了巨大的作用。任教后，在父亲的指导下，我自编了程序设计竞赛入门讲义，用于本校的训练和帮助省内一些高校起步该竞赛活动，讲义时常更新。后来市面上也涌现出了越来越多优秀的程序设计竞赛方面的教程，从入门级到高级的世界总决赛题集，各个层次都有。

没有一本教材能适用于所有的学生，我喜欢以人为本，因材施教。终于，在吴永辉教授的鼓励下我把入门讲义改编为教材而出版。我接触程序设计竞赛二十多年，从参赛的学生，到将编程应用于工程项目的程序员，再到专门指导学生竞赛的高校教师，我深知我们的学生需要怎样的书。市面上有不少传统的 C 语言教材，大部分都比较严谨和全面，但是他们并不适合所有读者。不要以为入门编程语言以后就能够轻松写出算法程序。

本书以问题驱动的方式，采用程序设计竞赛的经典试题进行讲解，读者可以在各 OJ 中练习验证自己编写的代码。这能够吸引读者，也更能够帮助读者深刻理解和掌握 C 语言语法和结构，理解算法精髓，学起来轻松愉快而不枯燥。

与大部分程序设计竞赛类教材一样，本书纳入了大量的竞赛试题。每个试题的写作结构是，先给出题目描述，并提供试题来源及题号；再给出试题解析，提供参考程序清单，并有详细的注解。有的题目给出多种思路和解法，有的图文并茂，有的以表格方式给出样例求解过程，便于读者理解，突出计算思维。

本书内容

第 1 部分是语言篇（第 1～5 章），开篇以简单的例题讲解，先抛出问题，再介绍 C 语言，然后主要讲解了编程的发展、以 C 语言语法为主的编程基础、编程结构、进制转换、数据存储和链表等。

第 2 部分是入门训练篇（第 6～19 章），在介绍算法的同时继续强化语言，引入了更多思想和技巧，有排序、STL、思维训练、递推、贪心、优先队列、简单搜索、分治、数论初步、动态规划初步、图论初步、程序设计竞赛介绍及训练经验、蓝桥杯竞赛若干题解、ICPC 竞赛若干题解等，由浅入深地引导读者参与训练并了解程序设计相关竞赛。

学完本书，读者应该可以完成相当数量的练习题。

本书资源获取及联系方式

本书提供教学 PPT 课件、示例代码及部分赛题的讲解视频，读者使用手机微信“扫一扫”功能扫描左侧的二维码，或在微信公众号中搜索“人人都是程序猿”，关注后输入“JS92650”并发送到公众号后台，获取本书资源下载链接。将该链接复制到计算机浏览器的地址栏中（一定要复制到计算机浏览器的地址栏，通过计算机下载，手机不能下载，也不能在线解压，没有解压密码），根据提示下载即可。

本书编者

周娟，女，1977 年生，云南昆明人，硕士，华东交通大学副教授，软件学院创新创业中心主任，华东交通大学程序设计竞赛训练基地主教练和华东交通大学研究生数学建模竞赛教练组组长，主要从事软件工程专业的教学工作和指导学生创新创业活动，指导学生参加数学建模、程序设计等竞赛，获得过国际级、国家级、省级奖项的学生达上千人次；2020 年获评“华为杯”中国研究生数学建模竞赛首次评选的全国先进个人，2020 年 10 月主持的“数据结构”课程获评江西省防疫期间线上教学优质课优秀奖，该课程还获评 2020 年江西省一流本科课程，2017 年以第一成果人获得江西省教学成果一等奖，2014 年获江西省优秀教学成果二等奖，曾三次获得全国多媒体课件大赛一等奖、省高校微课教学比赛三等奖和省高校创业指导课程教学大赛三等奖等；主持过多项省部级课题，发表论文 20 余篇，出版教材 3 部。

本书其他编者有杨书新（江西理工大学）、卢家兴（江西师范大学）、我的同事王长征、丁琼、谌勇、李小芳和我的学生谢子若，他们大部分是从事计算机编程语言教学工作且具有丰富竞赛指导经验的一线教师。在本书成稿过程中，吴永辉教授对本书的内容给予了悉心指导，周娟、杨书新、卢家兴参与了全书的编写，教学团队王长征、丁琼、谌勇老师参与了第二部分的编写，李小芳和谢子若参与了英文题目的翻译工作，华东交通大学校 ACM 训练队 17 到 20 级的队员们帮助调试代码、检查书稿和编辑课件等工作，水利水电出版社的编辑们非常细致地校稿并提出了一些宝贵意见，作者在此一并致以诚挚的谢意。

谨将此书献给我的父亲周尚超，感谢他的基因造就了我对梦想的追求，感谢他对我的言传身教。

由于编者水平有限，书中难免存在一些缺点和错误，殷切希望广大读者批评指正。

周　娟

目　录

第1部分　语　言　篇

第2部分 入门训练篇

第 1 部分

语 言 篇

LEARNING
KNOWLEDGE
EXPERIENCE
SKILLS
ABILITY
TRAINING
GROWTH

第 1 章　编 程 概 述

1.1　简单编程题

例 1-1　Fibonacci Sequence

斐波那契序列是自然数序列，定义如下：

$F_1=1$

$F_2=1$

⋮

$F_n=F_{n-1}+F_{n-2}\ (n>2)$

编写程序，输出斐波那契序列中的前 5 个数字。

输出

输出 5 个整数，表示斐波那契序列中的前 5 个数字。输出中相邻的两个数字都用一个空格分隔，行的末尾没有额外的空格或符号。

样例输出
1 1 2 3 5

在线测试：Jisuanke42394

程序清单

```
#include <stdio.h>
int main(void){
    int i;
    int f1,f2,f3;
    f1=1;
    f2=1;
    printf("1 1");
    for(i=3;i<=5;i++)
        {
        f3=f1+f2;
        f1=f2;
        f2=f3;
        printf("%d",f3);
    }
  return 0;
}
```

1.2　算术计算编程

计算机最初用于进行科学计算。我们先从算术运算入手，看看如何用计算机进行简单的计算。

例 1-2　*a+b*

计算 $a+b$。

输入

两个整数 a，b（$0\leqslant a, b\leqslant 10$）。

输出

$a+b$ 的结果。

样例输入	样例输出
1 2	3

试题来源：PKU

在线测试：POJ1000，HDU1000

程序清单

```
#include <stdio.h>
int main(void){
     int a,b,c;
     scanf("%d%d",&a,&b);
     c=a+b;
     printf("%d\n",c);
     return 0;
}
```

试题解析

这是一段简单的程序，用于计算 $a+b$ 的值，其中“c=a+b;”是一个简单语句。a 和 b 是多少，需要从键盘输入，计算机通过 scanf 语句接收输入，c 通过 printf 语句输出。上面这 8 行内容称为计算机程序或代码，每一行是一条语句。再仔细看看它们还包含哪些内容，如 % 是用来做什么的，include、int、逗号、分号和花括号都负责什么任务？第 1 部分关于 C 语言程序设计的内容将解答这些疑问。上文中这段程序又叫作 C 语言代码。为完成 $a+b$ 的计算任务，计算机其实还有很多语言可以编写这样的程序，即可以用多种语言表达，如同“早上好！”还可以说成 Good Morning。计算机语言用于实现人与计算机之间的交流。“//”起注释作用，用来解释这句话的含义，下面再把上面的代码加上注释。

```
#include <stdio.h>          // 包含标准输入 / 输出的函数库，导入这个函数库，才可以使用 scanf 等函数
int main(void){             // 用一对花括号把语句序列括起来，C 语言从 main 开始执行，叫作主程序
    int a,b,c;              // 定义三个变量，都是整数类型，int 是 integer“整数”的缩写。在 C 语
                               言中，变量都有自己的数据类型
    scanf("%d%d",&a,&b);    // %d 表示以整数的格式从键盘读取两个整数，赋给 a 和 b，两个整数间用空
                               格分开，再按 Enter 键，& 是专门的地址符号，这样才可以成功赋值给 a
                               和 b
    c=a+b;                  // 这是赋值语句
    printf("%d\n",c);       // 把 c 的值从显示器上输出
    return 0;               // 程序运行结束，返回操作
}
```

注释并非越多越好，一般只给出必要的注释即可。更详细的语法知识在本书后续章节中会一一阐述，如格式不止有 %d，还有 %f、%c 和 %s 等。每一条语句后面都有分号，一般独占一行会更便于阅读。

1.3 编程的发展过程

现代编程和编程语言可以追溯到 20 世纪 40 年代中期。然而，在讲述 20 世纪 40 年代的编程历史之前，仍需再向前追溯到 1822 年，Charles Babbage 在英国剑桥大学读书时偶然发现，在使用许多有关时间的计算设备（如天文图、潮汐图、航海图）进行测量时都存在临界误差，并且测量烦琐。这些误差导致许多船只、人员和货物在海上失踪。Charles Babbage 认为这些不精确是人的计算误差造成的，因此，他想用蒸汽发动机来建立和维护图表。这个机器和相配套的差分机（Difference Engine）消耗了 Charles Babbage 余生的大部分时间。他甚至还向英国政府申请财政补助，多次要求政府给计算机科学研究提供资助。

Charles Babbage 在研究差分机 10 年以后意识到差分机是一个最终只能执行单操作的单用途机器，这是差分机的主要缺陷。他曾一度放弃差分机，采用更通用的解析机（Analytical Engine）。解析机包括现代计算机的基本组成部分，因此，人们将 Charles Babbage 称为“计算机之父”。由于 Charles Babbage 病痛缠身，使得解析机没有得到广泛应用，几个世纪以来，编程人员和计算机科学家很遗憾未能形成一个清晰的文档来传达他的思想。

解析机的研究一直持续到 1842 年，苦于没有进展和结果，英国政府放弃了这项研究，并取消了资助。但 Charles Babbage 仍然继续研究解析机，直到 1847 年他重新研究差分机为止。1847—1849 年，Charles Babbage 完成 21 张详细制图，这是差分机第二版本的引擎结构图。然而，Charles Babbage 没有真正完成差分机和解析机。1871 年，Charles Babbage 去世后，为了保存这些研究，他的儿子 Henry Prevost 复制了一些差分机的简单算术单元的副本，送到世界各地的各个研究机构，包括哈佛大学。

19 世纪的研究不断取得进展。1854 年，George Boole 完成了符号逻辑系统，并以他的名字命名（布尔逻辑），该系统一直沿用至现在（后面的章节中会讲述布尔运算）。该系统提出逻辑术语，如大于、小于、等于和不等于，并建立一套符号系统来描述这些术语。

1890 年，美国国会在人口普查方面提出更多的问题，使得这一需求达到顶点。美国人口的不断增加，意味着处理这些数据需要花费的时间越来越长。除非提高和加快处理数据的速度，否则，1890 年的人口普查数据估计到下一次普查（即 1900 年）之前也不能处理完！

因此，美国政府通过举办竞赛来引起人们对计算以及传递数据处理设备研究的兴趣。Herman Hollerith 在比赛中获胜，在成功证明该项技术后，他继续把这项技术运用到其他国家的人口普查信息处理中。后来他创办了 Hollerith Tabulating 公司，这家公司与其他两家公司于 1914 年合作创办了 CTR 公司，即 Calculating Tabulating Recording Company。十年后，该公司被命名为国际商用机器（International Business Machines，IBM）。

此后，研究进展似乎慢了一些，到 20 世纪 20 年代中期，数字计算工具很少用于商业、工业或工程领域。事实上，最常用的是类似于计算尺的工具。然而情况在 1925 年开始转变，在美国麻省理工学院（MIT），Vannervar Bush 建成了一个规模巨大的差分分析器，这种机器综合了积分和差分功能。大数额发明资金由洛克菲勒（Rockefeller）基金会提供。1930 年，这台机器成为全世界最庞大的"计算机"。

编程发展过程中的另一位主要人物是德国科学家 Konrad Zuse。1935 年，Zuse 研制了 Z-1 计算机，这台机器是第一台利用继电器和以二进制计算系统为基础的计算机，它是当今计算机的先驱。

Zuse 继续研究，1938 年，在 Helmut Schreyer 的帮助下研制出 Z-2 计算机。他向德国政府申请财政资助，用于计算机的发展和构建，但由于要完成该项目的时间超出了预期的战争结束时间，他的申请遭到了拒绝。战争即将结束时，Zuse 逃往 Hinterstein，之后来到瑞士，在苏黎世大学重建了 Z-4 计算机。

Zuse 还发明了现代编程。1946 年，他开发了世界上第一种编程语言 Plankalkül。他甚至还给 Z-3 计算机编写代码来与自己下国际象棋。这种语言具有开创性，很多现代语言中都包含该语言，如表格和数据结构。

Zuse 随后成立计算机公司，这家公司后来被西门子公司合并。

1945 年，计算领域中另一个重要的发展是单词 bug 的引入，这个单词几乎人尽皆知。Grace Muray Hopper（后来成为上将）在哈佛大学研究 Mark Ⅱ Aiken Relay Calculator 机器。该机器在那段时间一直出现问题，1945 年 9 月 9 日，一名技术人员发现一只小虫在电路之间（记录显示正好在继电器 #70 面板 F 这个点上）。技术人员随即把这只小虫清除出来，并把它贴在记录计算机使用和问题的日志上。日志上写着"发现第一只真正的小虫"。"调试机器""调试计算机"以及后来出现的"调试计算机程序"等短语都是从这里派生而来的。

尽管 Grace Muray Hopper 一直很小心地澄清发生那件事的时候她不在场，但这是她经常乐于叙述的事件之一。

此后，研究加速发展。1949 年，短代码（Short Code）发明出来。这种代码必须手工转换成机器可读代码（这个过程就是编译，compiling），因为代码非常少，被称为短代码。

1954 年，IBM 开始开发 FORTRAN（FORmula TRANslator，公式转换器）语言。FORTRAN 语言可以方便地使用输入和输出系统，代码简短，便于掌握，因此，在 1959 年被发布后立即取得成功（现在有些地方仍在使用它）。另外，FORTRAN 语言是第一个商业化的高级编程语言。由于它遵守人们熟悉的语法、方法和结构规则，因此代码很容易理解。

1958年，FORTRAN Ⅱ和ALGOL发布后，接着LISP语言又发布了。直到1959年，另一种流行且使用长久的面向商业的通用语言（Common Business Oriented Language，COBOL）诞生，它是在数据系统和语言会议上提出来的。COBOL是一种主要在大型机上使用的商业机构的语言，现在许多公司仍然在使用它。

其后，语言继续飞速发展，许多新语言和已有语言的其他版本不断发布。1968年，Pascal语言开始出现，并于1970年发布，现在仍用于教学。1970年还发布了另外两种语言，即Smalltalk和B-language，它们在计算方面具有革命性。Smalltalk语言是一种重要的语言，它是完全基于对象的语言；B-language语言的重要性则是它具有导向性。

B-language语言之后又产生了什么语言呢？1972年，Dennis Ritchie在B-language语言的基础上开发出最终被称为C的语言（之前有段时间被称为NB）。C语言更加简单、有效、灵活，开创了编程的新时代，利用它可以尽可能用较少的代码实现较多的功能，比之前的B语言更快、更简单。

1975年，Wong博士发布TinyBASIC语言，TinyBASIC语言只占2KB的内存，通过纸带上传到计算机。这同样具有开创性，因为它是发布的第一个免费软件程序。

正巧，也是在1975年，年轻的Bill Gates和Paul Allen一起编写了BASIC语言，随后他们把该版本卖给MIT公司。

20世纪70—90年代，研究进程继续飞速发展，越来越多的研究导致现在的一种状况：有无数种各有千秋的编程语言存在，如C++、Java、Delphi、Foxpro、C#、MATLAB、Lingo、PHP、Python、CPlex等，有些已经不怎么使用了，有些还在广泛使用。同时，互联网出现了，它是多种语言的集成。互联网的另一个重要优势是通过它很容易与别人共享信息和程序，这也就意味着通过自由交换信息、思想和应用程序，使得人们对编程和编程语言的兴趣越来越浓厚。

以上简单回顾了编程的发展过程，重点讲述一些对当今编程领域产生重大影响的事件。接下来介绍编程的概念。

1.4 编程的概念

关于编程并没有统一的定义，不同人有不同的定义。例如：

编程是指利用某种语言与计算机对话，计算机解析这种编程语言的文法和语法后帮助用户完成有用的工作。

用户编写代码，计算机解析用户的请求并执行请求。完成任务是编程最重要的部分。编写程序的目的就是不断地让计算机来执行任务（即使它在等待另一条指令），即执行一个任务后继续往下执行。无论什么时候，不管是简单的还是复杂的任务，总是给计算机一条指令。通常不同任务指令是同时给计算机的，尽管有时计算机同时执行多个不同的任务，但实际还是按照一步一步的指令来执行。

代码必须是正确的，不能具有多义性，不能存在任何错误或歧义，否则代码会出错，导致无法运行。运行代码时，计算机不能猜测代码的意思，不能纠正错误。

另外要注意的是，开始编程时，只执行一项任务的代码不代表只做一项工作，即使最简单的项目通常也由几部分组成，例如：

（1）执行程序。

（2）检查初始化参数。

（3）改变参数。

（4）运行后清除一些文件。

（5）退出程序。

1.5　C 语言的发展过程

C 语言是目前世界上流行最为广泛的高级程序设计语言。C 语言的发展过程可以粗略地分为 3 个阶段：1970—1973 年为诞生阶段；1973—1988 年为发展阶段；1988 年以后为成熟阶段。

1. C 语言的诞生

C 语言是为写 UNIX 操作系统而诞生的。1970 年，美国 AT&T 公司贝尔实验室的 Ken Thompson 为实现 UNIX 操作系统，提出一种仅供自己使用的工作语言，由于该工作语言是基于 1967 年英国剑桥大学 Martin Richards 提出的 BCPL 语言设计的，因此被作者命名为 B 语言，B 取自 BCPL 的第一个字母。B 语言被用于 PDP-7 计算机上，实现了第一个 UNIX 操作系统。1972 年，贝尔实验室的 D. M. Ritchie 又在 B 语言基础上，系统地引入各种数据类型，从而使 B 语言的数据结构类型化。1973 年，K. Tompson 和 D. M. Ritchie 用 C 语言重写了 UNIX 操作系统，推出 UNIX v5，1975 年又推出 UNIX v6。此时的 C 语言附属于 UNIX 操作系统。

2. C 语言的发展

为了使 UNIX 操作系统能够在其他机器上得到推广，1977 年，C 语言的作者发表不依赖于具体机器系统的 C 语言编译文本《可移植 C 语言编译程序》，从而推动了 UNIX 操作系统在各种机器上的实现，以及 UNIX 操作系统的不断发展。1978 年之后，相继推出了 UNIX v7 和 UNIX systemV。UNIX 操作系统的巨大成功和广泛使用，使人们普遍注意到 C 语言的突出优点，从而又促进了 C 语言的迅速推广。同时，C 语言也伴随着 UNIX 操作系统的发展而不断发展。1978 年，Brian W. Kernighan 和 D. M. Ritchie 以 UNIX v7 中的编译程序为基础，编写了影响深远的名著 The *C Programming Language*，这本书介绍的 C 语言是以后各种版本 C 语言的基础，被称为传统 C 语言。1978 年以后，C 语言先后被移植到各种大型机、中型机、小型机和微型机上。目前，C 语言成为世界上使用最广泛的高级程序设计语言，且不依赖于 UNIX 操作系统而独立存在。

3. C 语言的成熟

1978 年以后，C 语言不断发展，产生了各种版本 C 语言，不同的 C 语言版本对传统 C 语言都有扩充和发展。1983 年，美国国家标准协会（ANSI）综合各版本对 C 语言的扩充和发展，制定了新标准，称为 ANSI C。Brian W. Kernighan 和 D. M. Ritchie 按 ANSI C 标准重写了他们的经典著作，于 1990 年正式发表国际标准化组织（ISO）公布的 C 语言标准。C 语言标准的制定标志着 C 语言的成熟，1988 年以后推出的各种 C 语言版本与 ANSI C 是相容的。

C++ 语言是由 C 语言派生而来的，属于面向对象的程序设计语言，是一种多范型程序设计语言，我们不仅可以利用它编写面向对象的程序设计语言，还可以编写面向过程的程序。本书中所包含的代码是面向过程的，主要使用 C 语言实现，也有些使用 C++ 语言实现。本书第 1 部分语言篇，会以有趣的练习题和赛题作为示例来帮助大家学习并掌握 C 语言编程，我们需要学习语言的各种符号；如果定义变量，则需要了解哪些符号和哪些单词（即关键字）、合法的语句组成“C 语言诗歌”（即程序）；学习具体的 C 语言语法。我们要学习如何书写“C 语言的句子”（即语句）才能被计算机接受。

1.6 编译器的安装使用

C 语言、C++ 语言的编译器有很多，初学者可以使用简单的 Bloodshed Dev-C++，它是一个跨平台的编译器，相关网站可以下载。

操作示范：

（1）运行 Dev-C++，单击工具栏中的“新建”按钮，如图 1-1 所示。

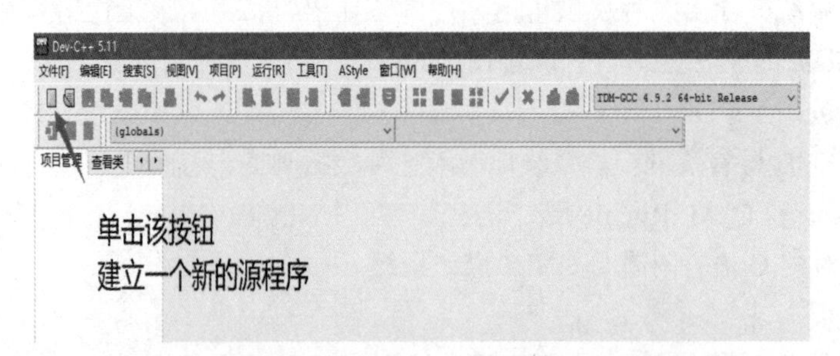

图 1-1　新建一个源程序

（2）输入 C 语言源代码，如图 1-2 所示，你会发现每个单词和字符会呈现不同的颜色。一种颜色代表一个类别的符号，这样阅读起来十分清晰。

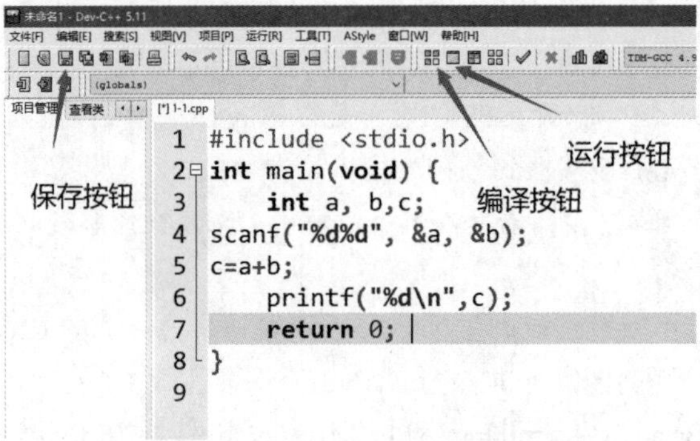

```
#include <stdio.h>
int main(void) {
    int a, b,c;
scanf("%d%d", &a, &b);
c=a+b;
    printf("%d\n",c);
    return 0;
}
```

保存按钮　编译按钮　运行按钮

图 1-2　输入 C 语言源程序

（3）单击工具栏中的“保存”按钮（或快捷键 Ctrl+S），在对话框中输入文件名 1-1，然后保存。

（4）单击工具栏中的“编译”按钮（或快捷键 F9），可以看到屏幕下方出现编译结果，如图 1-3 所示。

```
6      printf("%d\n",c);
7      return 0;
8  }
9
```

```
编译日志  调试  搜索结果  关闭
编译单个文件...
--------
- 文件名: D:\acmcoach\讲义\程序设计竞赛入门\1-1.cpp
- 编译器名: TDM-GCC 4.9.2 64-bit Release

处理 C++ 源文件...
--------
- C++ 编译器: %BinDir0%\g++.exe
- 命令: g++.exe "D:\acmcoach\讲义\程序设计竞赛入门\1-1.cpp" -o "D:\acmcoa

编译结果...
--------
- 错误: 0
- 警告: 0
- 输出文件名: D:\acmcoach\讲义\程序设计竞赛入门\1-1.exe
- 输出大小: 128.1015625 KiB
- 编译时间: 0.14s
```

图 1-3　编译成功的结果

也有一些版本会出现一个 Compile Progress，里面的 Status 显示为 Done，表示编译成功。

（5）单击工具栏中的“运行”按钮（或快捷键 F10），程序运行，如图 1-4 所示。

图 1-4　程序运行

这里需要通过键盘输入 1，然后输入一个空格，再输入 2，最后按 Enter 键，就可以看到上面的结果 3。

1.7　OJ 的简单使用说明

附录给出了一些常用 OJ（Online Judge，编程在线测试平台）网址，本节简单介绍使用 OJ 来做题。

（1）注册一个 OJ 账号，如图 1-5 所示。

图 1-5 注册 OJ 账号

（2）打开题库。例如，单击上方的 Problem Archive，单击一个题目，阅读该题，在 1.6 节介绍的编译器里编写程序，调试成功。

（3）复制编写好的代码，单击页面题目描述的下方 Submit，把代码复制到 Source Code 下的方框里，再单击 Submit，此时代码已经提交，等待一会儿判题，如图 1-6 所示。

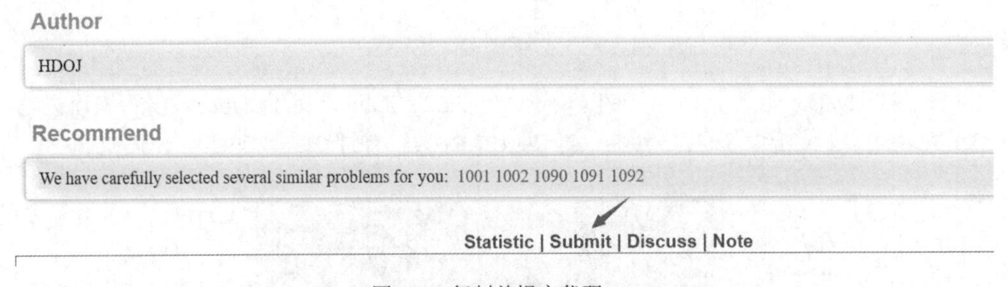

图 1-6 复制并提交代码

（4）在 Realtime Status 中看到判题结果，或者单击页面上方的 Realtime Judge Status。Accepted 表示正确，如图 1-7 所示。

（单击查看详情）杭电ACM-LCY算法培训

Realtime Status

From Problem ID Author Language All Status All Go

Run ID	Submit Time	Judge Status	Pro.ID	Exe.Time	Exe.Memory	Code Len.	Language
35806127	2021-04-13 11:47:43	Time Limit Exceeded	3032	1000MS	1360K	647B	G++
35806126	2021-04-13 11:46:00	Accepted	3032	15MS	1396K	452B	G++
35806125	2021-04-13 11:45:43	Wrong Answer	1555	0MS	1796K	422B	C++
35806124	2021-04-13 11:45:38	Accepted	1003	109MS	1804K	800B	C++

图 1-7 判题结果

以上说明以杭电 OJ 为例，其他 OJ 大体流程都差不多，了解更多可以查看网站的相关 FAQ（Frequently Asked Questions，常见问题及解答）及论坛等。

第 2 章　编程基础

数据是指能够输入计算机并被计算机处理的数字、字母和符号的集合，人们看到的景象和听到的声音，都可以用数据来描述。数据与操作是程序的两个要素，C 语言的数据是以数据类型形式出现的。每一种数据类型都有其数据范围、精度和所占据存储空间的大小等。如整数 5、浮点数 3.5、字符 b 等数据，可以用整型、实型、字符型的数据类型来表示，有常量和变量两种表现形式。

2.1　常量与变量

2.1.1　常量

在程序运行过程中，其值不改变的量称为常量。在 C 语言中，常量有不同的类型，分别是整型常量（int）、实型常量（float 和 double）、字符常量（char）和字符串常量（string），整型常量可分为短整型（short int）、长整型（long int）和无符号型（unsigned int）等。

（1）整型常量

整型常量通常是指数学上的整数，如 1、2、123 等。

（2）实型常量

实型常量也称数值常量，它有正值和负值之分。实型常量可以用小数形式或指数形式表示，如 123、0.123、123.0、3.14159、2.6e5（表示 2.6×10^{5}）、3.9e−8（表示 3.9×10^{-8}）等。实型常量不分单精度型和双精度型，但可以赋给一个 float 型或 double 型变量。

注意

> 指数形式的浮点常量 E 或 e 前面必须有数字，E 或 e 后面必须为整数，因此如 E9、5e6.8 都是不合法的浮点常量。

（3）字符常量

字符常量是用一对单撇号括起来的一个字符，如 'c' 'C' '!' '#'。注意，单撇号只是字符与其他部分的分隔符，或者说是字符常量的定界符，不是字符常量的一部分，当输出一个字符常量时，不输出此撇号。不能用双引号代替撇号，如“c”不是字符常量。

注意

> 撇号中的字符不能是撇号或反斜杠，如 '’' 或 '\' 都不是合法的字符常量。

（4）转义字符

C 语言规定：①用反斜杠“\”开头，后面跟一个字母，代表一个控制字符；②\\ 代表“\”，用\’代表撇号字符；③用“\”后跟 1～3 个八进制数代表 ASCII 码为该八进制数的字符；④用“x”后跟 1～2 个十六进制数代表 ASCII 码为该十六进制数的字符。转义字符如表 2-1 所示。因为“\”

后面的字符有了特殊的含义，因而称为转义字符。

表 2-1 转义字符

字符形式	功 能	字符形式	功 能
\n	换行	\\	反斜杠字符“\”
\t	横向跳格	\'	单引号字符
\v	竖向跳格	\ddd	1～3 位八进制所代表的字符
\b	退格	\xhh	1～2 位十六进制所代表的字符
\r	回车	\"	双引号字符
\f	走纸换页	\0	空字符（NULL）

下面通过具体案例介绍常量的使用。

例 2-1 少数民族的图腾

自从到了南中之地（今四川南部、云南东北部和贵州西北部一带），孔明不仅把孟获收拾得服服帖帖，而且还发现了许多少数民族的智慧。他发现少数民族的图腾往往有一种分形的效果，在得到了酋长的传授后，孔明掌握了许多绘图技术，但唯独不会画他们的图腾。

输入

每个数据一个数字，表示图腾的大小（此大小非彼大小），$n\leqslant 10$。

输出

这个大小的图腾。

<table>
<tr><th>样例输入</th><th>样例输出</th></tr>
<tr><td>2</td><td><pre>
   /\
  /__\
 /\ /\
/__\/__\
</pre></td></tr>
<tr><td>3</td><td><pre>
       /\
      /__\
     /\ /\
    /__\/__\
   /\   /\
  /__\   /__\
 /\ /\ /\ /\
/__\/__\/__\/__\
</pre></td></tr>
</table>

在线测试：luoguP1498

问题解析

通过观察，可得递推公式：

a[*i*][*j*]=a[*i*-1][*j*]^a[*i*-1][*j*-1];

此题可简化为一维数组来实现。

通过对样例的观察，可推断行数是 2 的 *n* 次方。以这个数组为基础，奇数行遇 1 输出 "/"，偶数行遇连续两个 1 输出 "/__"，遇 0 补上相应的空格即可。

读者在本节可以先仅关注输出格式 "/\\" 和 "/__\\"，"/\\" 将输出“/\”，"/__\\" 将输出“/__\”。我们可以学完本书后面一些章节的内容，再回过头来研读此题。

程序清单

```
#include <iostream>
using namespace std;
int n,a[1030]={1};
int main(){
    cin>>n;
    for(int i=0;i<1<<n;++i){
        for(int j=1;j<(1<<n)-i;++j)cout<<" ";                    //前导空格
        for(int j=i;j>=0;--j)a[j]^=a[j-1];                      //修改数组
        if(!(i%2))for(int j=0;j<=i;++j)cout<<(a[j]?"/\\":"  ");  //奇数行
        else for(int j=0;j<=i;j+=2)cout<<(a[j]?"/__\\":"    ");  //偶数行
        cout<<endl;
    }
    return 0;
}
```

例 2-2　将字符转换为 ASCII 码

BoBo 教 KiKi 如何将字符常量或字符变量表示的字符在内存中以 ASCII 码形式存储。BoBo 出了一个问题给 KiKi，输入一个字符，输出该字符相应的 ASCII 码。部分 ASCII 码如表 2-2 所示。

表 2-2　部分 ASCII 码

ASCII 值	控制字符	ASCII 值	控制字符	ASCII 值	控制字符	ASCII 值	控制字符
0	NUL	49	1	55	7	90	Z
1	SOH	50	2	56	8	…	…
2	STX	51	3	57	9	97	a
3	ETX	52	4	…	…	98	b
…	…	53	5	65	A	99	c
48	0	54	6	66	B	…	…

注：参见附录 A ASCII 表。

输入

一行，一个字符。

输出

一行，输出输入字符对应的 ASCII 码。

样例输入	样例输出
c	99

在线测试：nowcoder21450

程序清单

```
#include <stdio.h>
int main(){
     char ch=0;
     scanf("%c",&ch);
     printf("%d\n",ch);   //%d 即可控制按整数输出
     return 0;
}
```

（5）字符串常量

在 C 语言中，用一对双撇号括起来的字符序列被称为字符串常量，如 "OK" "Thank you" "A" "z" 等。也可以是空的 0 个字符 ""。

字符串以双撇号为定界符，但双撇号并不属于字符串。要在字符串中插入撇号，应借助转义字符。例如，要处理字符串 "I say: 'Goodbye!'" 时，可以把它写为 "I say:\'Goodbye!\'"。

字符串中的字符数称为该字符串长度。字符串常量在机器内存储时，系统自动在字符串的末尾加一个字符串结束标志，它就是转义字符 "\0"。如字符串 "hello" 在内存中存储为：

h	e	l	l	o	\0

即字符串在存储时要多占用一个字节来存储 "\0"。实际上每个字符都是用其 ASCII 代码来存储的。"\0" 的代码为 0，它的含义为“空操作”，即不产生任何动作，只起“标记”作用。上面的字符串实际上的存储形式为：

104	101	108	108	111	0

要特别注意字符常量与字符串常量的区别。如 'A' 是一个字符常量，而 "A" 则是一个字符串常量。它们的存储形式分别为：

"" 表示一个空字符串，在内存中占用一个字节，即 0。

（6）符号常量

C 语言可以用标识符代替常量。

下面是计算球的体积的代码：

```
#include <stdio.h>
#define PI 3.1415927
int main(){
        double r,v;
        while(~scanf("%lf",&r))  {
        v=(4.0/3.0)*PI*r*r*r;
        printf("%.3lf\n",v);  }
        return 0;
}
```

程序中用#define命令行定义PI代表常量3.1415927，此后，代码中出现的PI都代表3.1415927，可以和常量一样进行运算。

这种用一个标识符代表一个常量的，称为符号常量。符号常量不同于变量，它的值在其作用域（在本例中为主函数main）内不能改变，也不能再被赋值。如用赋值语句给PI赋值是错误的。例如：

```
PI=3.0;
```

习惯上，符号常量名用大写，变量名用小写，以示区别。使用符号常量的好处如下：

① 含义清楚。如上面的程序中，从PI的定义来看就可以知道它代表圆周率。因此，定义符号常量名时应考虑“见名知义”。

② 在需要改变一个常量时能做到“一改全改”。例如，程序中多处用到问题规模N，如果N用常数表示，则在规模调整时，就需要在程序中做多处修改，若用符号常量N代表规模，只要改动一处即可。例如：

```
#define N 6
```

那么，在程序中所有以N代表的规模都会自动改为6。

例2-3 拉丁方阵

N阶拉丁方阵，就是将1～N数放入N×N的棋盘中，保证每行和每列1～N都出现一次。

如4×4阶的拉丁方阵，使方阵中每一行和每一列中的数字1～4只出现一次。例如：

```
1  2  3  4
2  3  4  1
3  4  1  2
4  1  2  3
```

现在请构造出所有的6×6阶的拉丁方阵，排头数字小的拉丁方阵先输出。

问题解析

构造拉丁方阵的方法有很多，这里介绍最简单的一种方法。观察给出的例子，可以发现：若将每一行中第一列的数字和最后一列的数字连起来构成一个环，则该环正好是由1到N的顺序构成；对于第i行，这个环的开始数字为i。按照此规律可以很容易地写出程序。下面给出构造6阶拉丁方阵的程序，排头数字小的拉丁方阵先输出。

程序清单

```
#include <stdio.h>
#define N 6                        /* 确定N值 */
int main()
{
    int i,j,k,t;
```

```
    printf("The possible Latin Squares of order %d are:\n",N);
    for(j=0;j<N;j++)                //构造N个不同的拉丁方阵
    {
        for(i=0;i<N;i++)
        {
            t=(i+j)%N;              //确定该拉丁方阵第i行的第一个元素的值
            for(k=0;k<N;k++)        //按照环的形式输出该行中的各个元素
                printf("%d ",(k+t)%N+1);
            printf("\n");
        }
        printf("\n");
    }
}
```

运行结果如下：

```
The possible Latin Squares of order 6 are:
1 2 3 4 5 6           2 3 4 5 6 1           3 4 5 6 1 2
2 3 4 5 6 1           3 4 5 6 1 2           4 5 6 1 2 3
3 4 5 6 1 2           4 5 6 1 2 3           5 6 1 2 3 4
4 5 6 1 2 3           5 6 1 2 3 4           6 1 2 3 4 5
5 6 1 2 3 4           6 1 2 3 4 5           1 2 3 4 5 6
6 1 2 3 4 5           1 2 3 4 5 6           2 3 4 5 6 1

4 5 6 1 2 3           5 6 1 2 3 4           6 1 2 3 4 5
5 6 1 2 3 4           6 1 2 3 4 5           1 2 3 4 5 6
6 1 2 3 4 5           1 2 3 4 5 6           2 3 4 5 6 1
1 2 3 4 5 6           2 3 4 5 6 1           3 4 5 6 1 2
2 3 4 5 6 1           3 4 5 6 1 2           4 5 6 1 2 3
3 4 5 6 1 2           4 5 6 1 2 3           5 6 1 2 3 4
```

上面使用了符号常量，即

```
#define N 6
```

在程序中多次使用 N，而并没有写成下面这样的语句：

```
for(j=0;j<6;j++)
```

2.1.2 变量

变量是指在程序运行中，其值可以发生变化的量。变量在内存中占据一定的存储单元，该存储单元中存放变量的值。变量通常用来保存程序运行中的输入数据，计算获得的中间结果和最终结果。变量的命名规则和用户标识符相同，给变量命名时，为了使程序便于理解，一般都采用“见名知义”的原则。

变量名与变量值是两个不同的概念，变量名与内存中的某一存储单元联系，而变量值是指存放在该存储单元中的数据的值。这样，同一个变量名对应的变量，在不同的时刻可以有不同的值。如

图 2-1 所示，同一个变量名 sum，在某一时刻存储的值为 80，另一时刻存储的值为 170。变量 sum 的存储单元是确定的，sum 在不同的时刻存储的不同的值，实际上就是不同时刻在同一存储单元存放不同的数据。可以理解为 sum 变量是一个盒子，其值就是放在盒子里面的数值内容，盒子始终是这个盒子，但盒子里面的内容是可以变化的。

80		170
sum		sum

图 2-1　变量名 sum 对应不同的变量值

（1）变量的声明

C 语言规定，在程序中用到的每个变量都要声明属于哪一种类型。变量声明的格式为

数据类型符　变量 1，变量 2，……，变量 *n*；

例如：

```
int x;
int y;
```

或等效为

```
int x,y;
```

注意

①定义变量的语句必须以“;”结束，在一个语句中也可以同时定义多个变量，变量间用“,”号隔开。
②对变量的定义可以在函数体之外，也可以在函数体或复合语句中。

例如：

```
int i,j,k;
char ch;
```

（2）变量的初始化

C 语言允许在声明变量的同时对其初始化。例如：

```
int sum=0;
float pi=3.14;
char c='a';
```

注意

不同类型的数据在内存中占据不同长度的存储区，而且采用不同的表示方式。例如，用 4 个字节存放 1 个整数。

在引用变量之前必须先用声明语句指定变量的类型，这样，在编译时就会根据指定的数据类型为其分配一定的存储空间，并决定数据的存储方式和允许操作的方式。

2.2 数据类型

在C语言中把程序处理的基本数据对象分成一些集合，属于同一集合的数据具有相同的性质，如书写形式统一、对它们能做同样的操作等。具有这样性质的一个数据集合称为一个类型或数据类型，如图2-2所示。

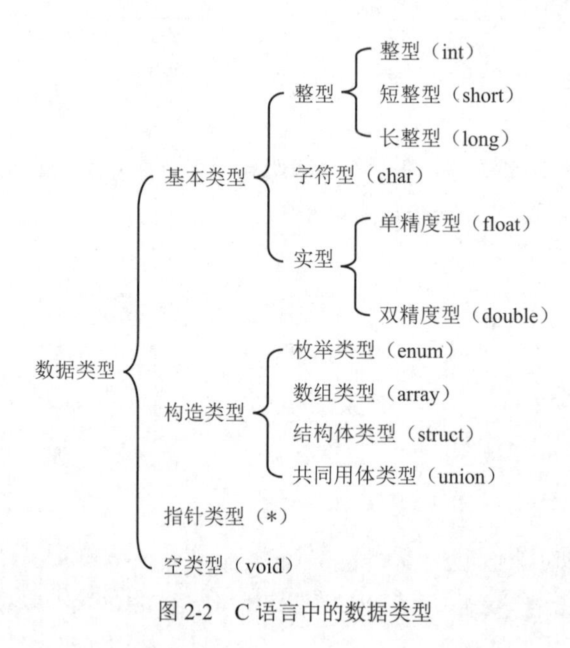

图2-2 C语言中的数据类型

在计算机中，存储器的最小存储单位称为位（bit），每一个位中存放0或1，因此称为二进制位。8个二进制位组成1个字节（byte），两个字节组成一个字（word）。十进制是逢10进1；二进制是逢2进1；八进制是逢8进1；十六进制就是逢16进1。下面给出一些数的各种进制，如表2-3所示。

表2-3 各种进制

十进制	二进制	八进制	十六进制
1	1	1	1
2	10	2	2
3	11	3	3
4	100	4	4
5	101	5	5
6	110	6	6
7	111	7	7
8	1000	10	8
9	1001	11	9
10	1010	12	A

续表

十进制	二进制	八进制	十六进制
11	1011	13	B
12	1100	14	C
13	1101	15	D
14	1110	16	E
15	1111	17	F
16	10000	20	10
17	10001	21	11

在内存中存储整数时，用二进制来存储，一般用最高位（即最左边一位）表示符号，0 表示正数，1 表示负数。数值是以补码形式存放的（可搜索相关网站学习有关补码的内容）。无符号（unsigned）的整数数据将二进制形式的最左位用来表示数值，而不作为符号。即定义一个数据类型为 unsigned int 时，它只能存放正数，而不能存放负数。C 语言基本数据类型归纳如表 2-4 所示。

表 2-4　C 语言基本数据类型归纳

类型	数据类型	位数	取值范围
字符型	char	8	-128～127（-2^7～2^7-1）
	unsigned char	8	0～255（0～2^8-1）
整型	short	16	-32767～32768（-2^15～2^15-1）
	unsigned short	16	0～65536（0～2^18-1）
	int	32	-2147483648～2147483647（-2^31～2^31-1）
	unsigned int	32	0～4294967295（0～2^32-1）
	long	32	-2147483648～2147483647（-2^31～2^31-1）
	unsigned long	32	0～4294967295（0～2^32-1）
	long long	64	-9223372036854775808～9223372036854775807（-2^63～2^63-1）
	unsigned long long	64	0～18446744073709551615（0～2^64-1）
实型	float	32	-3.4*10^-38～3.4*10^38，6～7 位有效数字
	double	64	-1.7*10^-308～1.7*10^308，15～16 位有效数字
	long double	128	-1.2*10^-4932～1.7*10^4932，18～19 位有效数字

signed int 和 int 是一样的，而实型数据均带符号。表中数据范围是基于 Visual C++6.0 的，数据存储范围的大小与机器系统有关。可以使用长度测试运算符 sizeof 来测试某类型的变量所占内存空间字节长度，例如：

```
int length;
length=sizeof(int);
printf("%d",length);
```

2.3 标识符和关键字

任何一种程序设计语言都有一套语法规则，即由这些语法规则的基本符号按照语法规则构成的各种语法成分。如前面讲到的常量、变量，以及后面我们要学习的表达式、语句和函数等。基本的语法单位是指具有一定语法意义的最小语法成分。C 语言的基本语法单位从编译程序的角度讲即为词法分析单位，习惯上把它称为“单词”。组成单词的基本符号称为 C 语言的字符集，它由机器系统所使用的字符集决定，大多数 C 语言的实现及标准 C 使用的字符集是 ASCII 字符集（见附录 A）。

语言的语法单位分为六类：标识符、关键字、常量、字符串、运算符及分隔符。

2.3.1 标识符

标识符是给程序中的实体（变量、常量、函数、数组和结构体）及文件所起的名字。简单地说，标识符是一个名字，可以由程序设计者指定，也可以由系统指定。语言中的标识符命名规则如下：

（1）以字母（A～Z 或 a～z）和下划线开头，由字母、数字（0～9）和下划线组成的字符系列。下面的标识符是合法的：

```
a     a1      flag     x  student_name     LENTH
```

下面是不合法的 C 标识符：

```
123pay                  （标识符不能以数字开头）
worker-salary           （含有非法字符“-”）
done flag               （含有非法字符空格）
$1000                   （$ 开头，含有非法字符）
mother.birthday         （含有非法字符“.”）
you&me                  （含有非法字符“&”）
```

（2）当系统内部使用了一些用下划线开头的标识符（如 _fd、_cleft、_mode）时，为了防止与用户已定义的标识符冲突，建议用户在定义标识符时尽量不要用下划线开头。

（3）C 语言对标识符的长度无规定，有的 C 语言版本规定的长度可能很短，具体使用时应以所使用 C 语言版本的规定为准。

（4）C 语言区分大写字母和小写字母，认为大写字母和小写字母是两种不同字符，如 SUM 和 sum 被认为是两个标识符。

在定义标识符时，建议遵循以下原则：

（1）尽量做到“见名知义”，以增加程序的可读性，如 sum、score、salary、day、name 等。

（2）变量名和函数名用小写，符号常量用大写。

（3）在容易出现混淆的地方，尽量避免使用容易认错的字符。如：

0（数字）——O（大写字母）——o（小写字母）

1（数字）——I（i 的大写字母）——l（L 的小写字母）

2（数字）——Z（大写字母）——z（小写字母）

例如：no 和 nO、11 和 ll 等都非常容易给阅读程序者造成困惑。

2.3.2　关键字

关键字是由编译程序预定义，具有固定的含义，在组成结构上均由小写字母构成的标识符。因此，用户不能用它们作为自己定义的常量、变量、类型或函数的名字。关键字又称为保留字，即被用作专门用途的特殊标识符。C 语言中用户自己定义的标识符的含义不再包括关键字。

ANSI C 标准中定义的 32 个关键字如表 2-5 所示。

表 2-5　关键字

序　号	关 键 字	意　义
1	auto	声明自动变量，默认时编译器一般默认 auto
2	int	声明整型变量
3	double	声明双精度型变量
4	long	声明长整型变量
5	char	声明字符型变量
6	float	声明浮点型变量
7	short	声明短整型变量
8	signed	声明有符号类型变量
9	unsigned	声明无符号类型变量
10	struct	声明结构体变量
11	union	声明联合体数据类型
12	enum	声明枚举类型
13	static	声明静态变量
14	switch	用于开关语句
15	case	开关语句分支
16	default	开关语句中的“其他”分支
17	break	跳出当前循环
18	register	声明寄存器变量
19	const	声明只读变量
20	volatile	说明变量在程序执行中可被隐含地改变
21	typedef	主要用以给数据类型取别名
22	extern	声明变量是在其他文件中声明
23	return	子程序返回语句（可以带参数，也可以不带参数）
24	void	声明函数无返回值或无参数，声明空类型指针
25	continue	结束当前循环，开始下一轮循环
26	do	循环语句的循环体

续表

序　号	关 键 字	意　义
27	while	循环语句的循环条件
28	if	条件语句
29	else	条件语句否定分支（与 if 连用）
30	for	一种循环体
31	goto	无条件跳转语句
32	sizeof	计算对象所占内存空间大小

2.4 运算符和表达式

运算（即操作）是对数据的加工。C 语言对数据的基本操作和处理几乎全是由运算符来完成的。用于操作的这些符号称为运算符或操作符。被运算的对象——数据称为运算量或操作数。运算符执行对操作数的各种操作，按操作数的数目分类分为单目（一元）运算符、双目（二元）运算符和三目（三元）运算符；按运算符的功能分类分为算术运算符、关系运算符、逻辑运算符、自增与自减运算符、赋位运算符和条件运算符。此外，表示数组下标的“[ ]”、表示函数调用的“()”、表示顺序求值的“，”，以及类型强制转换符“（类型）”也都被看作运算符。运算符如表 2-6 所示。

表 2-6　运算符

<table>
<tr><th>序　号</th><th>运算符名称</th><th>意　义</th></tr>
<tr><td>1</td><td>算术运算符</td><td>+、-、*、/、%、++、--</td></tr>
<tr><td>2</td><td>关系运算符</td><td>>、<、==、>=、<=、! =（不等于）</td></tr>
<tr><td>3</td><td>逻辑运算符</td><td>!（非）、&&（并且）、||（或者）</td></tr>
<tr><td>4</td><td>位运算符</td><td><<、>>、|、^、&</td></tr>
<tr><td>5</td><td>赋值运算符</td><td>= 及其扩展赋值运算符</td></tr>
<tr><td>6</td><td>条件运算符</td><td>？：</td></tr>
<tr><td>7</td><td>逗号运算符</td><td>，</td></tr>
<tr><td>8</td><td>指针运算符</td><td>* 和 &</td></tr>
<tr><td>9</td><td>求字节数运算符</td><td>sizeof</td></tr>
<tr><td>10</td><td>强制类型转换运算符</td><td>类型</td></tr>
<tr><td>11</td><td>分量运算符</td><td>. 和 -></td></tr>
<tr><td>12</td><td>下标运算符</td><td>[]</td></tr>
<tr><td>13</td><td>其他</td><td>如函数调用运算符</td></tr>
</table>

表 2-6 中一些运算符的含义和使用方法将在本书后面的具体编程实例运用中再做详细解释。

表达式描述了对哪些数据以什么顺序施以什么样的操作。它由运算符与运算量组成，运算量可以是常量，也可以是变量，还可以是函数，如 a+b、r*r*r、(4.0/3.0)*PI*r*r*r 和 (i+j)%N 等都是表达式。

表达式的运算规则是由运算符的功能和运算符的优先级与结合性所决定的。为使表达式按一定的顺序求值，编译程序时将所有运算符分成若干组，按运算符执行的先后顺序为每组规定一个等级，称为运算符的优先级，优先级高的运算符先执行运算。处于同一优先级的运算符顺序称为运算符的结合性，有从左到右和从右到左两种顺序，简称左结合和右结合。C 语言的所有运算符及优先级如表 2-7 所示。

表 2-7　C 语言的所有运算符及优先级

优先级	运算符	名称或含义	使用形式	结合方向	说明
1	[]	数组下标	数组名 [常量表达式]	从左到右	
	()	圆括号	（表达式） 函数名（形参表）		
	.	成员选择（对象）	对象 . 成员名		
	->	成员选择（指针）	对象指针 -> 成员名		
2	-	负号运算符	- 表达式	从右到左	单目运算符
	（类型）	强制类型转换	（数据类型）表达式		
	++	自增运算符	++ 变量名 变量名 ++		
	--	自减运算符	-- 变量名 变量名 --		
	*	取值运算符	* 指针变量		
	&	取地址运算符	& 变量名		
	!	逻辑非运算符	！表达式		
	～	按位取反运算符	～表达式		
	sizeof	长度运算符	sizeof（表达式）		
3	/	除	表达式 / 表达式	从左到右 双目运算符	
	*	乘	表达式 * 表达式		
	%	余数（取模）	整型表达式 % 整型表达式		
4	+	加	表达式 + 表达式		
	-	减	表达式 - 表达式		
5	<<	左移	变量 << 表达式		
	>>	右移	变量 >> 表达式		
6	>	大于	表达式 > 表达式		
	>=	大于等于	表达式 >= 表达式		
	<	小于	表达式 < 表达式		
	<=	小于等于	表达式 <= 表达式		

续表

<table>
<tr><th>优先级</th><th>运算符</th><th>名称或含义</th><th>使用形式</th><th>结合方向</th><th>说明</th></tr>
<tr><td rowspan="2">7</td><td>==</td><td>等于</td><td>表达式 == 表达式</td><td rowspan="7">从左到右</td><td rowspan="7">双目运算符</td></tr>
<tr><td>!=</td><td>不等于</td><td>表达式 != 表达式</td></tr>
<tr><td>8</td><td>&</td><td>按位与</td><td>表达式 & 表达式</td></tr>
<tr><td>9</td><td>^</td><td>按位异或</td><td>表达式 ^ 表达式</td></tr>
<tr><td>10</td><td>|</td><td>按位或</td><td>表达式 | 表达式</td></tr>
<tr><td>11</td><td>&&</td><td>逻辑与</td><td>表达式 && 表达式</td></tr>
<tr><td>12</td><td>||</td><td>逻辑或</td><td>表达式 || 表达式</td></tr>
<tr><td>13</td><td>?:</td><td>条件运算符</td><td>表达式 1? 表达式 2：表达式 3</td><td>从右到左</td><td>三目运算符</td></tr>
<tr><td rowspan="11">14</td><td>=</td><td>赋值运算符</td><td>变量 = 表达式</td><td rowspan="11">从右到左</td><td rowspan="11">双目运算符</td></tr>
<tr><td>/=</td><td>除后赋值</td><td>变量 /= 表达式</td></tr>
<tr><td>*=</td><td>乘后赋值</td><td>变量 *= 表达式</td></tr>
<tr><td>%=</td><td>取模后赋值</td><td>变量 %= 表达式</td></tr>
<tr><td>+=</td><td>加后赋值</td><td>变量 += 表达式</td></tr>
<tr><td>-=</td><td>减后赋值</td><td>变量 -= 表达式</td></tr>
<tr><td><<=</td><td>左移后赋值</td><td>变量 <<= 表达式</td></tr>
<tr><td>>>=</td><td>右移后赋值</td><td>变量 >>= 表达式</td></tr>
<tr><td>&=</td><td>按位与后赋值</td><td>变量 &= 表达式</td></tr>
<tr><td>^=</td><td>按位异或后赋值</td><td>变量 ^= 表达式</td></tr>
<tr><td>|=</td><td>按位或后赋值</td><td>变量 |= 表达式</td></tr>
<tr><td>15</td><td>,</td><td>逗号运算符</td><td>表达式，表达式，…</td><td>从左到右</td><td></td></tr>
</table>

例 2-4 青年歌手大奖赛—评委会打分

在青年歌手大奖赛中，评委会给参赛选手打分。选手得分规则为去掉一个最高分和一个最低分，然后计算平均得分，请编程输出某选手的得分。

输入

输入数据有多组，每组占一行，每行的第一个数是 n（$2<n\leqslant 100$），表示评委的人数，然后是 n 个评委的打分。

输出

对于每组输入数据，输出选手的得分，结果保留 2 位小数，每组输出占一行。

样例输入	样例输出
3 99 98 97 4 100 99 98 97	98.00 98.50

在线测试：HDU2014

试题解析

将输入的成绩保存在数组中，用 max、min 变量保存最大值和最小值，计算总和之后除去这两个值即可。

程序清单

```
#include <stdio.h>
#include <string.h>
int main(){
     int n,i,k,sum,max,min;
     double score;
     while(scanf("%d",&n)!=EOF){
          sum=0;
          scanf("%d",&k);
          max=min=k;
          sum+=k;                              // 与 sum=sum+k 结果是一样的
          for(i=0;i<n-1;i++){
               scanf("%d",&k);
               if(k>max)max=k;
               if(k<min)min=k;
               sum+=k;
          }
          score=(1.0*(sum-max-min))/(n-2);      // 1.0 的作用是把整数强制转换成浮点数
          printf("%.2lf\n",score);              // 小数点后面保留两位输出
     }
     return 0;
}
```

2.5　输入和输出

输入和输出操作由标准输入 / 输出函数实现，如 printf、scanf、putchar、getchar、puts、gets 等等，所以要包含头文件 stdio.h。

printf 格式：

```
printf("格式控制参数", 输出项 1, 输出项 2, ……);
```

格式控制参数以字符串的形式描述，也称“格式控制字符串”。

代码如下：

```
#include <stdio.h>
int main(){
     int a=15;
     float b=138.3576278;
     double c=35648256.3645687;
```

```
    char d='p';
    char str[50]={'H','e','l','l','0'};
    printf("This is a C program.\n");          // 直接输出，\n 表示换行
    printf("a=%d \n",a);                       // 格式符 d 表示十进制整数，输出结果是 15
    printf("a=%o \n",a);                       // 格式符 o 表示八进制整数，输出结果是 17
    printf("a=%x \n",a);                       // 格式符 x 或 X 表示十六进制整数，输出结果是 F
    printf("b=%f,%lf,%5,4lf,%e\n",b,b,b,b);    // 格式符 f 是小数形式的浮点数
                                               // 格式符 e 或 E 是指数形式的浮点数
    printf("c=%lf,%f,%8,4lf\n",c,c,c);
    printf("d=%c\n",d);                        // 格式符 c 是单一字符
    printf("str=%s\n",str);                    // 格式符 s 是字符串
    printf("a=%u \n",a);                       // 输出不带符号的十进制整数
    printf("%%");                              // 输出 % 本身
    printf("b=%g \n",b);                       // 输出 e 和 f 中较短的一种，不输出无效 0
}
```

格式说明符完整的格式如下：

%	±	0	m	n	h/l	格式字符
开始符	对齐字符	填充形式	宽度指示符	精度指示符	长度修正符	输出类型

代码如下：

```
#include <stdio.h>
main()
{
    int a=29;
    float b=123456.123;
    printf("a=%d\n ",a);
    printf("a=%6d\n ",a);
    printf("a=%2d\n ",a);
    printf("a=%-6d\n ",a);
    printf("a=%06d\n ",a);
    printf("%s\n","Happy new year!");
    printf("%10s\n","Happy new year!");
    printf("%-10s\n","Happy new year!");
    printf("%8.5s\n","Happy new year!");
    printf("%-8.5s\n","Happy new year!");
    printf("%f\n",b);
    printf("%25f\n",b);
    printf("%.2f\n",b);
    printf("%-25.2f\n",b);
}
```

读者可以尝试用各种格式书写代码，去运行并查看运行结果。

scanf 函数用于输入数据，它是按格式参数的要求，从终端上把数据传送到地址参数所指定的内存空间中。其一般形式为：

```
scanf（“格式控制参数”，地址 1，地址 2，……）；
```

C语言允许程序员间接地使用内存地址，这个地址是通过对变量名“求地址”运算得到的。求地址的运算符为&，得到的地址是一种符号地址。例如：

```
int n;
float f;
```

则&n、&f为两个符号地址，&n给出的是变量*n* 4字节空间的首地址，&f给出的是变量*f* 4字节空间的首地址。这种符号地址在编译时才被算成实际地址。

scanf函数与printf函数有相似之处，也有不同之处。scanf函数的格式参数有两种成分：格式说明项和输入分隔符。scanf的格式说明项基本组成如下：

%	*	m	h/l	格式字符
开始符	赋值抑制符	宽度指示符	长度修正符	输出类型

代码如下：

```
#indude<stdio.h>
main()
{
    int a;
    char b;
    float c;
    scanf("%d %c %f",&a,&b,&c);
//输入时用空格、跳格符（\t）、换行符（\n）都是C语言认定的数据分隔符
    printf("a=%d,b=%c,c=%f",a,b,c);
    scanf("%3d%*4d%f",&a,&c);            //如果输入为12345678999.88
//则123输入给a，4567不给任何变量，999.88输入给c
//在利用已有的一批数据时，若有一、二个数据不需要，可以用此方法跳过这些无用数据
}
```

scanf函数有一个返回值，是成功匹配的项数。

putchar函数是将字符型变量或整型变量输出到终端（显示器）设备上；getchar函数是从终端获取一个输入字符。

第 3 章　编程结构

结构化的程序设计中，有三种基本的程序结构形式，分别是顺序结构、分支结构（选择结构）和循环结构。

3.1　选择结构

在 C 语言中，选择结构是通过 if 语句和 switch 语句实现的。if 语句用于判定所给定的条件是否满足，根据判定的结果（真或假）决定执行给出的两种操作之一。

3.1.1　if 语句的三种形式

```
if(score>60)printf(" 合格 ");                              // 单分支 if 语句

if(score>60)printf("pass");                                // 双分支语句
    else printf("fail");

if(score>90)printf("excellent")                            // 多分支 if 语句
    else if(score>80)printf("good");
        else if(score>70)printf("secondary");
            else if(score>60)printf("pass");
                else printf("fail");
```

例 3-1　Accurate Movement

Amelia 做了一个 $2\times n$ 大小的矩形盒子，里面有两个平行的轨道和一个矩形的横杆。短方块的尺寸为 $1\times a$，长方块的尺寸为 $1\times b$。长方块两端各有一个止动栏杆，短方块始终位于这两个止动栏杆之间。

只要短方块在两个止动栏杆之间，方块就可以沿着轨道移动，一次移动一个方块。因此，在每次移动时，Amelia 都会选择其中一个方块并移动它，而另一个方块则保持在原位。最初，两个方块对齐到框的一侧，Amelia 希望它们在移动次数尽可能少的情况下到另一侧对齐，如图 3-1 所示。为了达到目标，应该做的移动次数最少的动作是什么？

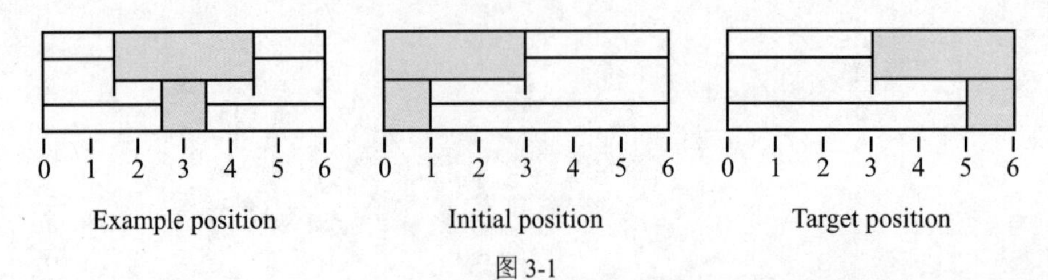

图 3-1

输入

输入行包含三个整数 a、b 和 n（$1 \leqslant a < b \leqslant n \leqslant 107$）。

输出

输出行应该包含一个整数——Amelia 需要做的最少移动次数。

样例输入	样例输出
1 3 6 2 4 9	5 7

题目来源：ICPC 2019-2020 North-Western Russia Regional Contest

在线测试：Gym-102411A

试题解析

由于开始时上面的长方块和下面的短方块是对齐的，所以首先必须移动下面的短方块，因此，ans 初始值为 1。

由于方块占了盒子本身的长度，而短方块已经移动到长方块的右端，所以要移动的距离是轨道的长度减去上面长方块的长度。

计算出每次短方块和长方块最大能移动的距离是 $b-a$。

用 n/k 表示移动几次上面和下面的方块才能使两个方块到达最右端。

无论是短方块，还是长方块，如果不能刚好移动完，则要多加 1 次。

程序清单

```
#include <iostream>
using namespace std;
int main()
{
    int a,b,n;
    cin>>a>>b>>n;
    int ans=1;
    n-=b;           // 由于方块占了盒子本身的长度，而短方块已经移动到长方块的右端并
                    // 对齐，所以方块还要移动的距离是用轨道长度 n 减去长方块的长度 b
    int k=b-a;      // 每次将短方块和长方块能移动的最大距离是 k
// 短方块不能移到长方块的右端的右边，当然最多移动 b-a 的距离，轮到长方块
// 移动时，长方块向右移动，也不能使得短方块的左边缘在长方块的左边，所以
// 长方块最多也只能移动 b-a
    ans+=(n/k)*2;  // 分别需要移动短方块和长方块 n/k 次
    if(n%k)         // 如果不能刚好移动完，则采用 if 语句
    {
        ans+=2;
    }
```

```
    cout<<ans<<endl;
    return 0;
}
```

3.1.2 if 语句可以嵌套

嵌套的 if 语句形式如下：

```
if()
   if() 语句 1
   else 语句 2
else if()
   语句 3
   else 语句 4
```

应当注意 if 与 else 的配对关系：else 总是与它上面最近的且未配对的 if 配对。要注意书写时缩进的方式，也要注意配对的 else 与 if 应左对齐。可以加花括号来确定配对关系。如果一个条件下有多条语句时，也必须加花括号。例如：

```
if()
     {
        if() 语句 1
        语句 2
     }
```

例 3-2 Xu Xiake in Henan Province

少林寺是中国佛教禅宗祖庭，坐落于河南省登封市。少林寺始建于公元 5 世纪，至今仍是少林佛教的主要寺庙。

龙门石窟是中国佛教艺术最好的代表之一。这些佛像位于今天的河南省洛阳市以南 12km 处，里面有数以万计的佛陀和其弟子的雕像。

根据历史记载，白马寺是中国第一座佛教寺庙，由汉朝皇帝发起建于公元 68 年，坐落于东汉首都洛阳。

云台山位于河南省焦作市修武县。云台地质公园景区被国家旅游局列为 AAAAA 级风景区。云台瀑布位于云台地质公园内，瀑布高 314m，号称是中国最高的瀑布。

它们是河南省最著名的地方景点。

现在是时候判断一下旅行者的水平了。所有旅行者都可以根据他们所到过的景点的数量来分类。

一个旅行者游览了上述提到的 0 个景点，那么他就是“Typically Otaku”。

一个旅行者游览了上述提到的 1 个景点，那么他就是“Eye-opener”。

一个旅行者游览了上述提到的 2 个景点，那么他就是“Young Traveller”。

一个旅行者游览了上述提到的 3 个景点，那么他就是“Excellent Traveller”。

一个旅行者游览了上述提到的 4 个景点，那么他就是“Contemporary Xu Xiake”。

请确认旅行者的水平。

输入

输入包含多组测试样例，第一行包含一个正整数 t，表示最多 10^4 个测试样例的数量。对于每个测试案例，唯一的一行包含 4 个整数 A_1、A_2、A_3 和 A_4，其中 A_i 是旅行者游览第 i 个景点的次数，$0 \leqslant A_1$、A_2、A_3、$A_4 \leqslant 100$。如果 A_i 是 0，那就意味着旅行者从来没有去过第 i 个景点。

输出

对于每个测试样例，输出一行，其中包含一个字符串，表示旅行者的分类，该字符串应该是“Typically Otaku”“Eye-opener”“Young Traveller”“Excellent Traveller”和“Contemporary Xu Xiake”之一。

样例输入	样例输出
5	
0 0 0 0	Typically Otaku
0 0 0 1	Eye-opener
1 1 0 0	Young Traveller
2 1 1 0	Excellent Traveller
1 2 3 4	Contemporary Xu Xiake

试题来源：2018-2019 ACM-ICPC，Asia Jiaozuo Regional Contest

在线测试：Gym102028A

试题解析

对于每组样例，我们只需要记录旅行者到达了几个不同的景点，然后对这个数量进行判断，得到答案。

程序清单

```
#include <stdio.h>
int main()
{
    int t;
    scanf("%d",&t);
    for(int i=1;i<=t;i++)
    {
        int cnt=0,x;
        for(int j=1;j<=4;j++)
        {
            scanf("%d",&x);
            if(x!=0)cnt++;          //统计一共去过几个景点，“cnt++”与“cnt=cnt+1”是一样的
        }
```

```
        if(cnt==0)
            printf("Typically Otaku\n");
        else if(cnt==1)
            printf("Eye-opener\n");
        else if(cnt==2)
            printf("Young Traveller\n");
        else if(cnt==3)
            printf("Excellent Traveller\n");
        else printf("Contemporary Xu Xiake\n");
    }
    return 0;
}
```

训练攻略

- ✧ 本节重点讲解 if 语句，for 循环将在 3.2.3 小节进行讲解，在此可以暂时不去管 for 循环，后面我们学习 for 循环之后再回顾这个例子，这是学习程序设计的一种方法——缓一缓。
- ✧ 当然，你也可以立即翻到循环结构去看看，再来理解这个程序。
- ✧ 今后我们还会遇到许多类似的困惑，比如看到一个题目的程序，程序中大部分能看懂，但是因为不熟悉语法等原因，有个别语句看不懂，许多不了解训练攻略的同学就认为这一句看不懂，就没法往下看，因为我们一直以来的学习都是循序渐进、步步为营。然而学习程序设计，可以“不懂装懂”，给自己最大的宽容，能懂的先懂，不懂的语句可以跳过去，先看下一句。但是要做好笔记，哪些地方不懂，先记录下来或圈起来，坚持学下去。到后面，你会越来越喜欢编程，越来越觉得编程有趣，越来越觉得编写程序将会是你的思维“体操”。

3.1.3 条件运算符（?:）

```
max=(a>b)?a:b;
```

它与下面的程序是一样的：

```
if(a>b)
    max=a;
else
    max=b;
```

3.1.4 switch 语句

switch 语句形式如下：

```
switch(grade)
{  case 'A': printf("90～100\n");break;
   case 'B': printf("80～89\n");break;
   case 'C': printf("70～79\n");break;
   case 'D': printf("60～69\n");break;
   case 'E': printf("<60\n");break;
   default: printf("error\n");break;
}
```

关于 case 子句中的内嵌语句的说明如下：

（1）switch 后面括号内的“表达式”允许为任何类型。

（2）当 switch 表达式的值与某个 case 子句中的常量表达式的值相匹配时，就执行其子句的内嵌语句；若都不匹配，就执行 default 子句的内嵌语句。

（3）每个 case 表达式的值必须互不相同，否则就会出现互相矛盾的现象（对表达式的同一个值，有两种或多种执行方案）。

（4）各个 case 和 default 的出现次序不影响执行结果。例如，可以先出现“default：...，”再出现“case ‘E’：...”。

（5）执行完一个 case 子句后，流程控制转移到下一个 case 子句继续执行。“case 常量表达式”只是起语句标号作用，并不是在该处进行条件判断。在执行 switch 语句时，根据 switch 表达式的值找到与之匹配的 case 子句，就从此 case 子句开始执行下去，遇到 break 语句时，跳出 switch 结构，即终止 switch 语句的执行。

例 3-3　Xu Xiake in Henan Province

同 3.1.2 节中的例 3-2。

试题来源：2018-2019 ACM-ICPC，Asia Jiaozuo Regional Contest

在线测试：Gym102028A

试题解析

对于每组样例，首先统计旅行者到达几个不同的景点，然后用 switch 语句解决这个多分支的问题。对例 3-2 中的 if 语句进行改写。

程序清单

```
#include <stdio.h>
int main()
{
     int t;
     scanf("%d",&t);
     for(int i=1;i<=t;i++)
     {
```

```
        int cnt=0,x;
        for(int j=1;j<=4;j++)
        {
            scanf("%d",&x);
            if(x!=0)cnt++;
        }
            switch(cnt)
        {
            case 0: printf("Typically Otaku\n");break;
            case 1: printf("Eye-opener\n");break;
            case 2: printf("Young Traveller\n");break;
            case 3: printf("Excellent Traveller\n");break;
            default: printf("Contemporary Xu Xiake\n");
        }
    }
    return 0;
}
```

3.2 循环结构

3.2.1 while 循环

数据能够输入计算机，并被 while 语句用来构造“当型”循环，多用于解决循环次数事先不确定的问题。while 语句的一般形式为：

```
while（表达式）
{
    循环体
}
```

功能：先判断表达式值的真假，若为真（非零）时，就执行循环体，否则退出循环结构。允许 while 语句的循环体中包含另一个 while 语句，形成循环的嵌套。

注意循环体内应有使循环趋于结束的语句，以避免出现死循环。

例 3-4 计算球的体积

根据输入的半径值，计算球的体积。

输入

输入数据有多组，每组占一行，每行包括一个实数，表示球的半径。

输出

输出对应球的体积，对于每组输入数据，输出一行，计算结果保留三位小数。

样例输入	样例输出
1 1.5	4.189 14.137

在线测试：HDU2002

试题解析

本题是典型的“输入 == 处理 == 输出”试题。球的体积 $=4/3\times\pi\times r^3=4/3\times\pi\times r\times r\times r$，由于半径和体积是浮点数，即带有小数点的数据，所以要使用浮点数 double 型。输入 double 型数据需要使用“%lf”格式，不难写出完整程序。

程序清单

```
#include <stdio.h>
int main()
{
    double r,pi,s,x;
    pi=3.1415927;
    while(scanf("%lf",&r)!=EOF)
    {
        x=r*r*r;
        s=4*pi*x/3.0;
        printf("%.3lf\n",s);
    }
    return 0;
}
```

while 在这里是循环结构，由于该题有多组数据，所以需要使用循环。具体语法本书后面会详细阐述。一般程序有顺序结构、选择结构和循环结构。例如，前面例 1-2（$a+b$）的程序是顺序结构，而此题是循环结构。

例 3-5　SpongeBob SquarePants

海绵宝宝是著名的卡通人物，他只穿方形的裤子。方形在几何学中可以描述为有 4 个直角的图形，就像矩形。但是正方形是矩形的一种特殊情况，它的宽度和高度相同。

现给出一个有 4 个直角的图形的宽度和高度，指出它是正方形还是矩形。为了即将到来的节日，海绵宝宝会将正方形的裤子作为他的新裤子。

输入

第一行包含 T，即测试样例的数量。对于每个测试样例，都对应一行，其中有两个整数（$1\leqslant w，h\leqslant 1000000$），分别代表宽度和高度。

输出

对于每个测试样例对应的图形，如果是正方形，则打印 YES；如果是矩形，则打印 NO，表示不适合作为海绵宝宝的裤子。

样例输入	样例输出
4 9 9	 YES

样例输入	样例输出
16 30 200 33 547 547	NO NO YES

试题来源：2019 ICPC Malaysia National

在线测试：Gym102219B

试题解析

对于给定的 w 和 h，只要判断其是否相等。

程序清单

```
#include <stdio.h>
int main()
{
    int n,a,b;
    scanf("%d",&n);
    while(n--)                          // 循环语句
    {
        scanf("%d%d",&a,&b);
        if(a==b)printf("YES\n");        // 条件语句
        else printf("NO\n");
    }
    return 0;
}
```

while (n--) 在此题的意思是，当 n 大于 0 时，n 减少 1 个，执行循环体里的语句。例如，n 一开始是4，那么循环体就执行4 次。具体来说，第1 次判断n 为4，然后n 自减1，变为3，执行循环体，然后又回到 while 这里；第 2 次判断 n 为 3，然后 n 自减 1，变为 2，执行循环体……第 4 次判断 n 为 1，然后 n 变为 0，执行循环体；第 5 次判断 n 为 0，退出循环，程序到最后 return 0，然后结束。

3.2.2 do-while 循环

do-while 语句用来构造“直到型”循环结构，也多用于循环次数事先不确定的问题。一般形式为

```
do{
    循环体
} while（表达式）;
```

功能：先执行一次循环体，再判断表达式的真假。若表达式为真，则继续执行循环体，一直到表达式为假时，退出循环结构。注意 while 后面的“;”不能少。由此可以看出，对于同一个问题，

可以用“当型”循环，也可以用“直到型”循环，do-while 的循环体至少要被执行一次。

3.2.3　for 循环

for 语句是 C 语言提供的比前面两种循环语句功能更强的循环语句。它不仅可以用于循环次数已经确定的情况，还可以用于循环次数不确定，只给出了循环结束条件的情况。

for 语句的一般形式为

```
for（表达式 1；表达式 2；表达式 3）
    循环体
```

注意

三个表达式之间必须用“;”隔开。

执行过程如下：

（1）求解表达式 1。

（2）求解表达式 2，若其值为真（值为非 0），则执行 for 语句中指定的内嵌语句，然后执行第（3）步；若为假（值为 0），则结束循环，转到第（5）步。

（3）求解表达式 3。

（4）转回第（2）步继续执行。

（5）循环结束，执行 for 语句下面的一个语句。

例：for (x=1; x=100; x++) printf ("x=%d\n", x);

上例执行语句时发现是死循环，输出无穷多个 x=100，因为循环条件 x=100 是一个赋值表达式，无论 x 的值如何变化，表达式 x=100 的值永为非 0（永真），因而循环永不终止。

对 for 语句的几种特殊情况进行说明：

（1）在 for 语句的一般格式 for (p1; p2; p3) 中，p1 可以省略，但“;”不能省略，如“for (;i<=100; i++);”，省略的 p1 必须在 for 前面给予确定。

（2）p2 可以省略，但保留“;”。这时没有结束循环的条件，即循环不停地执行下去，成为“死循环”，如“for (i=1, sum=0;; i++) sum+=i;”，此时省略的部分必须在循环体中给出。

（3）P3 后面没有“;”，也可以省略。省略时，应在循环体内设置能改变循环变量值的语句，以免造成“死循环”，如“for (i=1, sum=0; i<=100;) {sum+=i; i++;}”。

（4）循环体可以是空语句，产生延时效果，如“for (i=0; i<8000; i++);”。

循环可以嵌套使用，在一个循环内又完整地包含另一个循环，这种情况称为循环的嵌套。

3.2.4　break 和 continue 语句

在实际应用中，有时存在这样的情况：循环体尚未运行完毕，就需要跳出循环体或者结束本次循环而开始下一轮循环。这分别由 break 和 continue 语句实现，在使用这两个语句时，一般将其放在 if 语句中。

break 可用于 switch 结构中，也可用于循环结构中。在循环结构中执行到 break 语句时，循环将无条件终止，程序跳出循环结构，break 语句只能跳出一重循环。三个循环语句都可以使用 break 语句。

continue 语句的作用是终止本次循环，continue 语句后面的语句不执行而进入下一次循环。continue 语句将使程序直接转向条件测试处，当条件为真时，进行下一轮循环。

3.3 数　组

前面学习的整型、浮点型、字符型等基本的数据类型，可以满足数据处理的基本要求。

然而在现实世界中，对数据的处理要求千变万化，仅依赖于已有的基本数据类型是不够的。例如，要描述一个班上学生的成绩，有 30 个学生，如果使用基本数据类型，要使用 30 个 a1、a2、…、a30 这样的变量来存储 30 个学生的成绩，这显得十分烦琐，为此，可以使用数组解决这类问题。

数组是同类型数据的有序集合。即数组由若干元素组成，其中所有元素都属于同一个基本数据类型，而且它们的先后次序是确定的。本节将介绍数组的基本概念和使用方法。

一维数组的定义格式为

```
类型说明符　数组名 [ 常量表达式 ]
```

例如：

（1）“int a [10];” 定义一个一维整型数组，含有 10 个元素，分别是 a[0]、a[1]、a[2]、…、a[9]，该数组的基本类型为整型，10 个元素都可作为整型变量使用。

（2）“float b[5];” 定义一个一维实型数组，含有 5 个元素，分别是 b[0]、b[1]、b[2]、b[3]、b[4]。该数组的基本类型为实型，5 个元素都可作为实型变量使用。

说明：

（1）数组命名规则遵从标识符命名规则，并遵循“见名知义”原则。

（2）数组名后为方括号，不能用圆括号，如 int a（10）是非法的。

（3）定义格式中的“常量表达式”表示元素的个数，即数组长度。数组元素的下标从 0 开始。上面例题中的 a[9] 和 b[4] 分别是各自数组中的最后一个元素，而 a[10]、b[5] 都不是数组的元素，不能使用。

（4）数组定义格式中的“常量表达式”可以包含常量和符号常量，但不能包含变量。

例 3-6　Help the Support Lady

尼娜在一家软件公司做 IT 支持工作，她总是很忙。她面临的最大问题是，有时她会错过一些最后期限。在团队中，完成每个客户请求所需的时间（x）是根据经验估算的，$1 \leqslant x \leqslant 1e5$。当一个请求被提交时，她有两倍的时间来响应请求。这意味着如果请求 A 是在中午 12 点提交的，需要 2 个小时才能完成，那么她可以等待 2h（小时），然后继续工作 2h，到下午 4 点完成工作客户也会满意。

有时她不得不接受很多请求，而且因没有足够的容量，可能会错过一些最后期限。她需要你的帮助，看看你是否能正确安排她在最后期限前完成的最大请求。

假设她每天开始工作时都有一份请求列表和截止日期，在完成所有请求之前，她不会休息。

输入

第一行包含整数 m（$1 \leqslant m \leqslant 20$），样例数量。

第二行包含整数 n（$1 \leqslant n \leqslant 1e5$），请求的数量。

最后一行包含 n 个整数 t_i（$1 \leqslant t_i \leqslant n$，$1 \leqslant t_i \leqslant 1e9$），用空格隔开。估计每个请求响应的时间，使客户满意。

输出

打印案件编号和一个单一的数字 —— 每个案件满意客户的最大数量。

注意

如果她用这个订单 1、2、3、5、15 来响应请求，那么唯一需要 5h 的客户就不会高兴了。

样例输入	样例输出
1 5 15 2 1 5 3	Case #1: 4

试题来源：2019 ICPC Malaysia National

在线测试：Gym-102219K

试题解析

题意：首先输入一个 m 表示样例的数量，然后输入一个 n 代表请求的数量，后面跟着 n 个数字，代表 n 个请求需要花费的时间。求解正确顺序响应请求，使得客户满意的数量最多。即问这些请求中让谁优先处理，使得在要求时间内完成的数量最多。

先看一下这个例子，可以先对时间排序：1、2、3、5、15（h）；则应当分别在 2、4、6、10、30（h）内完成。假如先处理第 1 个请求，即花费为 1h 的请求。起始只需要 1h，成功在 2h 内完成。接着处理第 2 个请求，需要 2h，总计 3h，第 2 个请求在 4h 前也能被成功处理完。接着处理第 3 个请求，需要 3h，总计 6h，第 3 个请求在 6h 前也能被成功处理完。如果接着处理第 4 个请求，就需要 5h，总计 11h，第 4 个请求在 10h 前无法完成，第 4 个客户不会满意，所以不能做第 4 个。如果接着处理第 5 个请求，就需要 15h，总计 21h，第 5 个请求在 30h 前也被成功处理完。

综上所述，可使客户满意的最大数量为 4。

首先要从时间短的开始做，为什么这么做呢？因为假如先做时间长的，后做时间短的，短的就更有可能超时，所以先按时间排序，如果一项工作完成之后超过了提交时间，那么这项工作从一开始就不用做，可以在已完成工作的结束时间去做其他工作，这里采用贪心策略，首先判断做这项工作能否在 2h 之前提交，如果可以，做这项工作，否则，跳过这项工作。

程序清单

```
#include <stdio.h>
#include <algorithm>
using namespace std;
const int maxn=1e5+10;
int m,n,ans,cnt,t[maxn];
//m 为样例数量，n 为待处理请求数量，cnt 为输出时例子数目计数器
//t 为数组存储请求需要的时间
long long sum;//sum 为统计过程中完成请求需要的时间
int main()
{
    scanf("%d",&m);                                          // 输入样例数量
    while(m--){
        ans=sum=0;
        scanf("%d",&n）;                                      // 待处理请求数量
        for(int i=0;i<n;i++)scanf("%d",&t[i]);               // 每个请求需要的时间
        sort(t,t+n);                                         // 升序排列
        for(int i=0;i<n;i++){
            if(sum+t[i]<=(t[i]<<1)){                         // 如果可以成功处理完当前请求
                sum+=t[i];
                ans++;
            }
        }
        printf("Case #%d: %d\n",++cnt,ans);                  // 按题目输出格式以及满意客户最大数量
    }
    return 0;
}
```

“t[i]<<1”与“t[i]*2”运算结果相同，把 t[i] 的值按照二进制向左移动 1 位，就是相当于放大为其两倍，如 6<<1，表示 110，往左移动 1 位，右边添加 0，变为 1100，也就是 12。经常都会用 <<1 代替 *2 进行操作。

这里的 while 循环里嵌套两个 for 循环。

```
for(int i=0;i<n;i++)
```

首先给 i 赋初值 0，然后判断 $i<n$ 是否成立，因为 $0<5$，所以为真，于是执行循环体内语句，然后再执行 i++，i 变为 1，再判断 $i<n$ 是否成立。如此循环，当 i 为 6 时，条件不成立，循环结束，开始执行后面的语句。

例 3-7 Mountain Ranges

因山脉而闻名的恩洛戈尼亚每年吸引数以百万计的游客。政府有一个持续维护遍布全国的徒步小径的专项预算，其中大部分徒步小径都在风景区，可以通过木制人行道和楼梯进入。

洛拉和她的丈夫目前正在一次穿越恩洛戈尼亚的旅行中，希望能带着许多令人叹为观止的照片回家，能参观尽可能多的景点。他们计划每天徒步走一条不同的小径，探索其所处的景点。然而，为了避免在一天结束时精疲力尽，如果从一个角度移动到另一个角度需要上升超过 X 米，他们只是简单地结束这一天，然后回到酒店休息。幸运的是，恩洛戈尼亚的每一条徒步小径都配备了现代化的升降椅，所以洛拉夫妇可以从他们决定的任何景点开始徒步旅行。一旦徒步旅行开始，洛拉夫妇就只能向山顶走去。为了确保他们不会浪费一天，洛拉只想在小径上徒步旅行，在那里他们可以参观可观数量的景点。鉴于远足的风景点的高度，你必须确定这对夫妇最多可以参观的景点的数目。

输入

第一行包含两个整数 n（$1 \leqslant n \leqslant 1000$）和 x（$0 \leqslant x \leqslant 8848$），表示徒步旅行的风景点的数量和洛拉与丈夫愿意从一个景点上升到另一个景点的最大高度。

第二行包含 n 个整数 a_1、a_2、…、a_n（i=1、2、…、n，$1 \leqslant a_i \leqslant 8848$），其中 a_i 是第 i 个景点的高度（米）。景点是按照它们出现的顺序给出的。徒步旅行的步道和它们的高度是递增的。

输出

洛拉夫妇最多参观的景点数目。

样例输入	样例输出
9 2 3 14 15 92 653 5897 5897 5898 5900	4

试题来源：2019-2020 ACM-ICPC Latin American Regional Programming Contest

在线测试：Codeforeces Gym-102428M

试题解析

对于给出的 n 个景点，只用考虑一个顶点和前一个顶点之间的海拔关系。因此可以遍历一遍这个数组，如果第 i 个景点和第 i-1 个景点的高度差小于 x，则可以参观的景点数目就 +1，否则，更新最终答案，最后输出即可。此例使用了一维数组 a。

程序清单

```
#include <bits/stdc++.h>
using namespace std;
typedef long long ll;
const int maxn=3e5+10;
int a[maxn];
int main()
{
   int n,x;
   cin>>n>>x;
   for(int i=1;i<=n;i++)
   {
```

```
        cin>>a[i];
    }
    int maxx=-1;
    int cnt=1;
    sort(a+1,a+1+n);
    for(int i=2;i<=n;i++)
    {
        if(a[i]-a[i-1]<=x)cnt++;
//前后两个景点的高度差在允许的范围内，于是可参观的景点个数 cnt 增加 1
        else{//高度差超过了 x，那么把之前的最大的参观数 maxx 更新
            //并且下一阶段的 cnt 计数器从 1 重新开始
            maxx=max(maxx,cnt);//用 max 函数把 maxx 和 cnt 中较大的赋值给 maxx
            cnt=1;
        }
    }
    maxx=max(maxx,cnt);
    cout<<maxx<<endl;
    return 0;
}
```

例 3-8 Absolute Game

爱丽丝和鲍勃在玩游戏。爱丽丝有一个包括 n 个整数的数组 a，鲍勃有一个包括 n 个整数的数组 b。在每个回合中，玩家都会移除其数组中的一个元素。玩家轮流交替，爱丽丝先行。当两个数组都包含一个元素时，游戏结束。令 x 为爱丽丝数组中的最后一个元素，y 为鲍勃数组中的最后一个元素。爱丽丝想最大化 x 和 y 之间的绝对差，而鲍勃想最小化这个值。两名玩家都在发挥最佳状态。找到游戏的最终值。

输入

第一行包含一个整数 n（$1 \leqslant n \leqslant 1000$）—— 每个数组中的值数。

第二行包含 n 个以空格分隔的整数 a_1、a_2、…、a_n（$1 \leqslant i \leqslant n$，$1 \leqslant a_i \leqslant 1e9$）—— 爱丽丝数组中的数字。

第三行包含 n 个以空格分隔的整数 b_1、b_2、…、b_n（$1 \leqslant i \leqslant n$，$1 \leqslant b_i \leqslant 1e9$）—— 鲍勃数组中的数字。

输出

如果两个玩家都处于最佳状态，请打印 x 和 y 之间的绝对差值。

注意

在第一个示例中，x=14，y=10。因此，这两个值之间的差为 4。在第二个示例中，数组的大小已经为 1，因此，x=14，y=42。

样例输入	样例输出
4 2 14 7 14 5 10 9 22	4

样例输入	样例输出
1 14 42	28

试题来源：2019-2020 ICPC Southeastern European Regional Programming Contest（SEERC 2019）

在线测试：CodeForces 632B

试题解析

先对 a、b 两个数组求最小差值数组 c，即 c_i=min (abs (a_i−b_j))。

我们知道存在 b_i 使得 a_i 与 b_i 的差值最小，所以每当爱丽丝去掉一个 a_i 时，鲍勃就去掉与之对应的 b_i，为什么要去掉 b_i？

当 a 数组与 b 数组取的最小值一一对应时，b_i 是使其与 a_i 差值为最小的值，所以去掉 a_i 后，b_i 不会使得 a 数组中其他数的最小值变得更小，因此鲍勃此时去掉相应的 b_i。另外，爱丽丝丢弃一个数时，期望将 c 数组的值中最小的数 c_i 去掉，这样使得 c 数组中剩下的数会更大。

当 a 数组与 b 数组取的最小值并非一一对应时，爱丽丝还是会去掉使得 c_i 值最小的那一个 a_i，当存在 a_j==a_i 时，就说明会有一个 b_i 不会使得任何一个 a_i 最小，此时鲍勃就会去掉这个数 b_i。

所以只需要将 c 数组求出来，再找到最小值即可。

程序清单

```
#include <bits/stdc++.h>
using namespace std;
#define inf 0x3f3f3f3f
typedef long long ll;
const int mx=2e5+10;
int s1[mx],s2[mx];
int n;
int main()
{
     int ans=-1;
     scanf("%d",&n);
     for(int i=1;i<=n;i++)
         scanf("%d",&s1[i]);
     for(int i=1;i<=n;i++)
         scanf("%d",&s2[i]);
     for(int i=1;i<=n;i++)
     {
         int c=inf;
         for(int j=1;j<=n;j++)
         {
             c=min(c,abs(s1[i]-s2[j])); // 求 c 数组
         }
```

```
        ans=max(ans,c);                           //求c数组中的最大值
    }
    printf("%d\n",ans);
    return 0;
}
```

除了一维数组，还可以使用二维数组和多维数组。引用二维数组元素的形式为

```
数组名[下标1][下标2];
```

例如，a[0][3] 表示引用二维数组 a 中第 1 行第 4 列的元素。请注意不要写成 a[0,3] 的形式。

下面给出二维数组的例题。

例 3-9 So Easy

G 先生发明了一个新游戏，游戏规则如下。

首先，他有一个 $n×n$ 的矩阵，所有的元素一开始都是 0。然后，他继续执行一些操作：每次选择一行或一列，并向所选行或列中的所有元素添加一个任意的正整数。当所有操作完成后，他在矩阵中隐藏一个元素，这个元素被修改为 -1，现在给出最后一个矩阵，要求你在最后一个隐藏操作之前找出隐藏元素。

输入

第一行包含一个整数 n（$2 \leqslant n \leqslant 1000$），接下来的 n 行表示操作后的矩阵。矩阵中的每个元素满足 $-1 \leqslant a_{ij} \leqslant 1000000$，且恰好有一个元素是 -1。

输出

一个整数，即隐藏元素。

样例输入	样例输出
3 1 2 1 0 -1 0 0 1 0	1

试题来源：2019 ICPC Asia Yinchuan Regional

在线测试：Jisuanke 42382

试题解析

由题意可知，某一个数（该数在 x 行 y 列）的值可能是由选择了 x 行进行题目上的操作的值，加上选中 y 列操作的值，而要求的是 -1 所在的地方在操作后应该为什么值，所以我们只需要知道 -1 所在行和列被操作的值的总和，即可得到它的值，假设 -1 所在点为（x_0, y_0），那么只需找出不和（x_0, y_0）同列的一个数组 a[假设所在点位（x, y）]，那么可以得出

$$a(x_0, y_0) + a(x, y) = a(x_0, y) + a(x, y_0)$$

从中即可解出 $a(x_0, y_0) = a(x_0, y) + a(x, y_0) - a(x, y)$

程序清单

```
#include <bits/stdc++.h>
using namespace std;
const int maxn=1010;
const int dir[][2]={1,-1,-1,1,1,1,-1,-1};       //一个数的斜对角线四个方向
int n;
int a[maxn][maxn];
int main(){
      scanf("%d",&n);
      int x0,y0,x,y;
      for(int i=0;i<n;i ++){
           for(int j=0;j<n;j ++){
                scanf("%d",&a[i][j]);
                if(a[i][j]==-1){
                      x0=i;
                      y0=j;
                }
           }
      }
      for(int i=0;i<4;i ++){                     //找到一个符合 x!=x0, y!=y0 的坐标
           x=x0+dir[i][0];
           y=y0+dir[i][1];
           if(x>=0&&y>=0&&x<n&&y<n){
                break;
           }
   printf("%d\n",a[x0][y]+a[x][y0]-a[x][y]);
}
```

这里用到二维数组 *a* 和 dir。

3.4 字 符 串

字符串是由若干字符组成的序列，如 "love" "strong" "1397095" "%d\n" 等，都是合法的字符串。一个一维数组对应一个字符串。例如：

```
main()
{
      char str[11]="Prosperous";
      printf("%s\n",str);
}
```

在 C 语言中，字符串有一个结束标志，即 ASCII 码为 0 的字符（空白符）。C 语言在处理字符串时，从指定位置开始遇到的一个空白符为止。因此，字符数组作为字符串处理时，字符数组的大小一定要比字符串的长度最少多 1。上例中 "Prosperous" 有 10 个字符，定义 str 时长度为 11，比 10 多 1 个。其值如下：

P	r	o	s	p	e	r	o	u	s	\0

最后一个元素的值是“\0”，是字符串的结束标志。输入时系统自动加入，输出时不显示。

字符串要用双撇号括起来，输入输出整个字符串时要用“%s”格式符，输入/输出项用字符数组名。例如：

```
#include <stdio.h>
#include <string.h>
main()
{
    char str[11],str1[100];
    char str2[]={"and strong"};
    scanf("%s",str);
    printf("%s\n",str);
    gets(str1);                              //gets 函数也可以输入一个字符串
    puts(str1);                              //puts 函数可以输出一个字符串
    printf("%s\n",strcat(str1,str2));  //strcat（字符数组 1，字符数组 2），
                                             //strcat 函数连接
//两个字符数组中的字符串，将字符串 2 连接到字符串 1 的后面，结果放在字符数组 1 中
    strcpy(str,str1);                        //字符串复制函数 strcpy
    puts(str);
    printf("%d\n",strcmp(str1,str2));  //字符串比较函数 strcmp
    printf("%d\n",strcmp(str2,str1));
    printf("%d\n",strlen(str1));          //函数 strlen 求字符串长度
    printf("%d\n",strlwr(str1));          //函数 strlwr 将字符串转成小写
    printf("%d\n",strupr(str1));          //函数 strupr 将字符串转成大写
    strncpy(str1,str2,4);                  //复制字符串 2 中前面 4 个字符到字符串 1 中
                                             //取代字符串 1 中前 4 个字符
    puts(str);
}
```

例 3-10 To Crash or not To Crash

引入人工智能的伦理是当前时代的一个重要主题。随着近年来自学习算法领域的发展，如何在软件系统中引入伦理学成为科学界面临的一个难题。伦理问题由于其主观性而特别困难。被某一特定观点视为“权利”的东西，不一定被其他观点视为“权利”。

当人工智能伦理面临伦理困境时，其伦理问题变得更加困难。道德困境是指没有明确的答案来解决问题，因为所有可能的解决方案都会带来一定的负面影响。例如，如果按下一个按钮，那么 1 个人会死；如果不按下该按钮，那么 5 个人会死。如果这两个是选项，应该选哪一个呢？如果系统相信无恶意的哲学，做最少的伤害，那么系统将采取按下按钮的过程，让 1 人而不是 5 人死亡。

这个例子是描述道德困境的一个非常简单的方法，但是在现实生活中，人工智能伦理将面临更复杂和微妙的场景，需要一个适当的道德框架来制约。

幸运的是，在这个问题上，机器人出租车 RoboTaxi 只能走直线。本题将提供三条道路的快照，其中有多个障碍物。在给定的快照内，必须确定 RoboTaxi 是否会崩溃。

输入

包括三行。其中，“=”表示 RoboTaxi 的位置；“H”表示车道上有人；“T”表示车道上的树木；“P”表示车道上停放的汽车；“.”表示车道上有空地。

这条路的长度将是 10。

输出

输出将指示 RoboTaxi 撞到的第一个障碍。如果没有发生崩溃，则输出“You shall pass!!!”。

样例输入	样例输出
.... =........H	H

试题来源：2019 ICPC Malaysia National

在线测试：Codeforces Gym-102219I

试题解析

对于此题，我们只要找到车在哪一行，并从该行的位置开始向后遍历字符串，如果没有遇到障碍物，则输出可以通过；如果遇到障碍物，则输出障碍物并退出程序即可。

程序清单

```
#include <bits/stdc++.h>
using namespace std;
const int maxn=2e5+10;
int main()
{
        string s[15];
        cin>>s[0]>>s[1]>>s[2];    //输入三行快照，即将三个字符串存储在s[0]、s[1]和s[2]中
        int x,y;
        for(int i=0;i<3;i++)
        {                         //对每一行
            for(int j=0;j<s[i].size();j++)
            {                     //判断第i行第j列是否为等号，是不是RoboTaxi的位置
                if(s[i][j]=='=')
                {                 //是，就记录下该位置，存入x、y中
                     x=i,y=j;
                }
            }
        }
        int j;
       //cout<<x<<" "<<y<<endl;
        y++;
```

```
        for(j=y;j<=9;j++)
        {                          // 在 RoboTaxi 所在的行 x 中，从 y 列开始往后找
            if(s[x][j]!='.')
            {                      // 如果找到的不是空地，就算是找到了
            cout<<s[x][j]<<endl; // 输出障碍物 s[x][j]
            return 0;
            }
        }
    cout<<"You shall pass!!!"<<endl;
    return 0;
}
```

string 是 C++ 中封装好的类，可以方便地对字符串进行处理。对于 C++ 类的概念和学习，大家可以先放一放，这里能使用就可以。cin 和 cout 也是 C++ 的输入输出，可以理解为与 scanf 和 printf 类似。

注释可以帮助阅读程序者更好地读懂程序，注释需要写得简明易懂，但并非注释越多越好，一般只写出必要的注释，对于一目了然的代码，就无须注释，代码本身就是语言，上面这道例题，其实基本上不需要写注释，而笔者注释得如此详细，是因为本书针对的是编程初学者。

例 3-11 Integer Prefix

独特的语言数字关联（UNAL）是一种在不同文本中只保留数字的关联。事实上，数字对 UNAL 来说是如此重要，它的原理是“人们只能用数字交流”。

Mr. Potato Head，UNAL 的“首领”给你分配了一项任务，帮助他们实现协会的目标。

给定一个文本 T，必须找到由最长的非空前缀组成的数字，对于 UNAL 来说这足以理解整个文本。

输入

一行不带空格的文本 T，文本的长度是 1～2×10^5。

输出

如果没有这样的前缀，则输出 -1，否则打印一行包含 T 的最长非空的数字前缀。

样例输入	样例输出
23082019UNAL	23082019
_1234567890	-1

试题来源：Gym-102307I

在线测试：codeforces-gym-102307I

试题解析

对字符串从头到尾遍历，如果是数字就存入另外一个字符串里，保证要连续，一旦出现其他非数字的字符，则直接中断跳出，然后输出，若开头就是非数字字符则直接输出 -1。

程序清单

```
#include <stdio.h>
#include <string.h>
char s[200050],a[200050];
int main()
{
     scanf("%s",&s);
     int len=strlen(s);
     int lena=0;
     int i;
     for(i=0;i<len;i++)
     {
         if(s[i]>='0'&& s[i]<='9)
              a[lena++]=s[i];     // 此语句相当于两句：a[lena]=s[i];lena=lena+1;
         else
              break;              // 如果一旦遇到的不是数字，就退出循环
     }
     if(lena==0)                  // 如果开头起一个数字都没有，则 lena 还是 0
         printf("-1\n");
     else
         printf("%s\n",a);        // 输出 a，a 存储的是 s 的数字前缀
     return 0;
}
```

再用 C++ 重写代码如下：

```
#include <iostream>
#include <cstdio>
#include <algorithm>
#include <string>
using namespace std;
int main()
{
     string s,a;
     a="";
     cin>>s;
     for(int i=0;i<s.length();i++)
     {
        if(s[i]>='0'&& s[i]<='9')
             a+=s[i];                          // 把 s[i] 这个数字字符连接在 a 字符串的后面
        else
             break;
     }
     if(a.length()==0)
        cout<<"-1"<<endl;
     else
        cout<<a<<endl;
        return 0;
}
```

3.5 结 构 体

结构体是不同数据类型的集合，在使用结构体这种数据类型之前，必须要对其进行定义，对结构体的定义包括结构体类型和结构体变量两部分。

例如：

```
struct student
{
      char name[30];
      int age;
      char sex;
      float score;
};
```

struct 是声明结构体类型的关键字，其后是程序设计者命名的类型名，此例是 student，它包括 name、age、sex 和 score 等不同类型的数据项。

后面就可以用结构体类型名来定义新的变量。例如：

```
struct student s1,stu[30];
```

下面介绍使用结构体的例题。

例 3-12 计算菜价

妈妈每天都要出去买菜，但是回来后，兜里的钱也懒得数一数，到底花了多少钱真是一笔糊涂账。现在好了，作为好儿子（女儿）的你可以给她用程序计算一下。

输入

输入一些数据组，每组数据包括菜种（字符串）、数量（计量单位不论，一律为 double 型数）和单价（double 型数，表示人民币元数），因此，每组数据的菜价就是数量乘以单价。菜种、数量和单价之间都用空格隔开。

输出

支付菜价的时候，由于最小支付单位是角，所以总是在支付的时候采用四舍五入的方法把分去掉。最后，请输出一个精度为角的菜价总量。

样例输入	样例输出
青菜 1 2 萝卜 2 1.5 鸡腿 2 4.2	13.4

在线测试：hdu2090

试题解析

定义一维字符数组 name（菜名），输入相应变量 weight（数量）和 price（单价）等值；然后进行菜价累加运算，通过循环计算出总价 sum。

程序清单

```
//方法 1 采用循环
#include <stdio.h>
int main()
{
     char name[100];
     double weight,price,sum;
     int i;
     sum=0;
     while(scanf("%s%lf%lf",name,&weight,&price)!=EOF)
     {
         sum=sum+weight*price;
     }
     printf("%.1lf\n",sum);
     return 0;
}
//方法 2  采用结构体
#include <stdio.h>
typedef struct
{
     double weight;
     double price;
}freshfood;          //定义新的类型，类型名称是 freshfood，它是一个结构体类型
                     //它包含 weight 和 price 两个变量
int main()
{
     double sum;
     freshfood food;
     char foodname[120];
 sum=0;
     while(scanf("%s%lf%lf",foodname,&food.weight,&food.price)!=EOF)
     {//使用结构体可以很方便地书写代码，如果在编译器下面输入 "food. 变量名 "
      //则后面的成员变量就会自动弹出，供你选择。在这里，分量运算符点“.”
      //你可以把它读作“的”，这样也很好理解
        sum+=food.num*food.price;
     }
   printf("%.1lf\n",sum);
return 0;
}
```

在实际项目中，结构体是大量存在的。研发人员常使用结构体封装一些属性组成新的类型。由于 C 语言内部程序比较简单，研发人员通常使用结构体创造新的“属性”，既可以简化运算，又能够利用封装得到再次利用的好处，让使用者不必关心这个是什么，只要根据定义使用就可以。

typedef 用来为复杂的声明定义简单别名。

（1）typedef 的最简单使用。

```
typedef  int size;
size  array[4];
```

给已知数据类型 int 起个新名字，叫作 size，然后用 size 作为类型名字定义变量 array。

（2）typedef 与结构结合使用。

```
typedef struct tagStruct
{
    double weight;
    double price;
}freshfood;
```

typedef 语句实际上完成以下两个操作。

（1）定义一个新的结构类型。

```
struct tagStruct
{
    double weight;
    double price;
};
```

tagStruct 称为 tag，即“标签”，实际上是一个临时的名字，struct 关键字和 tagStruct 一起，构成这个结构类型，不论是否有 typedef，这个结构都存在。

可以用 struct tagStruct varName 来定义变量，但要注意，使用 tagStruct varName 来定义变量是不对的，因为 struct 和 tagStruct 合在一起才能表示一个结构类型。

（2）typedef 为这个新的结构起了一个名字，叫作 freshfood。

```
typedef struct tagStruct freshfood;
```

因此，freshfood 实际上相当于 struct tagStruct，可以使用 freshfood varName 来定义变量。

例 3-13　I don't want to pay for the Late Jar

来自 IT 部门的尼娜需要你的帮助，解决她面临的一个日常难题。她随时都可以休息吃午饭。但由于工作原因，她只能根据当天的需要，休息 s 分钟。她只要迟到，都要付给罐子 1 令吉。

她根据自己的经验，列出了自己最喜欢的餐厅，以及她在每家餐厅午餐需要花费的时间（$1 \leqslant t_i \leqslant 109$）。她还为每家餐馆指定了一个价值（$1 \leqslant f_i \leqslant 109$），这个价值表明她愿意付出多少额外的钱，但仍然感到快乐。

例如，如果她需要在 x 餐厅用餐 t_x 分钟，她认为价值为 RMfx。如果 $t_x \leqslant s$，那么她是完全幸福的，就好像她保存了 RMfx。

但是，如果 $t_x > s$，她会节省 $f_x-(t_x-s)$。

请帮助她找到她最喜欢的餐厅，同时节省最多的钱。此外，请记住，她每天只能选择一家餐厅用午餐。

输入

第一行包含 1 个整数 d（$1 \leqslant d \leqslant 10$）天数。第二行包含两个空格分隔的整数 n（$1 \leqslant n \leqslant 104$）和 s（$1 \leqslant s \leqslant 109$），尼娜列表中的餐厅数目和她当天的午休时间。下一个 n 行包含两个空间分隔的整数 f_i（$1 \leqslant f_i \leqslant 109$）和 t_i（$1 \leqslant t_i \leqslant 109$）是第 i 个餐厅的特征。

输出

一行打印一个整数——她每天为幸福节省的最大金额。

样例输入	样例输出
2 2 5 3 3 4 5 1 5 1 7	Case #1: 4 Case #2: -1

试题来源：2019 ICPC Malaysia National

在线测试：Gym102219C

试题解析

可以看到对于每家餐厅 $t_x \leqslant s$，她是完全幸福的，即在该餐厅节省的金额为 f_x。而对于 $t_x > s$ 来说，在该餐厅节省的金额为 $f_x-(t_x-s)$。通过对 t_x 和 s 进行比较，将每家餐厅节省的金额计算之后排序，即可得到最大的节省金额。

程序清单

```
#include <stdio.h>
#include <algorithm>
#include <string.h>
using namespace std;

struct node{                    // 定义结构体 node
    long long f,t,ans;
} a[100005];                    // 结构体 node 定义的数组 a
bool cmp(node a,node b)
{                               // 这是一个函数，有两个参数 a 和 b，返回值是 bool 型，真或假
    return a.ans>b.ans;         // 从大到小进行排序
                                // 如果反过来写成 return a.ans>b.ans;，那么就从小到大进行排序
}
int main()
{
    int t;
    scanf("%d",&t);
```

```
        for(int k=1;k<=t;k++)
        {
            long long n,s;
            scanf("%lld%lld",&n,&s);
            for(int i=1;i<=n;i++)
            {
                scanf("%lld%lld",&a[i].f,&a[i].t);
                if(a[i].t>s)a[i].ans=a[i].f-a[i].t+s;
                else a[i].ans=a[i].f;
            }
            sort(a+1,a+1+n,cmp);
            printf("Case #%d:%d\n",k,a[1].ans);
        }
        return 0;
    }
```

sort 函数用于 C++ 中，对给定区间所有元素进行排序，默认为升序，也可进行降序排序，它有三个参数。

（1）start 表示要排序数组的起始地址。

（2）end 表示数组结束地址的下一位。

（3）cmp 用于规定排序的方法，可不填，默认升序。

本题中“sort (a+1, a+1+n, cmp);”表示从数组的 a[1] 到 a[n] 的所有元素都参与排序，按照 *a* 的成员 ans 的值做降序排序。那么，排序后，最大的元素就在第一个元素 a[1] 中。

3.6 函　数

函数是 C 语言程序的基本模块，由于采用函数模块式的结构，C 语言易于实现结构化程序设计，使程序的结构清晰、减少重复编写程序的工作量，并提高程序的可读性和可维护性。在介绍 C 语言函数之前，先简单介绍模块化程序设计方法。

3.6.1 模块化程序设计方法

人们在求解一个复杂或较大规模的问题时，一般都采用逐步分解、分而治之的方法，即把大且复杂的问题分解成若干个比较容易求解的小问题，然后分别求解。人类的认知过程也遵守 Miller 法则，即一个人在任何时候都只能把注意力集中在 7（±2）个知识块上。根据这一法则，程序员在设计一个大且复杂的程序时，往往也是首先把整个程序划分为若干个功能较为单一的程序模块，分别予以实现，最后把所有的程序模块像搭积木一样装配起来，完成一个完整的程序，从而达到所要求的目的。这种在程序设计中逐步分解、分而治之的策略称为模块化程序设计方法。

如果软件可划分为独立命名和编程的部件，则每个部件称为一个模块。模块化就是把系统化分为若干个模块，每个模块完成一个子功能，把这些模块集中起来组成一个整体，从而完成指定的功能，满足问题的要求。

3.6.2 函数的概念和运用

函数的英文为 function，也是“功能”的意思，从本质上讲，函数就是用来完成一定功能的，是一组一起执行一个任务的语句。每个 C 程序都至少有一个函数，即主函数 main ()，还可以定义其他额外的函数。根据模块化设计的原则，一个较大的程序一般应分为若干个程序模块，每一个模块用于实现一个特定的功能。在 C 语言中，模块用函数来实现。

C 语言中，函数分为以下两种：

（1）标准库函数，如 scanf ()、printf ()、sin ()、cos () 和 sqrt () 等，都是 C 语言中常用的库函数。

（2）用户自己定义的函数，一般由用户自己编写，用以解决用户的专门问题。

例 3-14 Kernel of Love

Mr. Potato Head 致力于“关于爱的统一非线性算法”（UNAL）。这些算法连接到称为 Kernel 方法的传统机器学习分支。Mr. Potato Head 发现了一种 Kernel 函数，该函数可测量两个人的相似性，因此可以预测他们成为幸福夫妻的可能性。他在一个庞大的 Facebook 个人资料数据库上运行内核算法后，将自己的发现又向前迈进一步，有了一些有趣的（尽管很恐怖）发现：每个人都可以被映射成一个斐波那契数，这使他可以得出一个告诉夫妻是否会永远幸福的公式。

斐波那契序列是由线性递归方程定义的序列。

$\{Fk\}_{k=1}^{\infty}$

线性递归方程：

$$F_{k+2}=F_{k+1}+F_k$$
$$\text{with } F_1=F_2=1$$

一对幸福的夫妻用 x 和 y 两个数字表示。

（1）x 和 y 是斐波那契数。

（2）他们彼此有吸引力，但并不过分，当 gcd（x, y）=1 时成立。

（3）他们没有太大的区别或相似，这是在（$x+y$）mod 2=1 时实现的。

（4）他们的永恒结合导致产生另一个人，这就是另一个斐波那契数。当 $x+y=z$ 时发生这种情况，其中 z 是斐波那契数。

Mr. Potato Head 对他的发现感到惊讶，他现在想了解世界上有多少对真正幸福的夫妻。对于给定的 n，他想知道前 n 个人中（即第一个 n 斐波那契数）存在多少对夫妻，因此上述所有条件都成立。

对于给定的 N，他想知道满足上面所有条件的第一个 n 中存在多少对夫妻（i.e. the first n Fibonacci numbers）（即第一个 n 斐波那契数）。

输入

第一行代表测试样例的数量。每个样例为一行，是一个整数 n（$1 \leqslant n \leqslant 1e5$）。

输出

对于每种情况，请打印幸福的夫妻的总数。

样例输入	样例输出
6	
1	0
4	3
8	5
17	11
20	13
25	17

试题来源：2019 ICPC Universidad Nacional de Colombia Programming Contest

在线测试：codeforces-gym-102307-K

试题解析

题目求的是在前 n 个斐波那契数中，有多少对 x 和 y 同时满足（$x+y$）mod 2==1，gcd（x, y）==1，$x+y$ 是一个斐波那契数。首先列举出前面的一些斐波那契数：1、1、2、3、5、8、13、21、34…

斐波那契数组有一些特殊的性质，下面会用到。

因为如果 $x+y$ 是一个斐波那契数，就有斐波那契数的性质 $F_{k+2}=F_{k+1}+F_k$，可以知道 x 和 y 一定是两个连续的斐波那契数。

同时连续的两个斐波那契数一定是互质的，所以只需判断 $x+y$ 是不是 2 的倍数。

斐波那契数组的前两个数都是 1，又知道奇数 + 奇数 = 偶数，偶数 + 奇数 = 奇数。

发现斐波那契数组的性质：奇、奇、偶、奇、奇、偶、奇、奇、偶……

序号 i	1	2	3	4	5	6	7	8	9
斐波那契数列 $f(i)$	1	1	2	3	5	8	13	21	34
奇偶性质	奇	奇	偶	奇	奇	偶	奇	奇	偶

n=4 时，输出 3，表示有 3 对幸福。分别是（1, 2）、（1, 2）和（2, 3），即 f（1）和 f（2）、f（2）和 f（3）、f（1）和 f（3）。

n=8 时，输出 5，表示有 5 对幸福。分别是（1, 2）、（1, 2）、（2, 3）、（5, 8）和（8, 13）。

```
    if ((i%3&& (i+1) %3) ||i%3==0) {
// 如果当前斐波那契数是偶数，那么它和前一个是满足要求的一对，为结果做贡献
// 使得结果加 1，如果 i=6，那么（5, 8）是幸福的一对
// 如果当前斐波那契数是奇数，后面也跟着奇数，那么它和前一个是满足要求的一对
// 使得结果加 1，如果 i=7，那么（8, 13）是幸福的一对，为结果做贡献
// 此表，可以看出 i%3==0 时，也就是 i 为 3 的倍数时，它是偶数，否则是奇数
// 所以可以使用这条 if 语句
    ans[i]=ans[i-1]+1;
    }else {              // 否则就不加 1
    ans[i]=ans[i-1];   // 如果 i=5，（3, 5）就不是幸福的一对，没有对结果做贡献
```

然后就是打表。所谓打表，就是预先计算处理，把一些结果存储在数组之中，后面在数组中查询结果（查表）并输出。

程序清单

```
#include <bits/stdc++.h>
using namespace std;
#define inf 0x3f3f3f3f
#define RG register
#define CLR(arr,val)memset(arr,val,sizeof(arr))
typedef long long ll;
const double pi=acos(-1.0);
const int maxn=500005;
int ans[maxn];
void inti()
{// 这是一个函数，下面在主程序 main 中调用此 inti 函数
 // 这个函数没有参数，也没有返回值，是一个形式最简单的函数
     ans[3]=2;
     ans[4]=3;
     for(int i=5;i<maxn;i++)
     {
         if((i%3 &&(i+1)% 3)|| i%3==0){
 // 当前斐波那契数和前一个斐波那契数之中有一个是偶数时，就可以加 1
             ans[i]=ans[i-1]+1;
         }else {                                    // 否则就不加 1
             ans[i]=ans[i-1];
         }
     }
}
int main(void)
{
     inti();
     int t;
     scanf("%d",&t);
     while(t--){
         int n;
         scanf("%d",&n);
         printf("%d\n",ans[n]);
     }
     return 0;
}
```

例 3-15 Boring Non-Palindrome

假期快结束了，我们的好朋友 Mr. Potato Head 想要在假期的最后几天做一些有趣的活动，如解方程、计算面积等。

目前，他正在用不同的琴弦演奏，尽管他发现大多数的琴弦都是非回文的。这就是为什么 Mr. Potato Head 会将任何字符串转换成一个回文，并在相应的字符串末尾插入字符。

然而，Mr. Potato Head 并不想在他的假期里只插入字符串，所以他会插入尽可能少的字符，将无聊的非回文字符串转换成有趣的回文字符串。

你能猜出 Mr. Potato Head 用无聊的非回文字符串做成的有趣的回文字符串吗？

输入

输入一个没有空格的非空字符串，字符串长度不超过 5000。

输出

打印一行经过 Mr. Potato Head 改变的字符串。

样例输入	样例输出
helloworld anitalavalatina	Helloworldlrowolleh anitalavalatina

试题来源：Gym-102307B

在线测试：codeforces-gym-102307B

试题解析

将字符串从后往前遍历，找出以字符串最后一个字符为右边界组成的回文串，以回文串为中心，将整个字符串做镜像处理。

程序清单

```
#include <iostream>
#include <string>
#include <algorithm>
using namespace std;
bool flag(string x)
{ //函数flag，参数x，返回bool型，这里的x是形参
    for(int i=0,j=x.length()-1;i<x.length()/2;i++,j--)
        if(x[i]!=x[j])
            return false;
    return true;
}
int main()
{
    string s;
    cin>>s;
    string ans="";
    for(int i=0;i<s.length();i++)
    {
        string a,b;
        a=s.substr(0,i);         //把s字符串的前面i个字符给a
        b=s.substr(i,s.length()-i);
                                 //给了a后，剩下的s字符串后面的字符都给b
```

```
        if(flag(b))// 调用 flag 函数，这里 b 是实参
        {           // 用 flag 检查 b 是否为回文串，若是回文串，则生成 a 的反转
           reverse(a.begin(),a.end());          // 将 a 反转
           ans=s+a;                             // 把反转后的字符串 a 加在 s 后面
           break;
        }
    }
    cout<<ans<<endl;
    return 0;
}
```

为了更好地理解这个程序，在调试过程中加上一些输出语句，如下：

```
int main()
{
    string s;
    cin>>s;
    string ans="";
    for(int i=0;i<s.length();i++)
    {
        string a,b;
        a=s.substr(0,i); // 取 s 字符串从 0 位置开始，长度为 i 的子字符串给 a
        b=s.substr(i,s.length()-i);
                         // 取 s 字符串从 i 位置开始，长度为 s 的总长度减去 i 的子字符串给 b
        cout<<"a="<<a<<"\tb="<<b<<"\tflagb="<<flag(b)<<endl;
        if(flag(b))      // 调用 flag 函数，这里 b 是实参
        {  // 用 flag 检查 b 是不是回文串，若是回文串，则生成 a 的反转
            reverse(a.begin(),a.end());          // 将 a 反转
            cout<<"s="<<s<<"\trev a="<<a<<endl;
            ans=s+a;     // 把反转后的字符串 a 加在 s 后面
            break;
        }
    }
    cout<<ans<<endl;
    return 0;
}
```

然后，再设计几个样例如下：

样例输入	样例输出
worldlr worowdlr	worldlrow worowdlrldworow

运行程序，可以得到下面的结果：

```
worldlr
a=      b=worldlr       flagb=0
a=w     b=orldlr        flagb=0
a=wo    b=rldlr         flagb=1
s=worldlr       rev a=ow
worldlrow
```

从上面可以看出，*a* 字符串从空的开始越来越长，*b* 字符串的长度逐渐减少，*a* 和 *b* 总是共同构成输入的字符串 worldlr，当 flag 等于 1 时，即 *b* 是个回文串，这时 *b* 为 rldlr，于是得到从最末尾的字符 r 往左边看的最长的回文串，然后，把前面的 *a* 反转后，加到输入的原始字符串 s 后面即可。最后输出答案 worldlrow。

第二个样例运行结果如下：

```
worowdlr
a=             b=worowdlr      flagb=0
a=w            b=orowdlr       flagb=0
a=wo           b=rowdlr        flagb=0
a=wor          b=owdlr         flagb=0
a=woro         b=wdlr          flagb=0
a=worow        b=dlr           flagb=0
a=worowd       b=lr            flagb=0
a=worowdl      b=r             flagb=1
s=worowdlr     rev a=ldworow
worowdlrldworow
```

训练攻略

- ✧ 自己新建样例是非常重要的，可以新建一些一般的样例，还需要新建出覆盖各种情形，特别是边界条件的样例。
- ✧ 在程序中增加一些调试用的输出语句，也是很重要的方法，不仅有助于快速理解代码，也可以帮助我们快速查找出自己写的代码错误在哪里。

如果不使用 C++ 的 string，只使用普通的 char 定义的字符串数组，再重新写程序，如下：

```
#include <stdio.h>
#include <string.h>
char s[10050];
char c[10050];
int main()
{
    scanf("%s",&s);        //输入字符串到 s 中，s 是个字符串数组，如 worldlr
    int lens=strlen(s);   //获得 s 的长度 7
    int i,j,k;            //定义三个整型变量
    strcpy(c,s);          //把 s 的内容复制给 c
    strrev(s);            //把 s 反转
    if(strcmp(s,c)==0)    //判断 c 和 s 是否相同
    {  //如果相同，说明 s 本身就是一个完整的回文串，直接输出就可以
        puts(c);
        return 0;
    }
    else {  //否则，做下面的处理，读者可以仿照上面的增加输出的方法
            //通过运行结果来分析理解下面的代码
        strrev(s);//把 s 反转
        for(i=lens;i>1;i--)
```

```
          {
          for(j=lens-i,k=lens;j>=0;j--,k++)
          {
               c[k]=c[j];
               s[k]=c[j];
          }
          c[k]='\0';
          s[k]='\0';
          strrev(s);
          if(strcmp(s,c)==0)
          {
               puts(c);
               return 0;
          }
               strrev(s);
          }
     }
return 0;
}
```

例 3-16　Mental Rotation

心理旋转是一件很难掌握的事情。心理旋转是一种能力，在你的脑海中想象一个物体，从观察者的角度看，如果将它旋转到一个特定的方向，它会是什么样子？这是工程师们要学习和掌握的非常重要的东西，特别是需要做工程制图时。这些心理旋转任务有许多阶段。在这个问题中，将处理一个简单的旋转任务。

如果有下面的方格，如图 3-2（a）所示，在向右旋转一次后，它将变成如图 3-2（b）所示的方格。

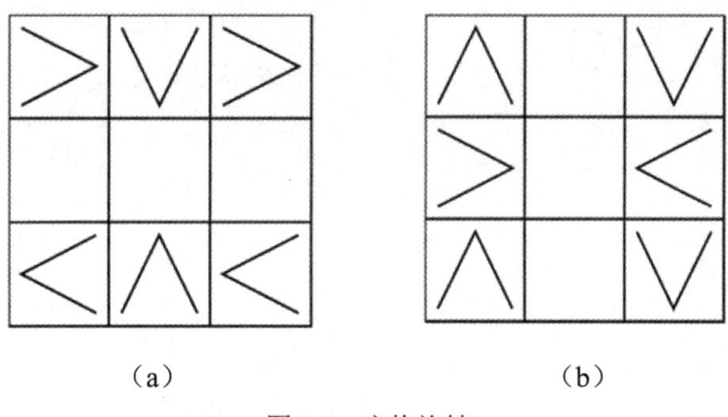

（a）　　（b）

图 3-2　方格旋转

图 3-2（b）再向左旋转一次后，它将变成最初状态的图 3-2（a）所示的方格。

输入

第一行包含一个整数 n（$1 \leqslant n \leqslant 1000$），以及一串仅包含大写字母 L 或 R 的字符串，长度不超过 100。

第二行到结尾描述为一个 $n \times n$ 大小的方格。方格仅包含 5 种字符，“>” “<” “^” “v” “.”。

输出

输出应该包含一个 $n \times n$ 大小的方格，代表翻转后的最终状态。

样例输入	样例输出
3 R >v> . . . <^< 3 L >v> . . . <^< 3 LL >v> . . . <^<	^. v >. < ^. v ^. v >. < ^. v >v> . . . <^<

试题来源：2019 ICPC Malaysia National

在线测试：codeforces Gym-102219A

试题解析

这是一道模拟题，可以写出向左、向右翻转的函数，然后直接遍历字符串即可。但这样会超时，可以进行优化，翻转周期为 4，并且可以将左转转化为右转。即向右旋转 4 次就回到原来的样子，向左转 1 次和向右转 1 次互相抵消。

程序清单

```
#include <stdio.h>
#include <map>
#include <string.h>
const int MAXN=1100;
using namespace std;
int n;
char s[MAXN], ans[MAXN][MAXN], str[MAXN][MAXN];
map <char,char> mp;
void move()
{
    for(int col=1;col <= n;col ++)
        for(int row=n;row >= 1;row --)
            ans[col][n-row + 1]=mp[str[row][col]];
    for(int i=1;i <= n;i ++)     //记录翻转一次后的结果
```

```
        for(int j=1;j <= n;j ++)
            str[i][j]=ans[i][j];
}
int main()
{
    mp['>']='v',mp['^']='>',mp['v']='<',mp['<']='^',mp['.']='.';
                                        // 向右翻转一次各个符号的结果
    scanf("%d%s",&n,s);
    getchar();
    for(int i=1;i<= n;i++)
        scanf("%s",str[i]+1);           // 输入方格布局，保存到 str 里
    for(int i=1;i<=n;i++)               // 初始化 ans，未翻转时直接输出
        for(int j=1;j<= n;j++)
            ans[i][j]=str[i][j];        // 同时把 str 里的内容也复制到 ans 里
    int len=strlen(s);                  // R 和 L 组成的旋转字符串的长度
    int rnum=0,lnum=0;
    for(int i=0;i<len;i++)
    {
        if(s[i]=='R')
             rnum ++;                   // 向右旋转的次数
        else
             lnum ++;                   // 向左旋转的次数
    }
    if(rnum >= lnum)                    // 以下即为优化操作
    {
        rnum -= lnum;                   // 如果向右一次，再向左一次，则互相抵消
        rnum %= 4;                      // 周期为 4，所以对 4 求余数
    }
    else
    {
        lnum -= rnum;                   // 向右和向左互相抵消
        lnum %= 4;                      // 周期为 4，所以对 4 求余数
        rnum = 4-lnum;                  // 把剩下的向左转转化为向右转
        rnum %= 4;
    }
    for(int i=1;i<=rnum;i++)
        move();                         // 不超过 4 次的 rnum，做 move 操作
    for(int i=1;i<=n;i++)
        printf("%s\n",ans[i] + 1);
    return 0;
}
```

3.7　时间复杂度

假设计算机运行一行基础代码需要执行一次运算。

```
#include <stdio.h>
int main(void){
```

```
    int a,b,c;
    scanf("%d%d",&a,&b);
    c=a+b;
    printf("%d\n",c);
    return 0;
}
```

那么上面这个程序（例 1-2）需要执行 4 次运算。

```
int fib(int n)
{       for(int i=1;i<=n;i++)      //需要执行（n+1）次
         {
            f3=f1+f2;              //需要执行 n 次
            f1=f2;                 //需要执行 n 次
            f2=f3;                 //需要执行 n 次
            printf("%d",f3);       //需要执行 n 次
         }
     return 0;                     //需要执行 1 次
}
```

这个方法（例 1-1）需要（$n+1+n+n+n+n+1$）$=5n+2$ 次运算。

把算法需要执行的运算次数用输入大小 n 的函数表示，即 T（n）。

此时为了估算算法需要的运行时间和简化算法分析，引入时间复杂度的概念。

一般情况下，算法中基本操作重复执行的次数是问题规模 n 的某个函数，用 $T(n)$ 表示，若有某个辅助函数 $f(n)$，使得当 n 趋近于无穷大时，$T(n)/f(n)$ 的极限值为不等于零的常数，则称 $f(n)$ 是 $T(n)$ 的同数量级函数。记作 $T(n)=\mathrm{O}(f(n))$，称 $\mathrm{O}(f(n))$ 为算法的渐进时间复杂度，简称时间复杂度。

因为 $f(n)$ 的增长速度是大于或者等于 $T(n)$ 的，即 $T(n)=\mathrm{O}(f(n))$，可以用 $f(n)$ 的增长速度来度量 $T(n)$ 的增长速度，所以这个算法的时间复杂度是 $\mathrm{O}(f(n))$。它表示随着输入大小 n 的增大，算法执行需要的时间的增长速度可以用 $f(n)$ 描述。

上面两个程序的时间复杂度分别是 $\mathrm{O}(1)$ 和 $\mathrm{O}(n)$。

例 3-8 中下面这段程序的时间复杂度是 $\mathrm{O}(n^2)$。

```
for(int i=0;i<n;i++){
     for(int j=0;j<n;j++){
          scanf("%d",&a[i][j]);
          if(a[i][j]==-1){
                x0=i;
                y0=j;
          }
     }
}
```

常见的时间复杂度所耗费的时间从小到大依次是：

$\mathrm{O}(1)<\mathrm{O}(\log n)<\mathrm{O}(n)<\mathrm{O}(n*\log n)<\mathrm{O}(n^2)<\mathrm{O}(n^3)<\mathrm{O}(2^n)<\mathrm{O}(n!)<\mathrm{O}(n^n)$。

第 4 章　进制转换和数据存储方式

4.1　进 制 转 换

计算机要处理的信息是多种多样的，如文字、符号、图形、音频和视频等，这些信息在人们眼中是不同的。但对计算机来说，它们在内存中的形式都是一样的，都是以二进制数的形式表示出来。二进制是计算机处理数据的基础，即所有的信息都存储为 0 和 1 组成的序列。

常用的进制包括二进制、八进制、十进制与十六进制，几进制就是逢几进一位。例如，二进制是逢 2 进 1，十进制是逢 10 进 1，十六进制是逢 16 进 1。那么怎么表达呢？十进制的 11，写作 $11_{(10)}$，对应的十六进制数是 $B_{(16)}$，从十六进制的 A 到 F 就是十进制的 10～15，$16_{(10)}=10_{(16)}$。

计算机存储信息的最小单位，称为位，下面了解这些概念：位、字节、字、KB、MB、GB 和地址。

（1）位：即 bit，是计算机中最小的数据单位。每一位的值是 0 或 1。

（2）字节：8 个二进制位构成 1 个字节（Byte，B），是存储空间的基本计量单位。1 个字节可以存储 1 个英文字母，1 个汉字一般需要 2 个字节。

（3）字：2 个字节称为一个字（word）。

（4）KB：1KB 表示 1024B，即 1024 个字节，$2^{10}=1024$。

（5）MB：1MB 等于 1024KB，即 2^{20} 字节，即 1048576B。

（6）GB：1024 MB = 1GB。

（7）地址：内存中以字节为单位，都被赋予一个唯一的序号，称为地址，也叫作内存地址。

4.2　辗转相除法

用辗转相除法完成进制转换。进位制是人们为了计数和运算的方便而约定的一种计数系统，约定满 2 进 1，就是二进制；满 10 进 1，就是十进制；满 16 进 1，就是十六进制。“满几进 1”，就是几进制，几进制的基数就是几。十进制数 3721，可以写成

$$3721_{(10)} = 3\times10^3+7\times10^2+2\times10^1+1\times10^0$$

也可以用辗转相除，用 10 连续去除该十进制数所得的商，直到商为 0 为止，然后把每次所得的余数合起来看成是一个数，倒着合起来就是相应的十进制数，如图 4-1 所示。

图 4-1 中的余数从下往上收集起来就是 3721。我们把图 4-1 所示的计算过程称为辗转相除。

如果把如图 4-1 中的除数 10 改成 2，那么计算过程也是如此演算出来，得到的余数，从下往上收集就会是其对应的二进制数 1110 1000 1001。

再来看二进制数 1011，可以写成

$$1011_{(2)}=1\times2^3+0\times2^2+1\times2^1+1\times2^0$$

把二进制数 1011 转换成十进制数，只要把上式等号的右边计算出来即可，即

$$1011_{(2)}=8+2+1=11_{(10)}$$

反过来如何把十进制转换成二进制呢？用 2 连续去除该十进制数所得的商，直到商为 0 为止，然后把每次所得的余数合起来看成是一个数，倒着合起来就是相应的二进制数，以 $11_{(10)}$ 为例，求它的二进制表示，如图 4-2 所示。

除数	被除数/商	余数
10	3721	
10	372	1
10	37	2
10	3	7
10	0	3

图 4-1　十进制表示

除数	被除数/商	余数
2	11	
2	5	1
2	2	1
2	1	0
2	0	1

图 4-2　二进制表示

理解了上面 3721 的示例，这里同样可以把图 4-2 中的余数从下往上收集起来，即是 $11_{(10)}$ 的二进制表示：$1011_{(2)}$。还可以从其他角度来诠释，如下所述。

首先用 11 除以 2，等于 5，余 1，这个余数 1 就是它对应二进制的最末位。

11=2×5+1，进一步解释，11=10+1，这个 10 是 2 的倍数，二进制是满 2 进 1，那么 2 的倍数的这部分对于最末尾来说，是要进位的，就不会存在于最末位，只有余数是最末位，所以此数最末位是 1。接下来对商 5 做同样的操作，就能得到倒数第 2 位。

用商 5 除以 2，等于 2，余 1，这个余数 1 就是它对应二进制的倒数第 2 位：

$$5=2\times2+1$$

继续用商 2 除以 2，等于 1，余 0，这个余数 0 就是它对应二进制的倒数第 3 位：

$$2=1\times2+0$$

继续用商 1 除以 2，等于 0，余 1，这个余数 1 就是它对应二进制的倒数第 4 位。

商为 0，结束计算。把上面的余数从最后一个开始收集起来，所以得到二进制数就是 1011。

为了巩固所学内容，再来看一个算例 $48_{(10)}$，如图 4-3 所示。

除数	被除数/商	余数
2	48	
2	24	0
2	12	0
2	6	0
2	3	0
2	1	1
	0	1

图 4-3　十进制转二进制

把图 4-3 中的余数从下往上收集起来，就是 110000，所以

$$48_{(10)} = 110000_{(2)}$$

$$48_{(10)} = 1\times2^5 + 1\times2^4 + 0\times2^3 + 0\times2^2 + 0\times2^1 + 0\times2^0 = 110000_{(2)}$$

如何把这个辗转相除的过程编制出程序呢？可以看成一个数 n，要转换成 k 进制，就用 n 除以 k，将余数存储起来，把商再看成新的 n，不断地做同样的计算，直到 n 为 0 停止。于是就可以用一个循环来实现这样不断重复的操作。

```
while(n!=0)
{    //n 不为 0 时，做循环体里的操作，n 等于 0 就退出循环
     num[len++]=n % 2;
     // 求 n 除以 2 的余数，或者说 n 对 2 求模，存储在数组 num 中
     n /= 2;  // 把 n/2 赋值给 n
}
```

例 4-1　Bitset

给出一个十进制数字 n（$0<n<1000$），把它转换为二进制数。

输入

每组数据都有一个十进制的正整数 n，直到文件结束。

输出

每组数据输出一个二进制数。

样例输入	样例输出
1 2 3	1 10 11

试题来源：HDU 校庆杯 Warm Up

在线测试：HUD 2051

试题解析

此题可以用辗转相除法，把十进制数转成二进制数。

程序清单

```
#include <stdio.h>
int main()
{
     int n,len;
     int num[15];
     while(scanf("%d",&n)!=EOF)
     {                                    // 辗转相除法的实现
```

```
        len=0;
        while(n!=0)
        {
            num[len++]=n % 2;    //n 对 2 求模，存储在数组 num 中
            n /= 2;              //n 再除以 2
        }
    while(len--)
    {                            // 将 num 从后往前逐个输出
        printf("%d",num[len]);
    }
    printf("\n");
  }
  return 0;
}
```

例 4-2 Octal Fractions

八进制（以 8 为基数）表示的小数可以用十进制精确地表示。例如，八进制的 0.75 表示为十进制的 0.953125（7/8+5/64）。所有在小数点右边的 *n* 位八进制数可以用不超过在小数点右边的 3*n* 位的十进制小数来表示。

编写一个程序，将 0～1 之间（包含 0 和 1）的八进制小数转换为等同的十进制小数。

输入

程序的输入将由若干八进制数组成，每行一个。每个输入八进制数的格式为 $0.d_1d_2d_3\cdots d_k$，其中 d_i 是八进制数字（0…7），对 *k* 没有限制。

输出

输出由一系列行组成，格式为 $0.d_1d_2d_3\cdots d_k[8] = 0.D_1D_2D_3\cdots D_m[10]$，其中，左式是输入（八进制）；右式是等同的十进制值，不能有 0 结尾，即 D_m 不等于 0。

样例输入	样例输出
0.75 0.0001 0.01234567	0.75 [8] = 0.953125 [10] 0.0001 [8] = 0.000244140625 [10] 0.01234567 [8] = 0.020408093929290771484375 [10]

试题来源：ACM Southern African 2001

在线测试：POJ 1131

试题解析

本题要求将一个八进制小数转换为等同的十进制。例如，将八进制小数 0.75[8] 转换为十进制小数（5/8 + 7）/8 [10]，过程如下：

（1）5/8 的结果要是整数，那么就是 5000/8=625（5 加几个 0 能被 8 整除，就加几个 0）。

（2）625 不能直接加上 7，应该加上 7000，得到 7625。

（3）7625 不能被 8 整除，那么就用 7625000/8。

（4）输出结果 0.953125 [10]。

本题基于数组模拟运算过程，对于八进制小数，用字符数组表示；对于十进制小数，用整数数组表示，数组的每个元素表示一位。对产生十进制小数的除法过程进行模拟，注意不用小数做除法运算。

程序清单

```
#include <iostream>
#include <cstring>
using namespace std;
const int N = 10010;
char d[N];                              // 八进制数
int ans[N];                             // 十进制数
int main(){
      while(cin>>d){
      memset(ans,0,sizeof(ans));        // 每组数据都必须先初始化 ans[]
      int d2;
      int len=strlen(d);                // 记录小数的位数
      int t=0;
        for(int i=len - 1;i > 1;i--){
              d2=d[i]-'0';              // d2 接收小数的每一位数
              int k=0,j=0;
              while(j<t || d2){         // 此循环内语句为数组模拟除法计算
                    d2=d2*10+ans[j++];
                    ans[k++]=d2/8;
                    d2 %=8;
              }
              t=k;                      // 记录最后得到的位数
        }
        cout<<d<<"[8]=0.";
        for(int i=0;i<t;i++)
            cout<<ans[i];
        cout<<"[10]"<<endl;
      }
      return 0;
}
```

例 4-3　Number Base Conversion

编写一个程序，将一个进制中的数字转换为另一个进制中的数字。共有 62 个不同的数字：{ 0～9, A～Z, a～z }。

提示

如果要进行一系列的转换，将一个转换的输出作为下一个转换的输入，以生成一个进制转换序列，那么当回到最初的进制时，就得到最初的数。

输入

第一行给出一个正整数，这是后面的行数。接下来，每一行先给出一个十进制数，表示输入数的进制；然后给出一个十进制数，表示输出数的进制；最后给出一个由输入进制表示的数字。输入进制和输出进制都在2～62，即对应的十进制数A = 10、B = 11、…、Z = 35、a = 36、b = 37、…、z = 61（0～9是其通常的含义）。

输出

对于每个要执行的进制转换，程序的输出由三行组成。第一行首先给出十进制表示的输入进制，接着是一个空格，然后是输入的数字（以输入的进制表示）。第二行首先给出输出的进制，接着是一个空格，然后是输出的数字（以输出的进制表示）。第三行为空行。

样例输入

```
8
62 2 abcdefghiz
10 16 1234567890123456789012345678901234567890
16 35 3A0C92075C0DBF3B8ACBC5F96CE3F0AD2
35 23 333YMHOUE8JPLT7OX6K9FYCQ8A
23 49 946B9AA02MI37E3D3MMJ4G7BL2F05
49 61 1VbDkSIMJL3JjRgAdlUfcaWj
61 5 dl9MDSWqwHjDnToKcsWE1S
5 10 42104444441001414401221302402201233340311104212022133030
```

样例输出

```
62 abcdefghiz
2 11011100000100010111110010010110011111001001100011010010001

10 1234567890123456789012345678901234567890
16 3A0C92075C0DBF3B8ACBC5F96CE3F0AD2

16 3A0C92075C0DBF3B8ACBC5F96CE3F0AD2
35 333YMHOUE8JPLT7OX6K9FYCQ8A

35 333YMHOUE8JPLT7OX6K9FYCQ8A
23 946B9AA02MI37E3D3MMJ4G7BL2F05

23 946B9AA02MI37E3D3MMJ4G7BL2F05
49 1VbDkSIMJL3JjRgAdlUfcaWj

49 1VbDkSIMJL3JjRgAdlUfcaWj
61 dl9MDSWqwHjDnToKcsWE1S

61 dl9MDSWqwHjDnToKcsWE1S
5 42104444441001414401221302402201233340311104212022133030
```

```
5 4210444444100141440122130240220123334031110421202213303O
10 1234567890123456789012345678901234567890
```

试题来源：ACM Greater New York 2002

在线测试：POJ 1220

试题解析

第一组输入 62 2 abcdefghiz，表示将 62 进制数 abcdefghiz 转换为二进制数，对应的输出结果是

```
62 abcdefghiz
2 11011100000100010111110010010110011111001001100011010010001
```

原理也是辗转相除法，比例 4-1 中将十进制数转为二进制更复杂，此题是将任意进制 oldbase 转为任意进制 newbase。可以有多种解题思路。

● 可以把 oldbase 数先转换成十进制数，然后用例 4-2 中的思路把十进制数转换成 newbase 进制数。回顾其核心代码：

```
while(n!=0)
        {
           num[len++]=n % 2;
           n /= 2;
        }
```

转为十进制也是比较容易理解的，再复述一下前面的内容，先表达该 oldbase 数，然后计算出来即可，如下：

$$1011_{(2)} = 1\times2^3 + 0\times2^2 + 1\times2^1 + 1\times2^0 = 8 + 2 + 1 = 11_{(10)}$$

$$abcdefghiz_{(62)} = a\times62^9 + b\times62^8 + \cdots + z\times62^0 = 49554977339767361_{(10)}$$

● 总体思路与十进制转某进制是一样的，把整个数 num 都除以 newbase，余数存储起来，然后反复进行这样的操作，直到商为 0 为止，最后把余数倒着输出即可。

问题在于整个数怎么对 newbase 做除法，把 oldbase 数的每一位存储在数组里，从最高位开始对 newbase 做除法，余数就余给下一位，加到下一位中，下一位再做同样的事，直到最后一位对 newbase 做除法得到的余数才是结果的最后一位数。这需要一个 for 循环来完成整个 num 对 newbase 的一次除法，而我们需要反复做这个除法，所以还需要一个循环。代码如下：

```
flag=1;
while(flag){                          //第一次直接进循环，后面当商不为 0 时继续循环
     int tmp=0,k;                     //这一句与 int tmp,k;tmp=0; 是一样的
     flag=0;
     for(int i=0;i<len;i++){          //这个 for 循环完成整个数 num 对 newbase 做除法和求余
                                      //可以把这整个 for 循环的功能看成例 4-1
                                      //中 while 循环里的仅一次除法和求余操作
          k=num[i]+tmp*oldbase;
          num[i]=k/newbase;           //商
          if(num[i])flag=1;           //如果商不为 0，则 flag 赋值为 1，为下一次循环做准备
```

```
        tmp=k%newbase;          //余数
    //cout<<"k: "<<k<<"\tnum["<<i<<"] 商 ="<<num[i]<<" 余数 ="<<tmp<<endl;
                                //添加 cout 调试语句，通过观察结果，再来理解代码
    }
    b[cnt++]=Change(tmp);       //把余数存储起来，以字符串存储
   //cout<<" 又一轮 "<<cnt<<endl; //通过观察结果，再来理解代码
}
```

训练攻略

即使还没有完全明白，也没有关系，把下面的代码输入、运行，再根据结果数据来分析，在此代码之后本书也给出了详细的分析，读完数据分析之后，可能你又多明白了一点，然后可以把该题用上面的思路再次实现，这样反复研读。即使彻底明白了，也是不够的，还需要多次输入代码，调试正确，直到不用看书也可以顺利输入所有代码。学习程序设计，反复做代码实践练习，这对初学者来说是非常重要的方法。

下面给出第二种思路的代码。

程序清单

```
#include<cstdio>
#include<cstdlib>
#include<cstring>
#include<iostream>
#include<cmath>
#include<algorithm>
#define MAX 2000
using namespace std;
int oldbase,newbase;
int len,cnt;
int num[MAX];
char a[MAX],b[MAX];
void init(){                    //清空，初始化操作
    memset(num,0,sizeof(num));
    memset(a,0,sizeof(a));
    memset(b,0,sizeof(b));
}
inline int change(char ch){     //将 char 型转换为 int 型
    if(ch>='0' && ch <= '9')return ch-'0';
        //如果 ch 为字符 '0'，则转换为数字 0，用 ch-'0'，结果就是 0。'0'～'9' 都这样操作
    else if(ch >= 'A' && ch <= 'Z')return ch-'A'+10;
        //如果 ch 为 'A'，那么它对应的十进制就是 10
        //所以用 ch-'A'+10 就得到 10。'A'～'Z' 都这样操作。下面同理
    else if(ch >= 'a' && ch <= 'z')return ch-'a'+36;
}
```

```
inline char Change(int t){                    //将int型转换为char型
    if(t>=0 && t<=9)return t+'0';             //与上面将char型转换为int型反过来
    else if(t>=10 && t<=35)return t+'A'-10;
    else if(t>=36 && t<=61)return t+'a'-36;
}
void to(){                                    //将char型转换成int型存入数组
    len=strlen(a);
    for(int i=0;i<len;i++)
        num[i]=change(a[i]);
}
void solve(){
//原理在本章例4-1中已经详细讲解
//若本函数不能完全看懂，把注释的输出语句加上，运行后分析数据，再慢慢理解
    int flag=1;
    cnt=0;
    while(flag){            //第一次直接进循环，后面商不为0，继续循环
        int tmp=0,k;    //这一句与int tmp,k;tmp=0;是一样的
        flag=0;
        for(int i=0;i<len;i++){
            k=num[i]+tmp*oldbase;
            num[i]=k/newbase;         //商
            if(num[i])flag=1;
            tmp=k%newbase;            //余数
        //cout<<"k:"<<k<<"\tnum["<<i<<"]商="<<num[i]<<"余数="<<tmp<<endl;
        //添加cout调试语句，通过观察结果，再来理解代码
        }
        b[cnt++]=Change(tmp);         //把余数存储起来，以字符串保存
        //cout<<"又一轮"<<cnt<<endl;//通过观察结果，再来理解代码
    }
}
void in(){
    scanf("%d %d %s",&oldbase,&newbase,a);
}
void out(){
    printf("%d %s\n",oldbase,a);
    printf("%d",newbase);
    for(int i=cnt-1;i>=0;i--)
        printf("%c",b[i]);
    printf("\n");
}
int main(){
    int Case;
    scanf("%d",&Case);
    while(Case--){
        init();
        in();
        to();
        solve();
        out();
        if(Case)printf("\n");
```

```
    }
    return 0;
}
```

在上面的代码中，加上输出调试语句后得到结果（已经在代码注释中给出输出语句）：

```
62 2 abcdefghiz
36    37    38    39    40    41    42    43    44    61
k: 36   num[0] 商=18 余数=0
k: 37   num[1] 商=18 余数=1
k: 100  num[2] 商=50 余数=0
```

这里的 100 是怎么得来的呢？上次余数 1 是更高位余下来的，目前 num[2]=38，所以 1*62+38=100，所以 k=100，然后把 100/2 的商 50 给 num[2]，100%2 的余数为 0。

```
k: 39   num[3] 商=19 余数=1
k: 102  num[4] 商=51 余数=0
k: 41   num[5] 商=20 余数=1
k: 104  num[6] 商=52 余数=0
k: 43   num[7] 商=21 余数=1
k: 106  num[8] 商=53 余数=0
k: 61   num[9] 商=30 余数=1
```

第一轮将最后的余数 1 存储在数组 *b* 里［通过语句 b[cnt++]=Change (tmp);］，它作为二进制数结果的最右边一位数。

又一轮 1

```
k: 18   num[0] 商=9  余数=0
k: 18   num[1] 商=9  余数=0
k: 50   num[2] 商=25 余数=0
k: 19   num[3] 商=9  余数=1
k: 113  num[4] 商=56 余数=1
k: 82   num[5] 商=41 余数=0
k: 52   num[6] 商=26 余数=0
k: 21   num[7] 商=10 余数=1
k: 115  num[8] 商=57 余数=1
k: 92   num[9] 商=46 余数=0
```

又一轮 2

第二轮将最后的余数 0 存储在数组 *b* 里，作为二进制数结果的从右边数第二位。

那么，每一轮这样依次每位数都求商和余数有什么作用呢？这就相当于把整个数都除以 2，最后一个余数才是整个数除以 2 之后的余数，前面的余数都会余到下一位继续操作。

```
......
k: 0   num[0] 商=0 余数=0
k: 0   num[1] 商=0 余数=0
k: 0   num[2] 商=0 余数=0
k: 0   num[3] 商=0 余数=0
k: 0   num[4] 商=0 余数=0
```

```
k: 0    num[5] 商=0 余数=0
k: 0    num[6] 商=0 余数=0
k: 0    num[7] 商=0 余数=0
k: 0    num[8] 商=0 余数=0
k: 1    num[9] 商=0 余数=1
```

又一轮 59

```
62 abcdefghiz
2 11011100000100010111110010010110011111001001100011010010001
```

从上面的结果可以看到，循环经过 59 轮，最终得到了 59 位的二进制结果，第一轮最后一个余数是结果的最右边最后一位；第二轮最后一个余数是结果从右数第二位，以此类推，最后一轮的最后一个余数是结果最左边第一位数。

4.3 数据的存储方式

4.3.1 整型数据的存储方式

int 型数据占 4 个字节，1 个字节是 8 位，所以 4 个字节是 32 个二进制位。数据存储是低位在前，高位在后。

```
#include<iostream>
using namespace std;
union un{
int i;
short int si[2];
char c[4];};
int main()
{    union un x;
    x.c[0]='A';
    x.c[1]='B';
    x.c[2]='C';
    x.c[3]='D';
    cout<< x.c[0]<<","<<x.c[1]<<","<< x.c[2]<<","<< x.c[3]<<endl;
    cout<<x. si[0]<<","<< x.si[1]<<endl;
    cout<<x. i<<endl;
}
```

程序运行结果如下：

```
A, B, C, D
16961, 17475
1145258561
```

在程序中，由于联合体存储的特点，变量 x 占 4 个字节。可以从 3 个角度观察这 4 个字节：①整体看，是一个 int 型数据 i；②分成两部分看，是两个短整型数据 si；③分成 4 部分看，是 4 个单字节的数据 c。

但无论怎么看，就是这 4 个字节。无论用哪种形式操作数据，使用的都是这 4 个字节。联合体提供了从不同的角度使用这 4 个字节的方式。

x.c[0] 到 x.c[3] 的值分别为 65、66、67 和 68，是 A、B、C 和 D 对应的 ASCII 码值。

x.si[0] 占的 2 字节与 x.c[0] 和 x.c[1] 相同。验证一下：16961=66×256+65（66 是 B 的 ASCII 值，65 是 A 的 ASCII 值，是字符的存储形式）。注意，这里体现了存储数据时低位在前，高位在后，低位是 65，高位是 66。这里位权是 256，因为 2 的 8 次方是 256。

如十进制数 32 中，高位是 3，低位是 2，所以 32=3×10+2 一样，位权是 10。

同样地，x.si[0] = 17475，17475 = 68×256+ 67。

再来验证 x.i：1145258561=17475×256×256+16961，也体现低位在前，高位在后。

4.3.2 浮点型数据的存储方式

任何数据在内存中都是以二进制（1 或 0）顺序存储的，每一个 1 或 0 被称为 1 位，而在 x86CPU 上一个字节是 8 位。例如，一个 16 位（2 字节）的 short int 型变量的值是 1156，那么它的二进制表示就是 00000100 10000100。由于 Intel CPU 的架构是 Little Endian，所以它是按字节倒序存储的，即低位在前，高位在后，那么就应该是 10000100 00000100，这就是定点数 1156 在内存中的结构。

那么浮点数是如何存储的呢？这种结构是一种科学表示法，用符号（正或负）、指数和尾数来表示，底数被确定为 2，即把一个浮点数表示为尾数乘以 2 的指数次方，再加上符号。下面来看一下具体的 float 的规范：

（1）共计 32 位，即 4 字节。

由最高到最低位分别是第 31、30、29、…、0 位。31 位是符号位，1 表示该数为负；0 表示该数为正。30～23 位，一共 8 位是指数位。22～0 位，一共 23 位是尾数位。

每 8 位分为一组，分成 4 组，分别是 A 组、B 组、C 组和 D 组。每一组是一个字节，在内存中逆序存储，即 DCBA。

（2）浮点型变量是由符号位 + 阶码位 + 尾数位组成。

①符号位。float 型数据的二进制为 32 位，符号位 1 位，阶码 8 位，尾数 23 位。double 型数据的二进制为 64 位，符号位 1 位，阶码 11 位，尾数 52 位。

②阶码。这里阶码采用移码表示，对于 float 型数据规定其偏置量为 127，阶码有正有负。

对于 8 位二进制，则其表示范围为 -128～127，double 型规定为 1023，其表示范围为 -1024～1023。例如，对于 float 型数据，若阶码的真实值为 2，则加上 127 后为 129，其阶码表示形式为 10000010。

③尾数。有效数字位，即部分二进制位（小数点后面的二进制位）。因为规定尾数的整数部分恒为 1（有效数字位从左边不是 0 的第一位算起），所以这个 1 就不进行存储。float 示例：1.1111011*2^6，然后取阶码（6）的值加上 127，计算出阶码，尾数是小数点后的位数（1111011），

如果不够 23 位，则在后面补 0～23 位。

最后，符号位 + 阶码位 + 尾数位就是其内存中二进制的存储形式。

代码如下：

```
#include<stdio.h>
#include<stdlib.h>
int main(int argc,char *argv[])
{
    int x=12;
      char *q=(char *)&x;
      float a=125.5;
      char *p=(char *)&a;
    printf("%d\n",*q);
    printf("%d\n",*p);
    printf("%d\n",*(p+1));
    printf("%d\n",*(p+2));
    printf("%d\n",*(p+3));
    return 0;
  }
output:
     12
     0
     0
     -5
     66
```

125.5 二进制表示为 1111101.1，由于规定尾数的整数部分恒为 1，则表示为 1.1111011*2^6，阶码为 6，加上 127 为 133，则表示为 10000101。而对于尾数，将整数部分 1 去掉，为 1111011，在其后面补 0 使其位数达到 23 位，则为 11110110000000000000000。

内存中的表现形式为

00000000 低地址
00000000
11111011
01000010 高地址
存储形式为 00 00 fb 42
依次打印为 0 0 -5 66

下面解释一下 -5，内存中是 11111011，因为有符号变量，符号位为 1 是负数，所以其真值为符号位不变取反加 1，变为 10000101，转换成十进制为 -5。

例 4-4　输入 / 输出练习之浮点数专题

输入一个双精度浮点数，输出这个浮点数的 %f 结果、保留 5 位小数的结果以及 %e 和 %g 格式的结果。

输入

一个双精度浮点数。

输出

4 个结果，各占一行。

第一行，%f 的结果。

第二行，%f 保留 5 位小数的结果。

第三行，%e 格式的输出。

第四行，%g 格式的输出。

样例输入	样例输出
3.14159265358	3.141593 3.14159 3.141593e+00 3.14159

在线测试：dotcpp1811

程序清单

```
include<stdio.h>
int main()
{
    double c;                                   //定义一个双精度小数为 c
    scanf("%lf",&c);                            //输入这个小数
    printf("%f\n%.5lf\n%e\n%g\n",c,c,c,c);      //按照要求把这 4 种形式输出
    return 0;                                   //不要忘了加 \n 换行
}
```

第 5 章　链　　表

链表是一种物理存储单元上非连续、非顺序的存储结构，数据元素的逻辑顺序是通过链表中的指针链接次序实现的。链表由一系列节点（链表中每一个元素称为节点）组成，节点可以在运行时动态生成。每个节点包括两个部分：一个是存储数据元素的数据域；另一个是存储下一个节点地址的指针域。相比于线性表顺序结构，操作复杂。

```
typedef struct node{
    int data;
    struct node *next;
}node;
```

由于不必按顺序存储，链表在插入的时候速度会更快。

使用链表结构可以克服数组顺序表需要预先知道数据大小的缺点，链表结构可以充分利用计算机内存空间，实现灵活的内存动态管理。但是链表失去了数组随机读取的优点（第 i 个元素就直接用 a[i]，立即可以访问），同时，链表由于增加了节点的指针域，空间开销比较大。链表最明显的好处就是，常规数组排列关联项目的方式可能不同于这些数据项目在记忆体或磁盘上的顺序，数据的存取往往要在不同的排列顺序中转换。链表允许插入和移除表上任意位置上的节点，但是不允许随机存取。链表有很多不同的类型：单向链表、双向链表和循环链表。

例 5-1　数列有序

有 n（$n\leqslant 100$）个整数，已经按照从小到大的顺序排列好，现在另外给一个整数 x，请将该数插入序列中，并使新的序列仍然有序。

输入

输入数据包含多个测试样例，每组数据由两行组成，第一行是 n 和 m，第二行是已经有序的 n 个数的数列。n 和 m 同时为 0 表示输入数据的结束，本行不做处理。

输出

对于每个测试样例，输出插入新的元素后的数列。

样例输入	样例输出
3 3 1 2 4 0 0	1 2 3 4

在线测试：hdu2019

方法 1：用单链表实现编程。

程序清单

```
#include<stdio.h>
#include<stdlib.h>
typedef struct node{
    int data;
    struct node *next;
}node;
int main()
{
    node *p,*head,*end,*q,*r;
    int m,n,i;
    scanf("%d%d",&n,&m);
    while(n!=0||m!=0){
        head=(node *)malloc(sizeof(node));
        head->next=NULL;
        end=head;
        for(i=1;i<=n;i++)          //建立单链表
        {                          //依次加上每个元素，通过指针 next 把所有元素都串起来
            p=(node *)malloc(sizeof(node));
            scanf("%d",&p->data);
            end->next=p;
            end=p;
        }
        end->next=NULL;
        p=head->next;
        q=(node *)malloc(sizeof(node));
        r=head;
        while(p->data<m)
        {                          //定位到要插入的位置
            r=p;
            p=p->next;
        }
        //把 m 插入正确的位置
        q->data=m;
        r->next=q;
        q->next=p;
        p=head->next;
        for(i=0;i<n;i++)
        {
            printf("%d",p->data);
            p=p->next;
        }
        printf("%d\n",p->data);
        scanf("%d%d",&n,&m);
    }
    return 0;
}
```

方法 2：用顺序表实现编程。

程序清单

```
#include<stdio.h>
int main()
{
    int m,n,i,x[101],y;
    do
    {
        scanf("%d%d",&n,&m);
        if(m==0||n==0)return 0;
        for(i=0;i<n;i++)
        {
            scanf("%d",&x[i]);
        }
        for(i=0;i<n;i++)
        {                          //找到要插入的位置
            if(n-1!=i)
            if(m>=x[i]&&m<=x[i+1]){y=i;break;}
            if(n-1==i)if(m>=x[i]){y=i;break;}
            if(m<=x[0]){y=-1;break;}
        }
        for(i=n-1;i>y;i--)
        {                          //把后面的元素都往后移
            x[i+1]=x[i];
        }
        x[y+1]=m;                  //把m插入正确的位置
        printf("%d",x[0]);
        for(i=1;i<=n;i++)
        printf("%d",x[i]);
        printf("\n");
    }while(1);
    return 0;
}
```

方法 3：只是记录应该插入的位置，并不真正地进行插入，而是在输出时判断后再输出。

程序清单

```
#include<iostream>
using namespace std;
int main()
{
    int n,m,k;
    int num[100];
    while(cin>>n>>m &&(n||m))
    {
```

```
        cin>>num[0];
        k=0;
        for(int i=1;i<n;i++)
        {                           //记录m应该插入的位置
            cin>>num[i];
            if(num[i]>=m && num[i-1]<m)
            k=i;
        }
        for(int i=0;i<n;i++)
        {
            if(i)
            cout<<" ";
            if(i==k)
            cout<<m<<" ";
            cout<<num[i];
        }
        cout<<endl;
    }
}
```

方法 4：把 *m* 先当作序列中最后一个元素，放到序列里，然后排序，再输出。

程序清单

```
#include<stdio.h>
#include<algorithm>
using namespace std;
int main()
{
    int n,m,a[111];
    while(scanf("%d%d",&n,&m)!=EOF && n && m)
    {
        for(int i=0;i<n;i++)
            scanf("%d",&a[i]);
        a[n]=m;
        sort(a,a+n+1);
        for(int i=0;i<=n;i++)
        {
            printf("%d",a[i]);
            if(i!=n)
                printf(" ");
        }
        printf("\n");
    }
    return 0;
}
```

第 2 部分

入门训练篇

LEARNING
KNOWLEDGE
EXPERIENCE
SKILLS
ABILITY
OMPETENC
GROWTH
TRAINING

第6章　排　　序

排序有很多种，此处先了解一些排序算法的基本思想。

1. 选择排序（Selection Sort）

选择排序是一种简单直观的排序算法。第一次从待排序的数据元素中选出最小（大）的一个元素，存放在序列的起始位置，然后再从剩余的未排序元素中寻找到最小（大）元素，然后放到已排序的序列的末尾。以此类推，直到全部待排序的数据元素的个数为0。

2. 直接插入排序（Straight Insertion Sort）

直接插入排序是一种最简单的排序方法。将一条记录插入已排好的有序表中，从而得到一个新的、记录数量增1的有序表。

3. 冒泡排序（Bubble Sort）

两个数比较大小，较大的数下沉，较小的数冒起来。这个算法的名字由来是因为最小的元素会经过交换，慢慢“浮”到数列的顶端（升序或降序排列），就如同碳酸饮料中二氧化碳的气泡最终会上浮到顶端一样，故名“冒泡排序”。

4. 归并排序（Merge Sort）

归并排序是建立在归并操作上的一种有效、稳定的排序算法。该算法是采用分治法（Divide and Conquer）的一个非常典型的应用。将已有序的子序列合并，得到完全有序的序列。即先使每个子序列有序，再使子序列段间有序。若将两个有序表合并成一个有序表，称为二路归并。

5. 快速排序（Quick Sort）

快速排序是对冒泡排序的一种改进。通过一次排序，将要排序的数据分割成独立的两部分，其中一部分的所有数据都比另外一部分的所有数据要小，然后再按此方法对这两部分数据分别进行快速排序，整个排序过程可以递归进行，以达到整个数据变成有序序列。

6. 桶排序（Bucket Sort）

桶排序也叫作箱排序，是将数组分到有限数量的桶里。每个桶再个别排序（有可能再使用别的排序算法或以递归方式继续使用桶排序进行排序）。桶排序是鸽巢排序的一种归纳结果。

7. 基数排序（Radix Sort）

基数排序属于“分配式排序”（distribution sort），又称“桶子法”（bucket sort）或bin sort，顾名思义，它是通过键值的部分信息，将要排序的元素分配至某些“桶”中，以达到排序的作用。基数排序法属于稳定性的排序，其时间复杂度为O ($n$log (r)m)，其中，r为所采取的基数，而m为堆数，在某些时候，基数排序法的效率高于其他的稳定性排序法。

6.1　选择排序

下面介绍使用选择排序的例题。

例6-1　Who's in the Middle

FJ省正在调查其牛群，以找到最普通的奶牛。该省想知道这头“中位数”奶牛的产奶量：一半的奶牛产奶量与中位数相同或更多；一半的奶牛产奶量与中位数相同或更少。

给定奇数 n 头奶牛（$1 \leqslant n < 10000$）及其产奶量（1～1000000），求出所给产奶量的中位数，使至少一半的奶牛产奶量相同或更多，而至少一半的奶牛产奶量相同或更少。

输入

第 1 行：一个整数 n。

第 2～$n+1$ 行：每行包含一个整数，即一头奶牛的产奶量。

输出

一个整数，是奶牛的中位数产奶量。

样例输入	样例输出
5 2 4 1 3 5	3

试题来源：USACO 2004.11

在线测试：POJ 2388，HDU 1157

提示

输入详细信息：

5 头奶牛的产奶量为 1～5。

输出详细信息：

1 和 2 低于 3；4 和 5 在 3 以上，所以输出 3。

试题解析

题目的意思一目了然，第一行输入一个 n，下一行跟着长度为 n 的数组。

我们要找到这个数组的中间数并且输出，这里使用选择排序。

下面看一下选择排序的过程。

原始序列：2，4，1，3，5

第 1 轮把最大的数找出来放在最前面，把 4、1、3 和 5 依次与第 1 个位置的数比较大小，把大的交换至前面。

4，***2***，1，3，5　　（4 与 2 比较，交换）

4，2，***1***，3，5　　（1 与 4 比较，不交换）

4，2，1，***3***，5　　（3 与 4 比较，不交换）

5，2，1，3，***4***　　（5 与 4 比较，交换）

此时第一个数 5 就是最大的。

第 2 轮，固定住 5，把 1、3、4 依次与第 2 个位置的数比较大小，把大的交换至前面。

5，***2***，***1***，3，4　（1 与 2 比较，不交换）

5，***3***，1，***2***，4　（3 与 2 比较，交换）

5，***4***，1，2，***3***　（4 与 3 比较，交换）

此时前两个数是最大和第二大的。

第 3 轮，固定住 5 和 4，把 2 和 3 依次与第 3 个位置的数比较大小，把大的交换至前面。

5，4，***2***，***1***，3　（2 与 1 比较，交换）

5，4，***3***，1，***2***　（3 与 2 比较，交换）

此时前三个数是最大、第二大和第三大的。

第 4 轮，固定住 5、4 和 3，把 2 依次与第 4 个位置的数比较大小，把大的交换至前面。

5，4，3，***2***，***1***　（2 与 1 比较，交换）

程序清单

```
#include<bits/stdc++.h>
using namespace std;
int a[10005];
void choice(int n)
{
     for(int i=1;i<=n;i++)
     { //从第一头奶牛开始 i=1，后面每一头奶牛的产奶量与它相比，把更大的放在第一个
       //这样最大的就排在第一个，然后以第二头奶牛开始，后面每一头奶牛的产奶量与它相比
       //把更大的放前面，这样第二大的就在第二位，以此类推
           for(int j=i+1;j<=n;j++)
           {                          //i 后面的每一头奶牛与 i 相比
               if(a[i]<a[j]){         //i 的产奶量更小，就交换 i 和 j
               int temp=a[i];         //这三条赋值语句，是完成 i 和 j 的产奶量交换
               a[i]=a[j];
               a[j]=temp;
               }
           }
     }
}
int main(void)
{
      int n;
      scanf("%d",&n);
      for(int i=1;i<=n;i++)
          scanf("%d",&a[i]);         //输入
      choice(n);                     //排序
      printf("%d\n",a[n/2+1]);       //输出中间那个产奶量
      return 0;
}
```

6.2 直接插入排序

直接插入排序的思想是，将一个记录插入已排好序的序列中，从而得到一个新的有序序列。

排序过程：整个排序过程为 n-1 趟插入，即先将序列中第 1 个记录看成是一个有序子序列，然后从第 2 个记录开始，逐个进行插入，直至整个序列有序。

例如：(13，5，4，30，8)，排序过程如下：

```
【13】5，4，30，8
【5，13】，4，30，8
【4，5，13】，30，8
【4，5，13，30】，8
【4，5，8，13，30】
```

例 6-2　Who's in the Middle

同 6.1 节中的例 6-1，此处用直接插入排序重新编写代码。

程序清单

```
#include<iostream>
#include<algorithm>
#include<string>
using namespace std;
const int maxn=1e5+10;
int edge[maxn];
int n,m;
void sorts()
{
    for(int i=2;i<=n;i++)
    {// i 从第二头奶牛开始
        int a=edge[i];
        int j;
        for(j=i-1;j;j--)
        { // i 与前面已经从小到大排好序的奶牛一一比较
          // 如果 i 比第 j 头奶牛产奶量小，意味着 i 要放在 j 前面某个位置
          // 记录就逐个后移，直到找到插入位置，则 break 结束循环
          // 即 i 的产量比 j 的产量大或相等，那么 i 就该放在 j 后面
            if(edge[j]>a)
            {
                edge[j+1]=edge[j];
            }
            else break;
        }
        edge[j+1]=a;// 将第 i 头奶牛的产奶量 a 插入正确的位置，在 j 后面，就是 j+1 位置
    }
}
int main()
```

```
{
    //int n,m;
    cin>>n;
    for(int i=1;i<=n;i++)cin>>edge[i];
    sorts();
    cout<<edge[n/2+1]<<endl;
    return 0;
}
```

读者可以参照 6.1 节选择排序的模拟数据的方法，自己将此题数据模拟的排序过程写出来。

例 6-3 DNA Sorting

衡量一个序列中“不排序”的一个指标是相互之间无序的条目对的数量。例如，在字母序列“DAABEC”中，此度量值为 5，因为 D 在其右侧大于四个字母，E 在其右侧大于一个字母。这个度量称为序列中的逆序数。序列“AACEDGG”只有一个逆序对（E 和 D），即它几乎被排好序了，而序列“ZWQM”有 6 个逆序对（它尽可能不排序——正好是排序的反面）。

下面对一个 DNA 字符串序列编目（只包含四个字母 A、C、G 和 T 的序列）。需要对它们进行分类，并不是按照字母顺序，而是按照“排序”的顺序，从“最排序”到“最不排序”。所有的字符串的长度相等。

输入

第一行包含两个整数：一个正整数 n（$0<n\leqslant 50$）表示字符串的长度；另一个正整数 m（$0<m\leqslant 100$）表示字符串的数量。后面是 m 行，每行包含一个长度为 n 的字符串。

输出

输出字符串的列表，从“排序最多的”到“排序最少的”。两个字符串的排序程度相等时，根据原来的顺序输出。

样例输入	样例输出
10 6 AACATGAAGG TTTTGGCCAA TTTGGCCAAA GATCAGATTT CCCGGGGGGA ATCGATGCAT	 CCCGGGGGGA AACATGAAGG GATCAGATTT ATCGATGCAT TTTTGGCCAA TTTGGCCAAA

试题来源：East Central North America 1998

在线测试：POJ 1007

试题解析

本题可以先将每一个字符串的逆序数计算出来，再对逆序数排序后输出。

程序清单

```
#include<stdio.h>
#include<string.h>
#include<algorithm>
using namespace std;
int main()
{
    int n,m;
    int num[105],vis[105];
    scanf("%d%d",&n,&m);
    char mp[105][55];
    memset(num,0,sizeof(num));
    memset(vis,0,sizeof(vis));
    for(int i=1;i<=m;i++)
    {
        scanf("%s",mp[i]+1);
        for(int j=1;j<=n;j++)
            for(int k=j+1;k<=n;k++)
                if(mp[i][j]>mp[i][k])num[i]++;
// 上面两个 for 嵌套穷举出逆序数
// 所有的左边比右边大的对数，通过累加记录在数组 num 中
        vis[i]=num[i];
    }
    sort(num+1,num+m+1); // 这里直接调用 C 语言提供的排序函数 sort 来排序
    for(int i=1;i<=m;i++)
    { // 将 num 从大到小排好序，依次使用 num
      // 再通过下面的 for，找出原来它在哪个位置 j，再输出相应的原始 mp 字符串
        for(int j=1;j<=m;j++)
        {
            if(vis[j]==num[i])
                 printf("%s\n",mp[j]+1),vis[j]=-1;
        }
    }
}
```

如果两个字符串的度量值一样，则按照原始的顺序输出，即为稳定排序。还可以使用直接插入排序法进行排序。

程序清单

```
#include<iostream>
#include<algorithm>
#include<string>
using namespace std;
const int maxn=1e5+10;
struct node
{
```

```
    int num;
    string s;
}edge[maxn];
int n,m;
void sorts()
{ //直接插入排序
    for(int i=2;i<=n;i++)
    { //前面 i-1 个元素已经排好序，初始时第 1 个元素本身是有序的
        node a=edge[i];
        int j;
        for(j=i-1;j;j--)
        {    //第 i 个元素与其前面的元素 j 比较大小，j 从第 i-1 个开始，到第 1 个
             //如果第 i 个元素（即 a.num）更小，说明它应该插入到第 j 个元素前面
            if(edge[j].num>a.num)
            { //那么第 j 个元素就要往后面移动
                edge[j+1]=edge[j];  //第 j 个元素移动到第 j+1 的位置上
            }
                else break;
        }
        edge[j+1]=a;//将第 i 个元素 a.num 放置在该插入的位置上
        //此处为何是 j+1，而不是 j，因为上一个 for 循环中的 j--
        //使得最后一次 j 元素挪动到 j+1 后，j-- 使得 j 变为 j-1，所以这里是 j+1
        }
        //这个排序使得逆序数按照从小到大排序
}
string s1;
int getans()
{ //计算逆序数
    int ans=0;
    int a,c,g;
    a=c=g=0;
    int len=s1.size();
    for(int i=len-1;i>=0;i--)
    {
        if(s1[i]=='A')a++;
        else if(s1[i]=='C')
        {
            c++;
            ans+=a;
        }
        else if(s1[i]=='G')
        {
            ans+=a;
            ans+=c;
            g++;
        }
        else if(s1[i]=='T')
        {
            ans+=a;
            ans+=c;
            ans+=g;
        }
```

```
    }
    return ans;
}
int main()
{
    //int n,m;
    cin>>m>>n;
    for(int i=1;i<=n;i++)
    {
        cin>>s1;
        edge[i].s=s1;
        edge[i].num=getans();    //获得逆序数
    }
    sorts();                     //按照逆序数从小到大排序
    for(int i=1;i<=n;i++)
    {
        cout<<edge[i].s<<endl;   //输出排好序的字符串序列
    }
    return 0;
}
```

6.3 冒泡排序

冒泡排序基本思想：每趟不断将记录两两比较，并按“前小后大”规则交换。

例如：(21，25，49，25*，16，08)。

排序过程如下：

```
21，25，49，25*，16，08
21，25，25*，16，08，49
21，25，16，08，25*, 49
21，16，08，25, 25*, 49
16，08，21, 25, 25*, 49
08，16, 21, 25, 25*, 49
```

例 6-4　DNA Sorting

同例 6-3，此处用冒泡排序来重新编写代码。

程序清单

```
#include<stdio.h>
#include<string.h>
#define M 200
typedef struct dna{
    char str[M];
    int ans;
```

```
}DNA;
DNA d[M];
DNA t;
int main(){
     int n,m,i,j,k;
     scanf("%d%d",&n,&m);
     for(i=0;i<m;i++)
     {
         scanf("%s",d[i].str);
         d[i].ans=0;
         for(j=0;j<n;j++)
         {
             for(k=j;k<n;k++)
             if(d[i].str[j]>d[i].str[k])
             d[i].ans++;         //计算逆序数
         }
     }
     for(i=m-1;i>0;i--)
         for(j=0;j<i;j++)
         {                       //冒泡排序
            if(d[j].ans>d[j+1].ans)
            {                    //前后相邻的两个元素比较大小，把大的放后面
               t=d[j+1];
               d[j+1]=d[j];
               d[j]=t;
            }
                                 //更小的数，就像泡泡一样会不断地往前移动
            }
     for(i=0;i<m;i++)
     {
         printf("%s\n",d[i].str);
     }
}
```

6.4 归并排序

归并排序法是将两个（或两个以上）有序表合并成一个新的有序表，即把待排序序列分为若干个子序列，每个子序列是有序的。然后再把有序子序列合并为整体有序序列。

排序过程：

（1）将初始序列看成 n 个有序子序列，每个子序列长度为 1。

（2）两两合并，得到 $n/2$ 个长度为 2 或 1 的有序子序列。

（3）再两两合并，重复直至得到一个长度为 n 的有序序列为止。

例如：

```
初始关键字：  [49]  [38]  [65]  [97]  [76]  [13]  [27]
第一趟归并后：[38    49]  [65    97]  [13    76]  [27]
第二趟归并后：[38    49    65    97]  [13    27    76]
第三趟归并后：[13    27    38    49    65    76    97]
```

```
void Merge(RedType R[],RedType T[],int low,int mid,int high)
{
    //将有序表 R[low..mid] 和 R[mid+1..high] 归并为有序表 T[low..high]
    int i,j,k;
    i=low;j=mid+1;k=low;
    while(i<=mid&&j<=high)
    {
      //将 R 中记录由小到大地并入 T 中
      if(R[i].key<=R[j].key)T[k++]=R[i++];
          else T[k++]=R[j++];
    }
    while(i<=mid)          //将剩余的 R[low..mid] 复制到 T 中
        T[k++]=R[i++];
    while(j<=high)         //将剩余的 R[j.high] 复制到 T 中
        T[k++]=R[j++];
}//Merge
```

例 6-5　Who's in the Middle

同 6.1 节的例 6-1，此处用归并排序重新编写代码。

程序清单

```
#include<cstdio>
#include<algorithm>
#define MAX 100000
#define ll __int64
using namespace std;
int a[MAX],b[MAX];
void merge_sort(int l,int r){
int mid=l+(r-l)/2;          //中间的下标
if(r<=l){                   //当右端比左端小时，返回
     return;
}
merge_sort(l,mid);          //对 l～mid 的数做归并排序
```

```
    merge_sort(mid+1,r);                      //对mid+1~r的数做归并排序
    int x=l,y=mid+1;
    for(int k=l;k<=r;k++)
    {
         if((x<=mid)&&(y>r||a[x]<a[y])){
              b[k]=a[x];                      //更小的先放入b数组中
              x++;
         }
         else{
               b[k]=a[y];
               y++;
         }
    }
    for(int k=l;k<=r;k++)a[k]=b[k];           //将从小到大排好序的b数组赋值给a数组
}
int main(){
     int n;
     while(scanf("%d",&n)!=EOF)
     {
           for(int i=0;i<n;i++)
               scanf("%d",&a[i]);
           merge_sort(0,n-1);                 //调用归并排序
           //for(int i=0;i<n;i++)printf("%d ",a[i]);printf("\n");
           printf("%d\n",a[n/2]);
     }
     return 0;
}
```

例 6-6 Brainman

雷蒙德·巴比特把他弟弟查理逼疯了。最近，雷蒙德可以搭起246根筷子，并让它们一瞬间就摔得满地都是。他甚至可以搭扑克牌。查理也想做这么酷的事情，他想在类似的任务中击败他的哥哥。

这是查理的想法：想象一下得到 n 个数字的序列。目标是移动这些数字，让最后序列是有序的。唯一允许的操作是交换两个相邻的数字。下面举个例子。

```
Start with: 2 8 0 3
swap(2 8)8 2 0 3
swap(2 0)8 0 2 3
swap(2 3)8 0 3 2
swap(8 0)0 8 3 2
swap(8 3)0 3 8 2
swap(8 2)0 3 2 8
swap(3 2)0 2 3 8
swap(3 8)0 2 8 3
swap(8 3)0 2 3 8
```

所以序列（2 8 0 3）可以通过9次互换相邻数字来排序。然而，也可以通过三种交换进行分类。

```
Start with: 2 8 0 3
swap(8 0)2 0 8 3
swap(2 0)0 2 8 3
swap(8 3)0 2 3 8
```

问题是：排序一个给定序列，相邻数字的最小交换次数是多少？因为查理没有雷蒙德那样的智力，他决定让你为他写一个计算机程序来回答这个问题。请放心，他会为此付出很多报酬。

输入

第一行包含场景的数量。对于每个场景，都会得到一行代码。首先包含序列的长度 n（$1 \leq n \leq 1000$），然后是序列的 n 个元素（每个元素都是 [-1000000，1000000] 中的整数）。这一行的所有数字都是用单个空格隔开的。

输出

用包含“Scenario # *i*:”的行开始每个场景的输出，其中 i 是从 1 开始的场景的数量。然后打印一行，其中包含对给定序列进行排序所必需的相邻数字的最小交换次数。用一个空行结束该方案的输出。

样例输入	样例输出
4 4 2 8 0 3 10 0 2 1 2 3 4 5 6 7 8 9 6 -42 23 6 28 -100 65537 5 0 0 0 0 0	Scenario #1: 3 Scenario #2: 0 Scenario #3: 5 Scenario #4: 0

试题来源：TUD Programming Contest 2003，Darmstadt，Germany

在线测试：POJ 1804

试题解析

这是一道求逆序数的题目。首先来讲一下什么是逆序数。

在讲逆序数之前，我们要先了解一个概念——逆序对。对于 n 个不同元素，规定其标准次序。例如，我们经常规定 1～n 个数按升序为标准次序，那么在给定的序列中当任意两个元素排列的先后次序与标准次序不同时，这两个数就组成一个逆序对。

一个序列的逆序数是指该序列中所有逆序对的数量。

对于求逆序数，可以通过归并排序来得到最优方案。归并排序的每次移动都将元素向规定位置移动，即不会有偏离正确答案的操作。

程序清单

```
#include<stdio.h>
const int maxn=1005;
int a[maxn],mp[maxn];
int ans;
void Msort(int l,int r)
{  //将有序表a[l..m]和a[m+1..r]归并为有序表mp[l..r]
       int i=l;
       int m=(l+r)/2;
       int j=m+1;
       int k=l;
       while(i<=m&&j<=r)
       {  //将数组a中的记录由小到大地并入数组mp中
              if(a[i]>a[j])              //数组a中更小的先给数组mp
              {
                  mp[k++]=a[j++];
                  ans+=m-i+1;
         //在归并排序过程中，这步判断“if(a[i]>a[j])”，如果判断为真，那么显然
         //j和区间[i,m]每一个点都形成逆序对，一共m-i+1个
         //而且只在这个地方会出现形成逆序对的情况，于是在此统计一下逆序对的个数即可
              }
              else
              {
                 mp[k++]=a[i++];
              }
     }
     while(i<=m)mp[k++]=a[i++];         //将剩余的a[i..m]复制到数组mp中
     while(j<=r)mp[k++]=a[j++];         //将剩余的a[j..r]复制到数组mp中
     for(int i=l;i<=r;i++)
            a[i]=mp[i];                 //归并排序结果放回数组a
}
void solve(int l,int r)
{     //递归地实现二路归并
   if(l<r)
   {
       int m=(l+r)>>1;
       solve(l,m);                      //左半边排好序
       solve(m+1,r);                    //右半边排好序
       Msort(l,r);                      //把左右已经排好序的两部分拿来归并排序
   }
   return;
}
int main()
{
   int t,n;
   scanf("%d",&t);
```

```
    for(int i=1;i<=t;i++)
    {
        scanf("%d",&n);
        for(int j=0;j<n;j++)
            scanf("%d",&a[j]);
        ans=0;
        solve(0,n-1);                        //在归并排序过程中统计出逆序数
        printf("Scenario #%d:\n%d\n\n",i,ans);
    }
    return 0;
}
```

6.5　快速排序

快速排序基本思想：

（1）任取一个元素（如第一个）为中心。

（2）所有比它小的元素一律前放，比它大的元素一律后放，形成左、右两个子表。

（3）对各子表重新选择中心元素并依此规则调整，直到每个子表的元素只剩一个。

例 6-7　Election Time

在推翻农场主约翰的暴虐统治后，这些奶牛正在进行它们的第一次选举，贝西是 N 头（$1 \leqslant N \leqslant 50000$）竞选总统的奶牛之一。然而，在大选真正开始之前，贝西想要确定谁最有可能获胜。

选举分为两轮。在第一轮中，获得最多票数的 K 头奶牛（$1 \leqslant K \leqslant N$）进入第二轮；在第二轮投票中，得票最多的奶牛当选总统。

考虑到奶牛，我希望在第一轮中获得 A_i 选票（$1 \leqslant A_i \leqslant 1000000000$），在第二轮中获得 B_i 选票（$1 \leqslant B_i \leqslant 1000000000$）（如果他或她成功了），确定哪头奶牛有望赢得选举。幸运的是，A_i 列表中没有出现两次计票；同样，B_i 列表中也不会出现两次计票。

输入

第 1 行：两个用空格分隔的整数 N 和 K。

第 2～N+1：第 i+1 行包含两个用空格分隔的整数 A_i 和 B_i。

输出

预期将赢得选举的奶牛编号。

样例输入	样例输出
5 3 3 10 9 2 5 6 8 4 6 5	5

试题来源：USACO 2008 January Bronze

在线测试：POJ-3664

试题解析

先按第一列找出前 K 头奶牛，再从其中找出第二列最大的即可。

程序清单

（1）用内置库的快排函数。

```
#include<iostream>
#include<algorithm>
#define SISWS std::ios::sync_with_stdio(false)
#define INF 0x3f3f3f3f
using namespace std;
typedef long long ll;
const int maxn=5e4 + 10;
struct node{
     int a,b;
     int index;
     friend bool operator<(node n1,node n2){
          return n1.a>n2.a;
     }
}nd[maxn];
int main(){
     int N,K;
     SISWS;
     cin>>N>>K;
     for(int i=0;i<N;i ++){
         cin>>nd[i].a>>nd[i].b;
         nd[i].index=i+1;
     }
     sort(nd,nd+N);
     int ansIndex=0;
     for(int i=1;i<K;i ++){
         if(nd[ansIndex].b<nd[i].b){
            ansIndex=i;
         }
     }
     cout<<nd[ansIndex].index<<endl;
     return 0;
}
```

（2）自己实现快排。

```
#include<iostream>
#define SISWS std::ios::sync_with_stdio(false)
```

```
#define INF 0x3f3f3f3f
using namespace std;
typedef long long ll;
const int maxn=5e4+10;
struct node{
    int a,b;
    int index;
}nd[maxn];
void exchange(node * a,node* b){
   node temp=*a;
   *a=*b;
   *b=temp;
}
/*序列划分函数*/
int partition(node nod[],int p,int r){
   int key=nod[r].a;//取最后一个
   int i=p-1;
   for(int j=p;j<r;j++)
   {
     if(nod[j].a<=key)
     {
       i++;
       //i一直代表小于key元素的最后一个索引，当发现有比key小的nod[j]时，i+1后
       //交换
       exchange(&nod[i],&nod[j]);
     }
   }
   exchange(&nod[i+1],&nod[r]);          //将key切换到中间来，左边是小于key的值，右边是
                                         //大于key的值
   return i+1;
}

void quickSort(node nod[],int p,int r){
   int position=0;
   if(p<r)
   {
      position=partition(nod,p,r);      //返回划分元素的最终位置
      quickSort(nod,p,position-1);      //划分左边递归
      quickSort(nod,position+1,r);      //划分右边递归
   }
}
int main(){
      int N,K;
      SISWS;
      cin>>N>>K;
      for(int i=0;i<N;i ++){
           cin>>nd[i].a>>nd[i].b;
           nd[i].index=i+1;
      }
```

```
    quickSort(nd,0,N-1);
    int ansIndex=N-1;
    for(int i=N-1;i>=N-K;i --){
        if(nd[ansIndex].b<nd[i].b){
              ansIndex=i;
        }
    }
    cout<<nd[ansIndex].index<<endl;
    return 0;
}
```

将例 6-1 用快速排序重写代码如下：

```
#include<iostream>
using namespace std;
void quick_sort(int *array,int left,int right)
{
                  if(left<right)
                  {
                     int pivot=array[left];
                     int low=left;
                     int high=right;
                     while(low<high)
                     {
                           while(array[high]>=pivot&&low<high)
                           high--;
                           array[low]=array[high];
                           while(array[low]<=pivot&&low<high)
                           low++;
                           array[high]=array[low];
                     }
                     array[low]=pivot;
                     quick_sort(array,left,low-1);
                     quick_sort(array,low+1,right);
                  }
}
int main()
{
                  int n;
                  int a[10010];
                  cin>>n;
                  for(int i=1;i<=n;i++)
                  {
                      cin>>a[i];
                  }
                  quick_sort(a,1,n);
                  cout<<a[n/2+1]<<endl;
                  return 0;
}
```

6.6　桶　排　序

桶排序或所谓的箱排序，工作的原理是将数组分到有限数量的桶里。每个桶再个别排序（有可能再使用别的排序算法或以递归方式继续使用桶排序进行排序）。

元素分布在桶中：

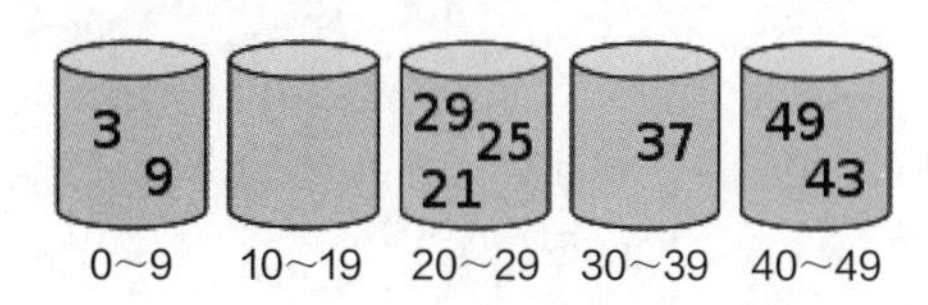

然后，元素在每个桶中排序：

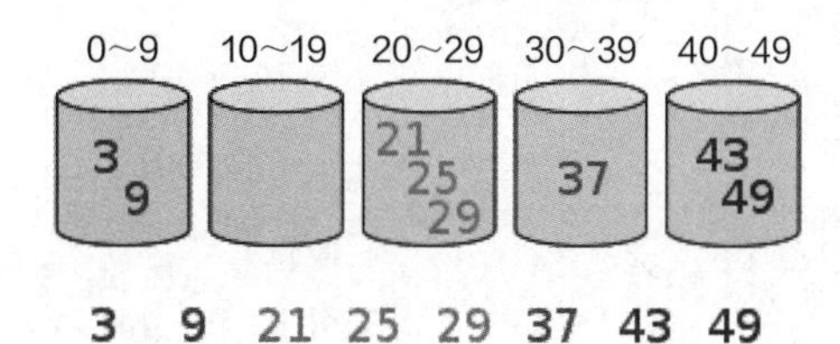

例 6-8　统计相同成绩的学生人数

读入 n 名学生的成绩，将获得某一给定分数的学生人数输出。

输入

测试输入包含若干测试样例，每个测试样例的格式为

第 1 行：n。

第 2 行：n 名学生的成绩，相邻两个数字用一个空格分隔。

第 3 行：给定分数。

当读到 n=0 时输入结束。其中 n 不超过 1000，成绩分数为（包含）0～100 的一个整数。

输出

对每个测试样例，将获得给定分数的学生人数的输出。

样例输入	样例输出
3 80 60 90 60 2 85 66 0 5 60 75 90 55 75 75 0	1 0 2

在线测试：hdu1235

程序清单

```
#include<iostream>
#include<cstring>
using namespace std;
int a[101];
int main(){
int n;
while(scanf("%d",&n)!=EOF && n)
  {
     memset(a,0,sizeof(a));
     int question,score;
     for(int i=0;i<n;i++){
          scanf("%d",&score);
          a[score]++;                       //统计该分数的学生人数
     }
          scanf("%d",&question);
          printf("%d\n",a[question]);   //输出询问分数的人数
  }
}
```

例 6-9 Grandpa is Famous

爷爷几十年来一直是一名非常优秀的桥牌选手，但是当宣布他将作为有史以来最成功的桥牌选手被载入吉尼斯世界纪录时，这真是令人震惊！听到这个消息，全家人都很兴奋。

几年来，国际桥牌协会（IBA）每周都会对世界上最优秀的选手进行排名。考虑到每周排名中的每一次出场都构成了选手的一分，爷爷被提名为有史以来最好的选手，因为他得到了最高的分数。

爷爷有许多朋友也在和他竞争，他非常想知道哪位选手获得第二名。由于 IBA 排名现在可以在互联网上获得，他向你寻求帮助。他需要一个程序，当给出每周排名列表时，根据分数找出哪个（哪些）选手获得第二名。

输入

输入包含几个测试样例。选手由 1～10000 的整数标识。测试样例的第一行包含两个整数 n 和 m，分别表示可用排名的数量（$2 \leqslant n \leqslant 500$）和每个排名中的选手数量（$2 \leqslant m \leqslant 500$）。接下来的 n 行中的每行都包含一周排名的描述。每个描述由 m 个整数序列组成，由空格分隔，标识每周排名中的玩家。可以假设：在每个测试样例中恰好有一个最佳选手和至少一个第二名选手，每周排名由 m 个不同的选手标识符组成。输入结束由 $n=m=0$ 表示。

输出

对于输入的每个测试样例，程序必须生成一行输出，其中包含在排名中出场次数排在第二位的选手的标识号。如果并列第二名，请按升序打印所有第二名选手的识别号。生成的每个标识号后面必须跟一个空格。

样例输入	样例输出
4 5 20 33 25 32 99 32 86 99 25 10 20 99 10 33 86 19 33 74 99 32 3 6 2 34 67 36 79 93 100 38 21 76 91 85 32 23 85 31 88 100	32 33 1 2 21 23 31 32 34 36 38 67 76 79 88 91 93 100

试题来源：POJ 2092

第 1 种方法如下：

试题解析

对数组中的每个数字进行计数，找出出现次数第二多的数字的数量，再遍历一次，只要出现的次数是相同的数字就输出。

程序清单

```
#include<iostream>
#include<algorithm>
#include<cstring>
#include<cstdio>
using namespace std;
const int INF=0x3f3f3f3f;
const int MAXN=250050;
int size;
int num[MAXN];
int bk[10050];
int main()
{
    int n,m;
    while(scanf("%d%d",&n,&m)!=EOF)
    {
        if(n==0&m==0)
            break;
        size=n*m;
        int minn=INF,maxn=-INF,pos1,pos2;
        memset(bk,0,sizeof(bk));
        for(int i=0;i<size;i++)
        {
```

```
            scanf("%d",&num[i]);
            minn=min(minn,num[i]);
            maxn=max(maxn,num[i]);
            bk[num[i]]++;
        }
        int max1=-INF;
        int max2=-INF;
        for(int i=minn;i<=maxn;i++)
        {
            if(bk[i]>max1)
            {
                max2=max1;          //第二大
                max1=bk[i];         //最大
            }
            else if(max1>bk[i]&&max2<bk[i])
                max2=bk[i];         //第二大
        }
            for(int i=minn;i<=maxn;i++)
                if(bk[i]==max2)
                    printf("%d ",i);
            cout<<endl;
    }
        return 0;
}
```

第 2 种方法如下：

试题解析

可知题目中出现次数最多的是第一名，而我们要找第二名。首先可以在输入的时候同时处理统计每个标识出现的次数，这里用 times 数组，然后可以先循环找出最大出现次数，即第一名，然后再找第二大的（即除第一以外最大的），最后再遍历一遍输出等于第二大出现次数的标识即可。

程序清单

```
#include<stdio.h>
#define max 10005                                   //标识的范围为1～1e4
using namespace std;
int i,j,k,m,n,t,times[max];                         //times数组统计标识出现次数
int main()
{

    while(1)
    {
        scanf("%d%d",&m,&n);                        //输入m、n，m周n名
        if(m==0&&n==0)return 0;                     //题目要求m==n==0时结束
```

```
        for(int i=0;i<max;i++)times[i]=0;          //初始化为 0
        for(i=0;i<m;i++){
            for(j=0;j<n;j++){
                scanf("%d",&k);                    //输入标识
                times[k]++;                        //统计标识出现次数
            }
        }
        int maxt=times[0];
        int mint=times[0];
        for(i=0;i<max;i++){                        //找最大出现次数
            if(maxt<times[i])maxt=times[i];
        }
        for(i=0;i<max;i++){                        //找出第二大的
            if(times[i]!=maxt&&times[i]>mint)mint=times[i];
        }
        for(i=0;i<max;i++){
            if(times[i]==mint)printf("%d ",i); //如果是第二大，则输出
        }
        printf("\n");
    }
    return 0;
}
```

第 3 种方法采用排序，如下：

试题解析

首先统计数据，再根据 count 降序排序，count 相等时按照 num 升序排序，再输出 count 第二大的所有 num。

程序清单

```
#include<iostream>
#include<algorithm>
using namespace std;
struct Playerhash{
   int id;
   int num;
} playerhash[10010];
bool cmp(struct Playerhash a,struct Playerhash b)
{
   if(a.num!=b.num)
       return a.num>b.num;
   return a.id<b.id;
}
int main()
{
```

```
        int n,m;
        while(~scanf("%d%d",&n,&m))
        {
            if(n==0&&m==0)break;
                 int max=1;
                 int i;
                 for(i=0;i<10003;i++)
                 {   playerhash [i].num=0;
                     playerhash [i].id=0;
                 }
            for(i=0;i<n;i++)
            {
                for(int j=0;j<m;j++)
                {   int t;
                 scanf("%d",&t);
                 if(t>max)max=t;
                 playerhash [t].id=t;
                 playerhash [t].num++;
                 }
            }
            sort(playerhash +1,playerhash +max+1,cmp);
            cout<< playerhash [2].id;
            for(i=3;i<=n*m;i++)
            {   if(playerhash [i].num<playerhash [2].num)break;
                     cout<<" "<< playerhash [i].id;
            }
              cout<<endl;
        }
    return 0;
}
```

6.7 基数排序

前面的排序方法主要是通过关键字值之间的比较和移动，而基数排序不需要关键字之间的比较。

对 52 张扑克牌按以下次序排序。

♣2<♣3<…<♣A<♦2<♦3<…<♦A<

♥2<♥3<…<♥A<♠2<♠3<…<♠A

两个关键字：花色（♣<♦<♥<♠）

面值（2<3<…<A）

并且“花色”地位高于“面值”。

按照低位先排序，然后收集；再按照高位排序，然后再收集；以此类推，直到最高位。有时有些属性是有优先级顺序的，先按低优先级排序，再按高优先级排序。最后的次序就是高优先级高的在前，高优先级相同的低优先级中高的在前。

多关键码排序按照从最主位关键码到最次位关键码，或者从最次位关键码到最主位关键码的顺序逐次排序，分为以下两种方法。

（1）最高位优先（Most Significant Digit first）法，即 MSD 法。

（2）最低位优先（Least Significant Digit first）法，即 LSD 法。

以 LSD 为例，假设原来有一串数值如下：

（21, 25, 49, 25*, 16, 8, 73, 81, 93, 55）

（1）根据个位数的数值，在遍历数值时，将它们分配至编号 0～9 的桶中。

```
0 :
1 : 21, 81
2 :
3 : 73, 93
4 :
5 : 25, 25*, 55
6 : 16
7 :
8 : 8
9 : 49
```

（2）将这些桶中的数值重新串接起来，成为以下的数列：

```
21,81,73,93,25,25*,55,16,8,49
```

（3）再进行一次分配，这次是根据十位数来分配。

```
0 : 8
1 : 16
2 : 21, 25, 25*
3 :
4 : 49
5 : 55
6 :
7 : 73
8 : 81
9 : 93
```

（4）将这些桶中的数值重新串接起来，成为以下的数列：

```
8,16,21,25,25*,49,55,73,81,93
```

这时候整个数列已经排序完毕，如果排序的对象有三位数以上，则持续进行以上的操作，直至最高位数为止。

例 6-10 Grandpa is Famous

将例 6-9 用基数排序重新编程如下。

试题解析

首先统计数据，再根据 count 降序排序，count 相等时按照 id 升序排序，再输出 count 第二大的所有 id。

程序清单

```
#include<iostream>
#include<string.h>
#include<algorithm>
using namespace std;
#define MAX_N(10000+20)
struct Player
{
    int id;
    int count;
};
bool cmp(Player a,Player b)
{
    if(a.count==b.count)
        return a.id<b.id;
    else
        return a.count>b.count;
}
int main()
{
    int n,m;
    Player p[MAX_N];
    while(scanf("%d %d",&n,&m))
    {
        int current,i,j;
        memset(p,0,sizeof(p));
        if(m==0 && n==0)
          break;
        for(i=0;i<n;++i)
            for(j=0;j<m;++j)
            {
                scanf("%d",&current);
                p[current]. id=current;
                p[current]. count++;
            }
        sort(p,p+10010,cmp);
        i=1;
        while(p[i].count==p[i+1].count)
        {
            printf("%d ",p[i].id);
            i++;
        }
        printf("%d\n",p[i].id);
    }
    return 0;
}
```

基数排序时假设输入数据属于一个小区间内的整数，对每一位进行进桶、出桶。基数排序和计数排序都可以看作是桶排序。

排序算法有很多种，除了本章介绍的几种排序，还有一些其他的排序。下面是这些常见排序算法的时间复杂度，如表 6-1 所示。

表 6-1　排序算法的时间复杂度

排序算法	平均时间复杂度
选择排序	O (n^2)
插入排序	O (n^2)
冒泡排序	O (n^2)
归并排序	O $(n*\log n)$
快速排序	O $(n*\log n)$
桶排序	O $(n+n*\log n-n*\log m)$，m 是桶的个数
基数排序	O $(d\ (n+r))$，d 表示最大位数，r 是每一位数的范围
希尔排序	O $(n^{1.5})$
堆排序	O $(n*\log n)$

第 7 章　STL

STL（Standard Template Library，标准模板类）是 C++ 语言提供的一个基础模板集合，包含各种常用的存储数据的模板类以及相应的操作函数，为开发者提供了一种快速有效的访问机制。它最初是由 Alexander Stepanov、Meng Lee 和 David R Musser 在惠普实验室工作时所开发出来的，并于 1998 年被定为国际标准，正式成为 C++ 语言的标准库。

STL 的出现具有革命性。从根本上说，STL 是一些容器、算法和其他一些组件的集合，这些容器有 list、vector、set 和 map 等。这里的“容器”和算法的集合是世界上很多聪明人历经多年研究出的杰作，基本上达到各种存储方法和相关算法的高度优化。STL 的目的是标准化组件，这样就无须重新开发，可以使用现成的组件。STL 已经是 C++ 的一部分，不用额外安装，已完全被内置在编译器之中。因此，使用 STL 编写程序会更加容易和高效，这也是 STL 被广泛使用的原因。

在 C++ 标准中，STL 被组织为下面的 13 个头文件：<algorithm>、<deque>、<functional>、<iterator>、<vector>、<list>、<map>、<memory>、<numeric>、<queue>、<set>、<stack> 和 <utility>。通常认为 STL 由空间管理器、迭代器、泛函、适配器、容器和算法 6 部分构成，其中前面 4 部分服务于后面 2 部分。

空间管理器为容器类模板提供用户自定义的内存申请和释放功能。默认情况下，STL 仍然采用 C/C++ 的内存管理函数或操作符来完成动态内存申请和释放。例如，使用 malloc 函数和 new 操作符完成内存的申请；使用 free 函数和 delete 操作符完成内存的释放。

经典的数据结构数量有限，但是我们常常重复着一些为了实现向量、链表等结构而编写的代码，这些代码都十分相似，只是为了适应不同数据的变化而在细节上有所改动。STL 容器就提供了这样的方便，它允许重复利用已有的实现，构造自己特定类型下的数据结构，通过设置一些模板类，STL 容器对最常用的数据结构提供支持，这些模板的参数可以指定容器中元素的数据类型，从而将许多重复而乏味的工作简化。

容器是指可以包含若干对象的数据结构，并提供少量操作接口。STL 提供三类标准容器。

（1）序列式容器

向量（vector）、连续存储的元素 <vector> 和列表（list）：由节点组成的双向链表，每个节点包含着一个元素 <list>。

双端队列（deque）：连续存储的指向不同元素的指针所组成的数组 <deque>。

（2）适配器容器

栈（stack）：后进先出（LIFO）的值的排列 <stack>。

队列（queue）：先进先出（FIFO）的值的排列 <queue>。

优先队列（priority_queue）：元素的次序是由作用于所存储的值对上的某种谓词决定的一种队列 <queue>。

（3）关联式容器

集合（set）：由节点组成的红黑树，每个节点都包含一个元素，节点之间以某种作用于元素对的谓词排列，没有两个不同的元素能够拥有相同的次序 <set>。

多重集合（multiset）：允许存在两个次序相等的元素的集合 <set>。

映射（map）：由 { 键，值 } 对组成的集合，以某种作用于键对上的谓词排列 <map>。

多重映射（multimap）：允许键对有相等的次序的映射 <map>。

对（pair）：和 map 类似，但只有一对键值 <utility>。

智能指针（auto_ptr）：将一个用 new 开辟内存的指针赋给 auto_ptr，会自动回收空间 <memory>。

迭代器类似于指针，存储某个对象的地址或指向某个对象，有时也被称为广义指针。迭代器可以为 STL 中的算法提供数据输入，也可以用来遍历容器类或流中的对象。指针本身也可以认为是一个迭代器，用户也可以自定义迭代器。

在 STL 中，如果某个类重载函数调用运算符“()”，则称该类为泛函类，并称其对象为泛函。通过引入泛函，可以为算法提供某种策略。例如，同一个排序算法，可以利用泛函完成对不同关键字进行升序或降序等各种排序策略。

适配器对象将自己与另外一个对象绑定，使对适配器对象的操作转换为对被绑定对象的操作。STL 中适配器应用较广，有容器适配器、迭代器适配器和泛函适配器等。

算法可以认为是 STL 的精髓，所有算法都是采用函数模块的形式提供的。STL 提供的算法大致分为 4 类，分别为日常事务类算法、查找类算法、排序类算法和工作类算法。

STL 是 C++ 语言提供的一个基础模板集合，本书中一些题的代码要用到 STL，所以这里也简单介绍一下 C++ 语言。

C++ 语言是 C 语言的继承，它既可以进行 C 语言的过程化程序设计，又可以进行以抽象数据类型为特点的基于对象的程序设计，还可以进行以继承和多态为特点的面向对象的程序设计。C++ 语言擅长面向对象程序设计的同时，还可以进行基于过程的程序设计，因而 C++ 语言就适应的问题规模而论，大小由之。C++ 语言不仅拥有计算机高效运行的实用性特征，同时还致力于提高大规模程序的编程质量与程序设计语言的问题描述能力。

20 世纪 70 年代中期，Bjarne Stroustrup 在剑桥大学计算机中心工作。他使用过 Simula 和 ALGOL 语言，接触过 C 语言。他对 Simula 的类体系感受颇深，对 ALGOL 的结构也很有研究，深知运行效率的意义。既要编程简单、正确可靠，又要运行高效、可移植，是 Bjarne Stroustrup 的初衷。以 C 语言为背景，以 Simula 思想为基础，这正好符合他的设想。1979 年，Bjarne Stroustrup 到了 Bell 实验室，开始从事将 C 语言改良为带类的 C 语言（C with classes）的工作。1983 年，该语言被正式命名为 C++ 语言。自从 C++ 语言被发明以来，它经历了三次主要的修订，每一次修订都为 C++ 语言增加了新的特征并做了一些修改。第一次修订是在 1985 年，第二次修订是在 1990 年，而第三次修订发生在 C++ 语言的标准化过程中。在 20 世纪 90 年代早期，人们开始为 C++ 语言建立一个标准，并成立一个 ANSI 和 ISO（International Standards Organization，国际标准化组织）的联合标准化委员会。该委员会在 1994 年 1 月 25 日提出第一个标准化草案。在这个草案中，委员会在保持 Stroustrup 最初定义的所有特征的同时，还增加了一些新的特征。

在完成 C++ 语言标准化的第一个草案后不久，发生了一件事，使得 C++ 语言标准被极大地扩展，即 Alexander Stepanov 创建了标准模板库（STL）。STL 不仅功能强大，同时非常优雅，然而，它也是非常庞大的。在通过第一个草案之后，委员会投票并通过将 STL 包含到 C++ 语言标准中的提议。STL 对 C++ 语言的扩展超出了 C++ 语言的最初定义范围。虽然在标准中增加 STL 是个很重要的决定，但也因此延缓了 C++ 语言标准化的进程。

委员会于 1997 年 11 月 14 日通过该标准的最终草案，1998 年，C++ 语言的 ANSI/ISO 标准被投入使用。通常，这个版本的 C++ 语言被认为是标准 C++ 语言。所有的主流 C++ 语言编译器都支持这个版本的 C++ 语言，包括微软的 Visual C++ 和 Borland 公司的 C++Builder。

例 7-1 Limak and Three Balls

Limak 有 n 个球，第 i 个球的大小为 t_i。

Limak 希望给他的三个朋友各一个球。送礼物并不容易，Limak 要使朋友开心，必须遵守两个规则：

（1）没有两个朋友可以得到相同大小的球。

（2）没有两个朋友可以得到大小相差超过 2 的球。

例如，Limak 可以选择 4 号、5 号和 3 号球，或者 90 号、91 号和 92 号球。但是他不能选择 5 号、5 号和 6 号球（两个朋友会得到相同大小的球），也不能选择尺寸为 30 号、31 号和 33 号的球（因为尺寸 30 和 33 相差超过 2）。

你的任务是检查 Limak 是否可以选择满足上述条件的 3 个球。

输入

第一行包含一个整数 n（$3 \leqslant n \leqslant 50$），Limak 拥有的球数。

第二行包含 n 个整数 t_1、t_2、t_n（$1 \leqslant i \leqslant n$，$1 \leqslant t_i \leqslant 1000$），其中 t_i 表示第 i 个球的大小。

输出

如果 Limak 可以选择 3 个大小不同的球，并且使它们中的任何两个相差不超过 2，则打印 YES；否则，请打印 NO。

样例输入	样例输出
4 18 55 16 17	YES
6 40 41 43 44 44 44	NO
8 5 972 3 4 1 4 970 971	YES

注意

在第一个样例中，有 4 个球，Limak 可以选择 3 个球来满足规则。他必须选择 18 号、16 号和 17 号球。
在第二个样例中，没有不违反规则而向三个朋友赠送礼物的方法。
在第三个样例中，选择球的方法不止一种：
（1）选择 3 号、4 号和 5 号的球。
（2）选择 972 号、970 号、971 号的球。

在线测试：codeforce 653A

试题解析

题目大意：给出 n 个数，问能不能从这些数里面抽出 3 个数，使得这 3 个数都不相同，且这 3 个数能够满足 a[2]=a[1]+1，a[3]=a[2]+1。

思路：数据范围很小，可以先去重复值，再排序，然后检查。

程序清单

```
#include<bits/stdc++.h>
using namespace std;
int a[103],tot=0;
map<int,int> H;                    // 使用 STL 的 map 容器
int main()
{
    int n;
    scanf("%d",&n);
    for(int i=1;i<=n;i++)
    {
        int x;
        scanf("%d",&x);
        if(H[x])continue;          // 如果前面已经存在 x，这次就不存储它
                                   // 然后用 continue 继续下一轮循环，即不执行下面两句而直接
                                   // 下一次循环
        H[x]++;                    // x 的个数增加一个，使得它为非 0，那么下次就用 if(H[x])
                                   // 正确判断
        a[tot++]=x;                // 去重后的数字序列存储在数组 a 中，因为新来的 x 才会执行到此
    }
    if(tot<3)return puts("NO"),0;
    sort(a,a+tot);
    for(int i=0;i+2<tot;i++)
    {
        if(a[i]==a[i+1]-1&&a[i]==a[i+2]-2)
            return puts("YES"),0;
          // 上面的语句与写成 {puts("YES");return 0;} 是一样的
    }
```

```
        return puts("NO"),0;
    }
```

例 7-2 Managing Difficulties

每天都有一个新的编程问题发布在 Codeforces 上。因此，n 个问题将在接下来的 n 天内发布，第 i 个问题的难度是 a_i。

Polycarp 想要选择恰好的 i、j 和 k 三天（$i<j<k$），这样第 j 日和第 i 日的难度之差就等于第 k 日和第 j 日的难度之差。即 Polycarp 想要等式 $a_j-a_i = a_k-a_j$ 为真。确定 Polycarp 以该方式选择三天的可能方法的数量。

输入

第一行包含一个整数 t—— 输入的测试样例的数量（$1\leqslant t\leqslant 10$）。然后 t 测试样例描述如下。

测试样例的第一行包含一个整数 n—— 天数（$3\leqslant n\leqslant 2000$）。

测试样例的第二行包含 n 个整数 a_1、a_2、…、a_n，其中 a_i 为第 i 天的问题难度（$1\leqslant i\leqslant n$，$1\leqslant a_i\leqslant 1e9$）。

输出

t 整数 —— 按照输入中给出的测试样例顺序给出答案。每个测试样例的答案是满足要求的对应三元组 i、j、k（$1\leqslant i<j<k\leqslant n$）的数量，使得 $a_k-a_j=a_j-a_i$。

样例输入	样例输出
4 5 1 2 1 2 1	1
3 30 20 10	1
5 1 2 2 3 4	4
9 3 1 4 1 5 9 2 6 5	5

试题来源：ICPC 2019-2020 North-Western Russia Regional Contest

在线测试：Gym-102411M

试题解析

先输入一个 t 表示测试样例的数量，然后输入一个 n 表示天数，下一行跟着长度为 n 的数组 a，表示第 i 天的题目难度 a[i]。

要找出这样的 i、j 和 k，使得前后两两的差值相等，输出这种三元组的数量。

首先想到的方法就是直接判断前后差值是否相等，一个一个找，可是这样要三个循环，分别列举 i、j 和 k，这样处理效率较低。然后，可以转换一下思路：即如果三个数 a[i]、a[j] 和 a[k] 前后差值相等，那么 2*a[*j*] = a[*i*]+a[*k*]，a[*i*] = 2*a[*j*]−a[*k*]，可以利用这个性质，把问题转换为判断 2*a[*j*]−a[*k*] 的差值是否在给定的数组中出现即可，如果是，则计数器 +1。然后可以用 map 这个数据结构，first 存放数组元素，second 统计出现次数。这里使用的循环可以体现出 *i*、*j* 和 *k* 的前后关系。

程序清单

```
#include<bits/stdc++.h>
using namespace std;
typedef long long ll;
map<ll,ll> mp;
ll a[2005];                                          // 数组用来存放相应天数对应的问题
                                                     // 难度
int main()
{
    ll T;
    scanf("%lld",&T);                                // 输入测试样例的数目
    while(T--){
        mp.clear();
        ll n;
        scanf("%lld",&n);                            // 天数
        for(ll i=1;i<=n;i ++)scanf("%lld",&a[i]);    // 输入难度
        ll ans=0;                                    // 统计满足等式的个数
        for(ll j=1;j<=n;j ++){                       // 列举第二天的难度
            for(int k=j +1;k<=n;k ++){               // 列举第三天的难度
                ans +=mp[a[j]*2-a[k]];               // 如果第一天的难度存在，则计数
            }
            mp[a[j]]++;                              // 必须放此累计次数才合理，因为第
                                                     // 一天要在前面出现过
        }
        printf("%lld\n",ans);                        // 输出满足要求的天数
    }
    return 0;
}
```

读者可以尝试把 mp[a[*j*]]++; 移到 for（int *k*=*j*+1; *k*<=*n*; *k*++）之前，会发现这样是错误的，请先思考原因，自己找到案例对应会产生错误的情形先来分析，然后再看下面的叙述。

如有序列…、20、10、10、…，这样会导致 mp[a[*j*]*2−a[*k*]] 原本不存在时，却得出能找到，第二天 i 对应序列中的第一个 10，第三天 j 对应序列中的第二个 10，此时遇到语句“ans += mp[a[*j*]*2−a[*k*]];”，其中 a[*j*]*2−a[*k*]=10*2−10=10，因为 mp[a[*j*]]++; 错误地先写了，那么 mp[10] 就已经为 1，此时 mp[a[*j*]*2−a[*k*]]，即 mp[10] 等于 1，导致 ans 误加 1。

第 8 章　思维训练

例 8-1　Limak and Reverse Radewoosh

Limak 和 Radewoosh 将在即将到来的算法竞赛中相互竞争。他们同样熟练，但不会以相同的顺序解决问题。

会有 n 个问题。第 i 个问题的初始得分为 p_i，仅需要花费 t_i 分钟即可解决。问题按难度排序，保证 $p_i < p_i + 1$ 和 $t_i < t_i + 1$。

常数 c 也被给出，代表了松动点的速度。然后，在时间 x（比赛开始后 x 分钟）提交第 i 个问题，将得到 max（$0, p_i - c*x$）分。

Limak 将按 1、2、3、…、n 的顺序解决问题（按 p_i 递增）。Radewoosh 将按 n、n-1、…、1 的顺序求解（按 p_i 递减排序）。任务是预测结果，即打印获胜者的姓名（最后获得更多积分的人），或在出现平局的情况下打出 Tie（平局）字样。

可以假设比赛的持续时间大于或等于所有 t_i 的总和。这意味着 Limak 和 Radewoosh 都将接受所有 n 个问题。

输入

第一行包含两个整数 n 和 c（$1 \leqslant n \leqslant 50$，$1 \leqslant c \leqslant 1000$）——问题的数量和代表松动点速度的常数。

第二行包含 n 个整数 p_1、p_2、…、p_n [$1 \leqslant i \leqslant n$，$1 \leqslant p_i \leqslant 1000$，$p_i < p_{(i+1)}$]——初始分数。

第三行包含 n 个整数 t_1、t_2、…、t_n [$1 \leqslant i \leqslant n$，$1 \leqslant t_i \leqslant 1000$，$t_i < \mathrm{t}(i+1)$]，其中 t_i 表示解决第 i 个问题所需的分钟数。

输出

如果 Limak 总得分更高，则打印 Limak。如果 Radewoosh 总得分更高，则打印 Radewoosh。如果 Limak 和 Radewoosh 的总积分相同，则打印 Tie。

样例输入	样例输出
3 2 50 85 250 10 15 25 3 6 50 85 250 10 15 25 8 1 10 20 30 40 50 60 70 80 8 10 58 63 71 72 75 76	Limak Radewoosh Tie

注意

在第一个样例中，存在 3 个问题。Limak 解决方案如下：

Limak 在第 1 个问题上花费 10 分钟，他获得 $50-c\times10=50-2\times10=30$ 分。

Limak 在第 2 个问题上花费 15 分钟，因此他在比赛开始后 $10+15=25$ 分钟提交了该问题。对于第 2 个问题，他得到 $85-2\times25=35$ 分。

Limak 在第 3 个问题上花费了 25 分钟，因此他在比赛开始后 $10+15+25=50$ 分钟提交了该问题。对于这个问题，他得到 $250-2\times50=150$ 分。

因此，Limak 得到 $30+35+150=215$ 分。

Radewoosh 以相反的顺序解决问题：

Radewoosh 在 25 分钟后解决了第 3 个问题，因此获得 $250-2\times25=200$ 分。

他在第 2 个问题上花费了 15 分钟，因此他在开始后的 $25+15=40$ 分钟内提交。他为此问题得到 $85-2\times40=5$ 分。

他在第 1 个问题上花费 10 分钟，因此他在开始后 $25+15+10=50$ 分钟提交了该问题。他得到 $\max(0, 50-2\times50)=\max(0,-50)=0$ 分。

Radewoosh 总共获得 $200+5+0=205$ 分。Limak 拥有 215 分，因此 Limak 获胜。

在第二个样例中，Limak 每个问题将获得 0 分，Radewoosh 将首先解决最困难的问题，为此他将获得 $250-6\times25=100$ 分。Radewoosh 的其他两个问题将获得 0 分，但无论如何他都是赢家。

在第三个示例中，Limak 对于第 1 个问题将获得 2 分，对于第 2 个问题将获得 2 分。Radewoosh 对于第 8 个问题将获得 4 分。他们不会为其他问题获得积分，因此存在并列关系，因为 $2+2=4$。

题目来源：codeforce 658A

试题解析

两个人做题，看谁分高，Limak 是从前往后做，Radewoosh 是从后往前做。第一行输入的是题的数量 n 和常数 c，第二行是各题的分数，第三行是各题的时间。获得该题的分数 = 该题的分数 −（做完这个题的时间 + 之前做的题的时间）$*c$。

思路：将它们存在数组中，求出他们的分数之和，进行比较。

程序清单

```
#include<stdio.h>
int main(){
int n,c;
while(scanf("%d %d",&n,&c)!=EOF){
     int a[55],q[55];
     for(int i=0;i<n;i++)
         scanf("%d",&a[i]);
     for(int i=0;i<n;i++)
         scanf("%d",&q[i]);
     int sum1=0,sum2=0;
```

```
        int tq=0;
        for(int i=0;i<n;i++){
            tq += q[i];
            int t = a[i] - c*tq;
            if(t>0)
                sum1 += t;
        }
        tq = 0;
        for(int i = n-1;i >= 0;i--){
            tq += q[i];
            int t = a[i] - c*tq;
            if(t>0)
                sum2 += t;
        }
        if(sum1 > sum2)
            printf("Limak\n");
        else if(sum1 < sum2)
            printf("Radewoosh\n");
        else
            printf("Tie\n");
    }
    return 0;
    }
```

例 8-2 Amity Assessment

奶牛节，Bessie 和她最好的朋友 Elsie 都收到一个滑动拼图。拼图由一个 2×2 的网格和三个标有 A、B 和 C 的图块组成。这三个图块位于网格顶部，一个网格单元为空。Bessie 或 Elsie 可以将与空单元格相邻的图块滑动到空单元格中，如图 8-1 所示。

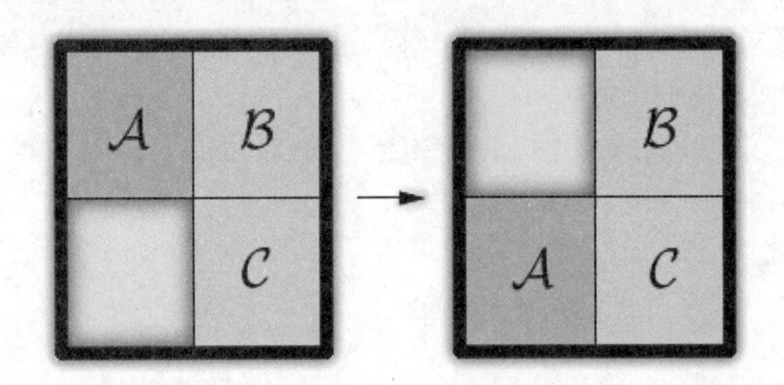

图 8-1 滑动拼图

为了确定她们是否真正是一生中的最佳朋友（Best Friends For Life，BFFL），Bessie 和 Elsie 想知道是否存在一系列操作（两个拼图都可以执行动作），将她们的拼图变成相同布局。由于图块标有字母，因此不允许旋转和反放。

输入

输入的前两行由一个 2×2 的网格组成，描述了 Bessie 拼图的初始配置。接下来的两行包含一个 2×2 的网格，描述了 Elsie 拼图的初始配置。磁贴的位置标记为 A、B 和 C，而空白单元格标记为 X。可以确保两个拼图均包含每个字母以及一个空位。

输出

如果拼图可以达到相同的配置（并且 Bessie 和 Elsie 确实是 BFFL），则打印 YES；否则，打印 NO。

样例输入	样例输出
AB XC XB AC AB XC AC BX	YES NO

注意

图 8-1 描述了第一个样例的解。Bessie 需要做的就是把她的 A 牌滑下来。在第二个样例中，这两个拼图永远不能处于相同的布局。也许 Bessie 和 Elsie 根本就不是朋友。

在线测试：codeforce 655A

试题解析

题目大意：类似于华容道，给出一个 2×2 的网格，然后问你能不能从第一个布局推到第二个布局。

思路：由于是 2×2 的网格，很容易发现，其实它按照顺时针 / 逆时针的顺序是不会改变的。所以只要 check 一下顺序就可以。

程序清单

```
#include<bits/stdc++.h>
using namespace std;
string s1,s2;
int main()
{
    string a,b,c,d;
    cin>>a>>b>>c>>d;
    for(int i=0;i<2;i++)
         if(a[i]!='X')s1+=a[i];
    for(int i=1;i>=0;i--)
         if(b[i]!='X')s1+=b[i];                    //如样例 1，顺时针得到 s1="ABC"
```

```
    for(int i=0;i<2;i++)
        if(c[i]!='X')s2+=c[i];
    for(int i=1;i>=0;i--)
        if(d[i]!='X')s2+=d[i];                          // 顺时针得到 s1= "BCA"
    s1+=s1;                                             //s1= "ABCABC"
    if(s1.find(s2)!=string::npos)cout<<"YES"<<endl;     // 可知 "BCA" 在 "ABCABC" 之中
    else cout<<"NO"<<endl;
}
```

例 8-3 Limak and Displayed Friends

Limak 喜欢通过社交网络与其他朋友联系。他有 n 个朋友，与第 i 个朋友的关系用唯一的整数 t_i 描述。t_i 值越大，友谊越深。没有两个朋友具有相同的 t_i 值。早晨 Limak 刚醒来并登录社交软件，他所有的朋友都还在睡觉，因此他们都不在线。其中一些（也许全部）将在接下来的几个小时内逐个出现在网上。

系统显示在线的朋友。屏幕上最多可以显示 k 个朋友。如果有超过 k 个朋友在线，则系统仅显示 k 个最好的朋友，即 t_i 最大。

你的任务是处理以下两种类型的查询。

（1）“1 id”：朋友 ID 变为上线。他以前肯定没有上网。

（2）“2 id”：检查系统是否显示 ID 这位朋友。在单独的行中打印 YES 或 NO。

可以帮助 Limak 并回答这第二种查询吗？

输入

第一行包含三个整数 n、k 和 q[$1 \leqslant n$、$q \leqslant 150\ 000$、$1 \leqslant k \leqslant \min(6, n)$]，分别为朋友数、显示的最大在线朋友数和查询数。

第二行包含 n 个整数 t_1、t_2、…、t_n（$1 \leqslant i \leqslant n$，$1 \leqslant t_i \leqslant 109$），其中 t_i 描述 Limak 与第 i 个朋友的关系有多好。

接下来有 q 行，第 i 行包含两个整数 type_i 和 id_i（$1 \leqslant \text{type}_i \leqslant 2$，$1 \leqslant \text{id}_i \leqslant n$），表示第 i 个查询。如果 $\text{type}_i = 1$，则朋友 id_i 上线。如果 $\text{type}_i = 2$，则请检查系统现在是否显示了 id_i 这位朋友。

可以确保第一个类型的两个查询不会有相同的 id_i，因为一个朋友不能两次上网。另外，可以确保至少一个查询属于第二种类型（$\text{type}_i = 2$），因此输出不会为空。

输出

对于第二种类型的每个查询，如果显示给定的朋友，则打印一行答案 YES；否则显示 NO。

样例输入	样例输出
4 2 8 300 950 500 200 1 3 2 4 2 3 1 1	NO YES NO YES YES

样例输入	样例输出
1 2 2 1 2 2 2 3	
6 3 9 50 20 51 17 99 24 1 3 1 4 1 5 1 2 2 4 2 2 1 1 2 4 2 3	NO YES NO YES

提示

在第 1 个样例中，Limak 有 4 个朋友，他们最初都在睡觉。首先，由于没有人在线，因此系统不显示任何人。有以下 8 个查询。

（1）“1 3”：朋友 3 联机。

（2）“2 4”：检查是否显示朋友 4。他没有在线，因此打印 NO。

（3）“2 3”：检查是否显示朋友 3。现在，他是唯一在线的朋友，系统将显示他，应该打印 YES。

（4）“1 1”：朋友 1 联机。系统现在显示朋友 1 和朋友 3。

（5）“1 2”：朋友 2 联机。现在有 3 个朋友在线，但是我们得到 $k=2$，所以只能显示两个朋友。Limak 与朋友 1 的关系较与其他两个在线朋友的关系相比要差一些（$t_1<t_2$，t_3），因此不会显示朋友 1。

（6）“2 1”：打印 NO。

（7）“2 2”：打印 YES。

（8）“2 3”：打印 YES。

在线测试：codeforce 658B

试题解析

引入一个数组 onl[ ]，用来记录已经在线好友的亲密度（没有两个好友是一样的），用于查询 k 范围内在线好友的亲密度即可。

程序清单

```
#include<cstdio>
#include<cstring>
```

```
#include<algorithm>
using namespace std;
const int MYDD = 1103+1.5e5;
int fri[MYDD];    //friends
int onl[16];      //online 注意：1≤k≤min(6,n)
bool cmp(int x,int y){
      return x>y;
}
int main(){
      int n,k,q;
      while(scanf("%d%d%d",&n,&k,&q)!=EOF){
          for(int j=1;j <= n;j++){
              scanf("%d",&fri[j]);
          }
          memset(onl,0,sizeof(onl));
          while(q--){
          int oper,id;//opertation
          scanf("%d%d",&oper,&id);
          if(oper==1){
              onl[k]=fri[id];// 将当前在线的赋值给 onl[] 数组
              sort(onl,onl+1+k,cmp);// 注意排序空间 *wa_bug sort(onl+1,onl+1+k,cmp);
          }//onl[0],onl[1],…,onl[k-1] 这前 k 个存放着友谊值最大的 k 个
           //onl[k] 存放当前上线好友的友谊值
           // 前 k+1 个 sort 排序，把最大的 k 个从大到小地放在最前面
           // 也就是这次读入的当前在线好友如果排不进前 k 大，那就在 onl[k] 的第 k+1
           // 的位置上，onl[0] 是第 1 个，而且他以后也排不上前 k 大，所以之后被
           // 下一个上线的好友覆盖也是理所当然的，onl[k] 将会被更新
           if(oper==2){
                bool flag=false;          // 遍历在线的好友
                for(int j=0;j<k;j++){   // 存在该亲密度的好友
                    if(onl[j]==fri[id])      {flag=true;break;}
                }  // 因为每个好友的友谊值 ti 不同，才可以在前 k 个存放的友谊值中去
                   // 查询是否存在被问到的 id 好友的友谊值
                   if(flag)       puts("YES");
                   else           puts("NO");
           }
        }
    }
    return 0;
}
```

例 8-4 z-sort

z-school 的一个学生发现了一种称为 z-sort 的排序。如果满足两个条件，则具有 n 个元素的数组 a 将按 z 排序。

（1）$a_i \geqslant a_{i-1}$，对于每个偶数 i。

（2）$a_i \leqslant a_{i-1}$，对于每个奇数 $i>1$。

例如，数组 [1, 2, 1, 2] 和 [1, 1, 1, 1] 符合 z 排序，而数组 [1, 2, 3, 4] 不符合 z 排序。

你可以对数组进行 z 排序吗？

输入

第一行包含一个整数 n（$1 \leqslant n \leqslant 1000$）—— 数组 a 中的元素数量。

第二行包含 n 个整数 a_i（$1 \leqslant a_i \leqslant 109$）—— 数组 a 的元素。

输出

如果有可能使数组成为 z 排序，则打印 n 个空格分隔的整数数组 a 的 z 排序之后的各元素；否则，打印单词 Impossible。

样例输入	样例输出
4 1 2 2 1	1 2 1 2
5 1 3 2 2 5	1 5 2 3 2

在线测试：codeforce 652B

试题解析

题目大意：给出一个 z-sort 的定义，对于从 1 开始编号的序列，偶数位比它的前一位要大，奇数位要比它的前一位要小，即这个序列是一大一小、大小间隔这样排序的。

题解：把这个序列先按照从小到大排序，然后将这个序列分为两半，后面的一半插入前面的一半，这样就可以尽量保证是一大一小的，因为后面的数一定是大于或等于前面的数。最后再按照定义判断一下，是否得到了正确的数列，如果没有，则输出 Impossible。

程序清单

```
#include<cstdio>
#include<cstring>
#include<algorithm>
using namespace std;
const int maxn=1000+100;
int main()
{
     int n;
     int a[maxn];
     while(scanf("%d",&n)!=EOF)
     {
         for(int i=0;i<n;i++)
             scanf("%d",&a[i]);
         sort(a,a+n);     // 把数列从小到大排序
         int sa[maxn];
         memset(sa,0,sizeof(sa));
```

```
int i=0,j=0;
while(1)
{ //把数组 a 的前一半元素存放到数组 sa 的奇数位置上（即从 0 开始的偶数下标）
    sa[i]=a[j];
    i+=2;j++;
    if(j>=((n+1)/2))
        break;
}
i=1;j=j;
while(1)
{ //把数组 a 的后一半元素存放到数组 sa 的偶数位置上（即从 1 开始的奇数下标）
    sa[i]=a[j];
    i+=2;j++;
    if(j>=n)
        break;
}
for(i=n;i>=1;i--)        //把数组 sa 调整为从下标 1 开始存放
    sa[i]=sa[i-1];
int flag=1;
i=2;
while(1)
{
    if(i>n)
        break;
    if(sa[i]<sa[i-1])
    { //检查偶数位置上是否有比左边小的，如果有，就让 flag 为 0，即 Impossible
        flag=0;
        break;
    }
    i+=2;
}
i=3;
while(1)
{
    if(i>n)
        break;
    if(sa[i]>sa[i-1])
    { //检查奇数位置上是否有比左边大的，如果有，就让 flag 为 0，即 Impossible
        flag=0;
        break;
    }
    i+=2;
}
if(flag==1)
{ //如果 flag 标记保持为 1，那么就输出此满足 z-sort 的数组 sa
    for(i=1;i<=n;i++)
        printf("%d ",sa[i]);
    printf("\n");
}
```

```
        else // 否则输出 Impossible
            printf("Impossible\n");
    }
    return 0;
}
```

例 8-5 Limak and Compressing

Limak 讨厌长字符串，因此喜欢压缩它们。另外还因为 Limak 太年轻，以至于他只知道英语字母的前 6 个字母 a、b、c、d、e、f。

你将获得一组有 q 个可能的操作。Limak 可以按任何顺序执行这些操作，任何操作都可以应用多次。第 i 个操作由长度为 2 的字符串 a_i 和长度为 1 的字符串 b_i 描述。q 个可能的操作中没有两个相同的字符串 a_i。

当 Limak 具有字符串 s 时，如果 s 的前两个字母与两个字母的字符串 a_i 匹配，则可以对 s 执行第 i 个运算。执行第 i 个操作会删除 s 的前两个字母，并在其中插入字符串 b_i。即把 s 的前 2 个字母压缩成 1 个字母。

你可能会注意到，执行一个操作将使字符串 s 的长度恰好减少 1。而且，对于某些操作集，可能存在无法进一步压缩的字符串，因为前两个字母与任何 a_i 都不匹配。

Limak 希望从长度为 n 的字符串开始，并执行 n-1 次运算，最后得到一个单字母字符串 a。它可以通过几种方式选择起始字符串以获取 a，请记住，Limak 只能使用他知道的字母。

输入

第一行输入两个整数 n（$2 \leqslant n \leqslant 6$）和 q（$1 \leqslant q \leqslant 36$），代表压缩前字符串的长度以及压缩方式的种类数。

接下来 q 行，每行两个字符串，长度分别为 2 和 1，只有 a、b、c、d、e、f 共 6 个字母，代表前面的字符串可以压缩成后面的字符串。

输出

输出长度为 n 的符合条件的字符串种类数。

样例输入	样例输出
3 5 ab a cc c ca a ee c ff d	4
2 8 af e dc d cc f	1

样例输入	样例输出
bc b da b eb a bb b ff c	

说明：

在第一个样例中，符合条件的长度为 3 的字符串有 4 种：abb、cab、cca 和 eea。

```
abb —> ab —> a
cab —> ab —> a
cca —> ca —> a
eea —> ca —> a
```

试题来源：IndiaHacks 2016-Online Edition（Div. 1 + Div. 2）

在线测试：codeforces 653B

试题解析

长度为 n 的字符串（字符串中只有 a、b、c、d、e 和 f 共 6 种字母），有 q 种压缩方式，可以将字符串的前 2 个字符压成 1 个字符，求使用这 q 种压缩方式，有几种长度为 n 的字符串最终能被压缩成字符 a。

字符串的样式有多种不定情况，但我们总是知道最后一个肯定是 a，那么可以反着推，看 a 是由哪个序列变过来的，对于第一个样例的数据而言，我们先看见 ca，可以变成 a，那么 a 的上一个状态就是 ca，由 ca 代替 a，此时长度为 2，还不够长，所以继续找，看 ca 中的 c 是哪个序列变过来的，这次找到 cc 还有 ee，同样代替，那么 ca 的上一次状态就是 cca 或 eea，此时找到，长度为 n 则答案可以增加，这样一直寻找的过程就想到了 DFS（深搜）。

程序清单

```
#include<bits/stdc++.h>
using namespace std;int a[8],n,q,ans=0;char s[40][7];
int dfs(char x,int num)
{
      if(num>=n-1){ans+=a[x-'a'];return 0;}
      for(int i=0;i<q;i++)
      {
         if(s[i][4]==x)
         {                              // b 值等于 x，可以压缩为 b
              char y=s[i][1];      // x 从 a 值而来
               dfs(y,num+1);       // a 又是从何而来呢，寻找上一个，长度加 1
         }
      }
```

```
}
int main()
{
      scanf("%d%d",&n,&q);
      for(int i=0;i<q;i++)
      {
         scanf("%s",s[i]+1);
         scanf("%s",s[i]+4);
         a[s[i][4]-'a']++;
      }
      dfs('a',1);
      cout<<ans<<endl;
      return 0;
}
```

例 8-6　Mischievous Mess Makers

这是一个温暖的春日午后，农夫 John 的 n 头奶牛正在牛栏里沉思关于连环仙人掌的事情。标记为 $1\sim n$ 的奶牛，被安排成第 i 头奶牛从左边占据第 i 个摊位。然而，Elsie 在意识到她将永远生活在 Bessie 的聚光灯之外的阴影中之后，组建了捣乱的恶作剧团体，并正在密谋破坏这美丽的田园。当农夫 John 小睡 1 分钟时，Elsie 和餐厅老板计划反复选择两个不同的摊位，交换占据这些摊位的奶牛，每分钟交换不超过一次。

Elsie 作为一个一丝不苟的恶作剧者想知道他们在 k 分钟内所能达到的最大混乱程度，表示为 $p\{i\}$。即第 i 个摊位上奶牛的标签。

奶牛排列的混乱值被定义为（i,j）对的数量，使得 $i<j$ 且 $p\{i\}>p\{j\}$。

输入

第一行包含两个整数 n 和 k（$1\leqslant n$，$k\leqslant 100000$），分别是奶牛的数量和农夫 John 午睡的时间。

输出

输出单个整数，即通过执行不超过 k 次交换，恶作剧者可以实现最大的混乱程度。

样例输入	样例输出
5 2	10
1 10	0

试题来源：CROC 2016-Elimination Round

在线测试：codeforces 645B

试题解析

有一个长度为 n 的排列，从 1 到 n（即 1、2、3、4、…、n），给定交换次数 k，每步可以交换 2 个数，要求使用小于等于 k 次交换，使得逆序对数最多，求出最多的逆序对数量（6.2 节的例 6-3 已经解释过逆序对的概念）。

从样例可以看出，不断往中间逼近，然后交换头尾两个，给定交换的对数，直接计算即可，时间复杂度为 O (1)。下面展开来解析。

我们可以猜到要以最小的代价达到最大的效果，所要满足的就是贪心思想。

如果刚开始没有思路，暂且先举例来找找规律。

例如，$n=5$（初始 5 头牛）时，初始序列 12345，假设只交换 1 次，即：

21345（第 1 位和第 2 位交换）——逆序对 1：1 对；

32145（第 1 位和第 3 位交换）——逆序对 3：2+1 对；

42315（第 1 位和第 4 位交换）——逆序对 5：3+1+1 对；

52341（第 1 位和第 5 位交换）——逆序对 7：4+1+1+1 对。

举例之后不难发现，交换的一对数中间相隔的数越多，逆序对就越多，很显然这是对的。

找到这个规律，就能进一步想到，假如有多次交换，要让它的逆序对最多，可以先让首尾交换（这是交换 1 次的方案里面出现最多逆序对的），然后进行第 2 次交换，显然第 1 次交换过的元素，我们不能再采纳它来交换，如果重复用第 1 次交换的元素，将比另取 2 个新元素增加的逆序对贡献少（可以数一数，提示：估计计算，如果有重复元素，增加的逆序对数为常数，而没有重复的，增加的逆序对数与 n 有关，且成一定倍数）。

由此找到解决办法：首尾交换，然后交换不断往中间逼近，给定交换的对数，算出逆序对总数。

由以上 5 个数交换 1 次的例子推出交换 2 次的情况显然不具有代表性（交换 2 次就到中间了）。

下面看 7 个数交换的例子，初始序列 1234567。

交换 1 次　7234561　　逆序对 11 = 6+1+1+1+1+1 对

交换 2 次　7634521　　逆序对 18 = 6+5+2+2+2+1 对

交换 3 次　7654321　　逆序对 21 = 6+5+4+3+2+1 对

在计算中可以发现规律，假设 n 个数进行 k 次交换（k 不超过 n 的一半）。

原：a_1，a_2，a_3，…，a_{n-2}，a_{n-1}，a_n

交换后：
$$\underbrace{a_n,\ a_{n-1},\ a_{n-2},\ \cdots,\ a_{n-k+1}}_{\substack{k\text{ 个}\\ ①}},\ \underbrace{a_{k+1},\ a_{k+2},\ \cdots,\ a_{n-k}}_{\substack{n-2k\text{ 个}\\ ②}},\ \underbrace{a_k,\ a_{k-1},\ \cdots,\ a_1}_{\substack{k\text{ 个}\\ ③}}$$

计算分为 3 部分。

part 1：对 a_n 而言，之后 $n-1$ 个元素都可与之组成逆序对，一直到 a_{n-k+1}。

part 2：中间 $n-2k$ 个元素分别与最后 k 个元素组成逆序对。

part 3：每个元素都可与其之后的元素组成逆序对。

sum = part 1 + part 2 + part 3（3 个部分贡献的逆序对）

$$= [\ (n-1)+(n-2)+\cdots+(n-\mathrm{k})\ ]+[\ (n-2k)\times k\ ]+[\ (k-1)+(k-2)+\cdots+1]$$

$$=(n-1+n-\mathrm{k})\times k/2+(n-2k)\times k+k\times(k-1)/2$$

$$=(n-1+n-\mathrm{k})\times k/2+(n-2k+n-k-1)\times k/2$$

以上讨论是在交换次数 k 不超过 n 的一半的前提下，而当 $k>n/2$ 时，交换 $n/2$ 次逆序对就已经达到最大值，k 再大也没有意义。所以可以定义一个变量 ans，取 k 与 $n/2$ 中较小值代入公式计算即可。

直接计算时间复杂度 O (1)。

ans = min (n/2, k);

res = (n−1 + (n−ans)) / 2 * ans + (n−2 * ans + n−ans−1) /2 * ans;

程序清单

```
#include<iostream>
using namespace std;
typedef long long ll;
int main(void)
{
     ll n,k;
     cin>>n>>k;
     ll res=0;
     ll ans=min(n/2,k);
     res=(n-1+(n-ans))/2*ans+(n-2*ans+n-ans-1)/2*ans;
     cout<<res<<endl;
     return 0;
}
```

例 8-7　Enduring Exodus

为了逃避恶作剧者的滑稽动作，农夫 John 放弃了他的农场，前往博维尼亚的另一侧。在旅途中，他和他的奶牛决定住在豪华的 Moo-dapest 酒店。酒店由排成一排的房间组成，其中一些被占用。

农夫 John 想为他和他的奶牛预订一套 k+1 的空房间。他希望保证奶牛尽可能地安全，因此他希望最小化从自己的房间到奶牛的房间的最大距离。房间 i 和 j 之间的距离定义为 $|j-i|$。通过计算此最小可能距离来帮助农夫 John 保护他的奶牛。

输入

第一行包含两个整数 n 和 k（$1\leqslant k<n\leqslant 100\ 000$），分别是酒店的房间数和与农夫 John 一起旅行的奶牛数。

第二行包含一个长度为 n 的字符串描述房间。如果第 i 个房间是空闲的，则字符串的第 i 个字符将为“0”；如果第 i 个房间被占用，则为“1”。确保该字符串至少有 k+1 个字符为“0”，因此至少有一种可能的选择，供农夫 John 和他的奶牛居住在 k+1 个房间中。

输出

打印农夫 John 的房间和距他最远的奶牛之间的最小距离。

样例输入	样例输出
7 2 0100100	2
5 1 01010	2
3 2 000	1

试题来源：CROC 2016-Elimination Round（Rated Unofficial Edition）

在线测试：codeforces 655C

试题解析

本题是最值最小或者最大问题，二分答案，然后直接暴力 check 即可。题目要求将农夫和他的 k 头奶牛安顿进酒店，要使得农夫与奶牛的最大距离最小，则可以想到先将农夫住的房间定下来，然后再往两边安排奶牛入住，再计算农夫与奶牛的最大距离，这可使其值最小。因此可以尝试（暴力）枚举所有为“0”的（空闲）位置。

计算最大距离的方法：定义一个数组 sum，确定好合适的边界（二分，具体看注释）以后，右边界 sum 值减去左边 sum 值便是中间空房间数量（前缀和）。使得空房间的数量等于 k+1 的范围半径 mid 值就是最大距离。

时间复杂度为 O ($n$log$n$)。

程序清单

```
#include<iostream>
#include<cstdio>
#include<cstring>
#include<algorithm>
#include<cmath>
#include<vector>
#include<map>
#include<stack>
#include<cstdlib>
#include<queue>
using namespace std;
typedef long long LL;
const LL mod=10;
const LL INF=1e9+7;
const int maxn=1e5+50;
int N,K;
char a[maxn];
int sum[maxn],ans;
void solve(int x)
```

```
{
    int l=0,r=ans;
    int tmp=-1;
    while(l<=r)
    {
        int mid=(l+r)>>1;            //mid 可以理解为以农夫为圆心的半径
                                     // 实际上就是一个有确定值边界的范围，但是不可越界
        int rr=min(x+mid,N);         // 右界（不可越界，用 N 约束界限）
        int ll=max(x-mid-1,0);       // 左界（不可越界，用 0 约束界限）
        if(sum[rr]-sum[ll]>=K+1)     // 左右界之间空房间的个数如果 >=K+1
        {
            tmp=mid;
            r=mid-1;
        }
        else l=mid+1;
// 以上步骤总结为：(1) 先确定一个范围半径 mid［初始值由（0 + N）/2 求得，是因为先使得它的范围
// 半径为总区间的一半，这可以平衡 x 为两端时的最坏情况处理次数］
//（2）判断 x+mid（事实上是 rr，右界）与 x-mid-1（事实上是 ll，左界）中间空房
// 间个数是否比 k+1 大
// ①如果比 k+1 大，则减小 mid（通过减小 r）
// ②如果比 k+1 小，则增大 mid（通过增大 l）
// ③当 l 与 r 相等使得 mid 达到一个合适的值，使得空房间数量为 k+1
// 结束 while
    }
    if(tmp !=-1)ans=min(ans,tmp);      //ans 保存枚举所有位置中最大距离的最小值
}
int main()
{
    scanf("%d%d",&N,&K);               // 房间数，奶牛数
    ans=N;                             // 最大
    sum[0]=0;
    scanf("%s",a+1);                   // 从下标 1 开始输入字符串便于数组 sum 统计
    for(int i=1;i<=N;i++)
    {                                  //sum[i] 表示到目前 i 位置（包含）空房间的数量
        if(a[i]=='0')sum[i]=sum[i-1]+1; // 如果是‘0’，则在原来基础上 +1
        else sum[i]=sum[i-1];          // 如果不是，则继承前一个位置的状态
    }
    for(int i=1;i<=N;i++)
    if(a[i]=='0')solve(i);             // 枚举农夫可能在的每一个位置
    printf("%d\n",ans);
    return 0;
}
```

例 8-8　Limak and Forgotten Tree 3

树是由 n 个顶点和 n-1 条边组成的连通无向图。将顶点从 1 到 n 进行编号。

Radewoosh 是 Limak 的邪恶敌人。Limak 曾经有一棵树，但 Radewoosh 偷了它。现在，Limak 很伤心，因为他对树的记忆已不清晰了，他只能告诉你三个值 n、d 和 h。

（1）树正好有 n 个顶点。

（2）树的直径为 d。即 d 是两个顶点之间的最大距离。

（3）Limak 还记得曾经将树植于顶点 1，之后其高度为 h。即 h 是顶点 1 和某些其他顶点之间的最大距离。

（4）树的两个顶点之间的距离是它们之间的简单路径上的边数。

帮助 Limak 恢复他的树。检查是否存在满足指定条件的树。找到任何这样的树，并以任意顺序打印其边缘。Limak 也有可能犯了一个错误，并且没有合适的树，在这种情况下，打印 -1。

输入

第一行包含三个整数 n、d 和 h（$2 \leqslant n \leqslant 100000$，$1 \leqslant h \leqslant d \leqslant n-1$），分别是生于顶点 1 之后的顶点数、直径和高度。

输出

如果没有与 Limak 记住的树匹配的树，则仅打印带有 -1 的行（不带引号）。否则，请描述与 Limak 描述匹配的任何树。打印 n-1 行，每行有两个以空格分隔的整数——由边连接的顶点的索引。如果有许多有效的树，则打印其中的任何一个。可以按任何顺序打印边缘。

样例输入	样例输出
5 3 2	1 2 1 3 3 4 3 5
8 5 2	-1
8 4 2	4 8 5 7 2 3 8 1 2 1 5 6 1 5

试题来源：VK Cup 2016-Round 1（Div.2 Edition）

在线测试：codeforces 658C

试题解析

题目要求构造一棵树，满足要求：（1）树的节点个数为 n；（2）树的直径（其中两点间的最大距离）为 d；（3）树的高度（根节点到其他点的最大距离）为 h。

两种情况下不存在树：一种是 $d>2h$ 时；一种是 d==1&&h==1&&$n>2$ 时。第一种显然不合理；第二种如果 d==1&&h==1，那么只能是 n==2，否则其他点都会造成 d 或 h 的改变。

我们构造树可以先生成最大深度的一条链，在此基础上把最大直径的链生成；其余的都和最大深度的节点的父节点相连接则满足要求。

程序清单

```
#include<bits/stdc++.h>
using namespace std;
int n,d,h;
int main()
{
    scanf("%d%d%d",&n,&d,&h);
    if(d>2*h||(h==1&&d==1&&n>2))cout<<"-1"<<"\n";    //这两种情况都不能构成树
    else
    {
        for(int i=1;i<=h;i++)
        printf("%d %d\n",i,i+1);                     //先构造深度为h的一条长链
        if(d==h)                                      //如果d==h，剩余节点不能挂在1
                                                      //上，也不能挂在链的尾端，因为这
                                                      //样会增加d或h
        {
            for(int i=h+2;i<=n;i++)                   //选择挂在链尾端的父节点上
            printf("%d %d\n",h,i);
        }
        else
        {
            cout<<"1"<<" "<<h+2<<"\n";                //根节点构造一条边
            for(int i=h+2;i<=d;i++)                   //在上一行基础上加长构造使得直径
                                                        为d
            printf("%d %d\n",i,i+1);
            for(int i=d+2;i<=n;i++)                   //剩余点挂在链尾的父节点上
            printf("%d %d\n",h,i);
        }
    }
    return 0;
}
```

例 8-9　Limak and Up-down

如果满足以下两个条件，则序列 t_1、t_2、…、t_n 被称为 nice。

（1）$t_i < t_i + 1$，每个奇数 $i < n$。

（2）$t_i > t_i + 1$，每个偶数 $i < n$。

例如，序列（2, 8）、（1, 5, 1）和（2, 5, 1, 100, 99, 120）为nice，而（1, 1）、（1, 2, 3）和（2, 5, 3, 2）不是。

Limak 具有一个正整数 t_1、t_2、…、t_n 的序列。此序列现在不是 nice，Limak 希望通过一次交换来解决。它将选择两个索引 $i < j$，并交换元素 t_i 和 t_j 以获得一个不错的序列。计算这样做的方法的

数量。如果交换选择的元素的索引不同，则认为是两种方法不同。

输入

第一行包含一个整数 n（$2 \leqslant n \leqslant 150\,000$）—— 序列的长度。

第二行包含 n 个整数 t_1、t_2、…、t_n（$1 \leqslant i \leqslant n$，$1 \leqslant t_i \leqslant 150\,000$）—— 初始序列。可以确保给定的顺序不是 nice。

输出

为了获得 nice 序列，而交换两个元素，做一次这样的交换有多少种方法，把方法数打印出来。

样例输入	样例输出
5 2 8 4 7 7	2
4 200 150 100 50	1
10 3 2 1 4 1 4 1 4 1 4	8
9 1 2 3 4 5 6 7 8 9	0

试题来源：IndiaHacks 2016-Online Edition（Div.1 + Div.2）

在线测试：codeforces 653C

试题解析

找出所有不满足条件的点，显然交换的目的是将"不满足条件的点"变为"满足条件"，那么交换的点一定有一个是不满足条件的点和它的邻接点，取第一个不满足条件的点，与其他的点交换，然后判断一下是否可以使得所有的点满足条件，即只判断一下原先不满足条件的点和交换的点是否满足条件即可。

如果不满足条件的点多于 4 个，那么交换一次肯定是不可以的。因为交换一次最多影响包括交换的两个点在内的 6 个点之间的 4 对关系。如（$a_1, a_2, a_3, a_4, a_5, a_6$），交换 a_2 和 a_5，受影响的关系对有（a_1, a_2），（a_2, a_3），（a_4, a_5）和（a_5, a_6）。

示例 1：2　1　2　3　4　3

这里有 4 个错误，不是 nice，直接交换 1 和 4，成为 nice 序列：2　4　2　3　1　3。

示例 2：2　1　4　3　4　3

这里有 5 个错误，最少是 6 个数之间的问题，无论如何交换操作，都是不行的。

示例 3：2　$\underline{1}$　4　5　3　$\underline{2}$　$\underline{3}$　2

这里也有 5 个错误，最少是 3 个数的问题。

示例 4：4　1　2　3　6　5

有 4 个错误，分别是 4 1 3 6，通过交换 1 和 6，成为 nice 序列：4 6 2 3 1 5。

示例 5：4 1 2 3 6 5 7

有 5 个错误，无论怎么操作，都无法使得这个序列变为 nice 序列。

换一个角度来看，通过以上示例，发现 1 个数可以影响前面和这个数、后面和这个数之间两对关系，即 a_i 如果变了，则影响了（a_{i-1}, a_i）和（a_i, a_{i+1}）这两对关系。交换时，是换两个数，那么最多影响 4 对关系。而题目规定只能做一次交换操作，所以超过 4 个错误就无解。

程序清单

```
#include<bits/stdc++.h>
using namespace std;
const int N=1500009;
int t[N],n;
bool ok(int i)
{ // 检验 i 这个位置的元素是否符合题设 nice 条件
  // 即 i 为奇数时：t[i]<t[i+1]；i 为偶数时：t[i]>t[i+1]；
     if(i<1||i>=n)return 1;
     if((i&1)&&t[i]>=t[i+1])return 0;   // 如果 i 是奇数，则它比后面的大，检验不通过
     if(!(i&1)&&t[i]<=t[i+1])return 0;  // 如果 i 是偶数，则它比后面的小，检验不通过
     return 1;                          // 检验通过，i 这个位置符合题设 nice 的条件
}
vector<int>bd;  //vector 是 STL 的向量容器
bool check(int a,int b)
{ // 交换 a 和 b 两处元素，检查不符合要求的 bd 中的所有元素（最多 4 个）是否都能通过检验
  // 还要检查 a、a-1、b 和 b-1 4 处检验是否通过
       bool flag=1;
       swap(t[a],t[b]);   // 交换 a 和 b 两处的元素
       for(int i=0;i<bd.size();i++)if(!ok(bd[i]))flag=0;      // 如果有一处 i 检验不通过，
                                                               // 则 flag 就等于 0
      if(!ok(a)||!ok(a-1)||!ok(b)||!ok(b-1))flag=0;           // 如果这 4 处有一个检验不
                                                               // 通过，则 flag 就等于 0
      swap(t[a],t[b]);    // 通过再次交换 a 和 b 两处元素，而还原
      return flag;
// 详细解释：a、b 两处交换，那么这两处要检验，很好理解
// a 处变化，显然它前面的元素的 nice 属性也受影响，a-1 处也要检验
// 同样 b 处变化，它前面的元素的 nice 属性也跟着受影响，所以 b-1 处也要检验
// 若还不明白，请回到题设，为了检验 t[i] 的 nice 属性，试比较 t[i] 与 t[i+1]
// 所以某处（i+1）的元素变了，影响的是它左边 i 的 nice 属性，它原来是 nice，现在未必是
// 也可能继续是，它原来不是 nice，现在也可能是，也可能不是，这就需要重新用 OK
// 函数来判别
}
int main()
{
      scanf("%d",&n);
      for(int i=1;i<=n;i++)scanf("%d",&t[i]);
      for(int i=1;i<n;i++)if(!ok(i))bd.push_back(i);  // 如果 i 不能通过检验，则把 i 存放在
```

```
                                                        // bd 中
                                                        // 不满足条件的点全都存放在 bd 中
    if(bd.size()>4){                                    // 如果不符合条件的点超过 4 个，那
                                                        // 就不必找了
        printf("0\n");return 0;
    }
    int x=bd[0];                                        // 不满足的第一处放在 x 里
    int ans=0;                                          // 解答数量初值设为 0
    for(int i=1;i<=n;i++)if(check(i,x))ans++;           // 如果 x 与 i 交换能符合条件，那么
                                                        // 解答数量增加
    for(int i=1;i<=n;i++)if(check(i,x+1))ans++;         // 如果 x+1 与 i 交换能符合条件，那
                                                        // 么解答数量增加
    if(check(x,x+1))ans--;      // x 与 x+1 交换能符合条件，上面两个 for 循环重复增加了数量
                                // 所以此处要核减
    // 分析上面两个 for，i 不满足条件，把 i 换掉，也许就成为 nice
    // 把 i+1 换掉，也有可能解决问题，成为 nice
    printf("%d\n",ans);         // 输出 ans
    return 0;
}
```

训练攻略

数据训练是很重要的，当一时想不出什么好的方法来解决问题，没有思路，也推理不出公式或规律时，读者可以通过举例把一般的数据情况例举出来，把边界的数据也例举出来，通过观察数据，能够找出规律，找出问题的关键。再通过编写程序验证思路。最后还可以尝试去推理及证明。

例 8-10 Foe Pairs

有一个长度为 n 的排列 p，其中有 m 对敌人（a_i, b_i）（$1 \leqslant a_i, b_i \leqslant n, a_i \neq b_i$）。

你的任务是对不同的区间 $[x, y]$ 计数（$1 \leqslant x \leqslant y \leqslant n$），它们不包含任何敌人对。因此，包含至少一个敌人对的区间 $[x, y]$ 不会被计数进来（敌人对的位置和值的顺序并不重要）。

例如：p =（1, 3, 2, 4），有敌人对 {(3, 2), (4, 2)}。区间 [1, 3] 是不正确的，因为它包含一个敌人对 (3, 2)。区间 [1, 4] 也是不正确的，因为它包含两个敌人对 (3, 2) 和 (4, 2)。但是区间 [1, 2] 是正确的，因为它不包含任何敌人对，正确的计数才被统计。

输入

第一行包含两个正整数 n、m，分别表示排列的长度和敌人对的数目；第二行给出排列具体的 n 个数；第 3～3 + m 行，每行给出一个数对。

输出

不包含任意敌人对的区间个数。

样例输入	样例输出
4 2 1 3 2 4 3 2 2 4	5
9 5 9 7 2 3 1 4 6 5 8 1 6 4 5 2 7 7 2 2 7	20

在线测试：codeforces 652C

试题解析

用一个数组 f [] 记录每个位置可以延伸的最大右端点。这样可以根据数组 f [] 遍历每个位置 i，计算以 i 为左区间而不包含任意敌人对的区间个数，达到计算全部区间的效果。

先对每个数对的所在左区间更新可达最大右端点。

再从后往前更新一次，使得左边点的延伸最大右端点一定是小于等于任意右边点的延伸最大右端点，使得中间不包含任意数对。

最后遍历计算所有区间。

程序清单

```
#include<iostream>
#include<algorithm>
#include<cstdio>
#include<cstring>
#include<queue>
#define inf 0x3f3f3f3f
using namespace std;
typedef long long ll;
const int maxn=3e5+100;
int f[maxn],p[maxn];
int main()
{
     int n,m,x,y;
     scanf("%d%d",&n,&m);
     for(int i=1;i<=;i++)
     {
         scanf("%d",&x);
         f[i]=n;   //初始化可延伸右端点为n，初始化认为[i,n]区间里尚没有敌人对
```

```
            p[x]=i;                    // 记录每个数的位置
        }
        for(int i=1;i<=m;i++)
        {
            scanf("%d%d",&x,&y);
            int l=min(p[x],p[y]);   // 得到每个敌人对的区间的左右
            int r=max(p[x],p[y]);
            f[l]=min(f[l],r-1);     // 记录每个左端点可达最大延伸右端点
           //l 到 r 是不可能的，因为包含了敌人对（l,r），至少要把 r 往左挪一位
           // 所以最大的区间 [l,r-1] 可能不含敌人对
        }
        for(int i=n-1;i>=1;i--)
        {
            f[i]=min(f[i],f[i+1]); // 更新每个位置的可达最大右端点
           //[i,f[i]] 区间进一步收紧，它里面如果包含了区间 [i+1,f[i+1]]，即 f[i+1] 在 f[i] 的
           // 左边，那么区间  [f[i+1],f[i]] 一定是含有敌人对的
           // 这时区间收紧为更小的区间 [i,f[i+1]]
           // 另一种情形，f[i+1] 在 f[i] 的右边，那么 [i,f[i]] 区间保持不变，f[i] 不变
           // 注意这里 for 循环的顺序，从 i 为 n-1 开始，从右往左推进
        }
           // 以上把所有最大区间都计算出来，对每个 i，都有对应的 f[i]，使得
           // 区间 [i,f[i]] 上没有敌人对
           // 对每个区间 [i,f[i]]，其含有的小的区间的数量当然就是 f[i]-i+1
           // 如 [1,4]，固定左端点 1，里面就有 [1,2]、[1,3] 和 [1,4] 三个区间，4-1+1=3
           // 就是下面 for 循环里面的 f[i]-i+1
           ll ans=0;
           for(int i=1;i<=n;i++)
               ans+=f[i]-i+1;// 计算以 i 为左区间，可以不包含任意数对的区间个数
           printf("%lld\n",ans);
    }
```

例 8-11 Gabriel and Caterpillar

有一只小虫刚开始在 h_1 的高度，有个苹果在 h_2 的高度，已知其白天每小时爬 a 个高度，夜晚每小时滑落 b 个高度（$1 \leqslant h_1 < h_2 \leqslant 105$）（$1 \leqslant a, b \leqslant 105$）。并且规定白天时间是上午 10 点到晚上 10 点。有个小孩第一天下午 2 点下课发现这只小虫，他想看到小虫吃到苹果的场景，问他等待几天能看到小虫吃到苹果？如果看不到输出 -1。

输入

第一行包含两个正整数 h_1、h_2，分别表示小虫的位置和苹果的位置；第二行给出两个正整数 a、b，分别是小虫白天每小时爬的高度和晚上每小时掉落的高度。

输出

输出小孩等待几天可以看见小虫吃到苹果，看不到输出 -1。

样例输入	样例输出
10 30 2 1	1
10 13 1 1	0
10 19 1 2	-1

提示

在第一个样例中，从下午 2 点开始到晚上 10 点一共 8 个小时，小虫向上爬了 16 个高度，原本在高度 10，那么此时小虫爬到高度 26。再到在第二天上午 10 点，夜间的 12 个小时，它下降了 12 个高度，此时它落在了 14 高度，再过了 8 个小时，到了下午 6 点，此时它又往上爬了 16 个高度，也就是到达了高度 30，吃到了苹果。所以小孩第二天，即等待了 1 天，看到小虫吃到苹果。

在线测试：codeforeces 652A

试题解析

第一天从下午 2 点开始算起，以后都是从上午 10 点开始，模拟即可。

程序清单

```
#include<iostream>
#include<algorithm>
#include<cstdio>
#include<cstring>
#include<queue>
#include<map>
using namespace std;
typedef long long ll;
const int inf=0x3f3f3f3f;
const int maxm=2e5+100;
int main()
{    int h1,h2,a,b,h,time;
     while(cin>>h1>>h2>>a>>b)
     {
           time=0;                  //等待天数
           h=h1+8*a;                //模拟第一天虫爬了 8 个小时，从下午 2 点到晚上 10 点
           if (h<h2&&a<=b)          //永远看不到小虫吃到苹果的情况
               time=-1;
           else
           {
               while(1)             //模拟每一天
               {
                     if(h>=h2)      //吃到苹果
```

```
                    break;
                h-=12*b;    //晚上
                h+=12*a;    //白天
                time++;
            }
        }
        printf("%d\n",time);
    }
    return 0;
}
```

第9章　递　　推

递推算法是一种用若干步可重复运算来描述复杂问题的方法。递推是序列计算中的一种常用算法。通常是通过计算前面的一些项来得出序列中的指定项的值。逐步推算出要解决的问题的方法。

逆推法从已知问题的结果出发，用迭代表达式逐步推算出问题的开始的条件，即顺推法的逆过程，称为逆推。

例 9-1　超级楼梯

有一个楼梯共 M 级台阶，刚开始时你在第 1 级，若每次只能跨上 1 级或 2 级，要走上第 M 级，共有多少种走法？

输入

首先包含一个整数 N，表示测试实例的个数，然后是 N 行数据，每行包含一个整数 M（$1 \leqslant M \leqslant 40$），表示楼梯的级数。

输出

对于每个测试实例，请输出不同走法的数量。

样例输入	样例输出
2 2 3	1 2

在线测试：hdu 2041

试题解析

站在第 4 级台阶上看，可以是从第 2 级跨上来的，也可以是从第 3 级跨上来的。定义到达第 i 级的走法总数是 $f(i)$，那么 $f(4)=f(2)+f(3)$，得出递推公式

$$f(i)=f(i-1)+f(i-2)$$

程序清单

```
#include<stdio.h>
int main()
{
     __int64 da[51],i,n,T;
     da[1]=0;       //前 3 级给予初值
     da[2]=1;       //到达第 2 级台阶，有 1 种走法
     da[3]=2;       //到达第 3 级台阶，有 2 种走法
     for(i=4;i<=40;i++)
```

```
            da[i]=da[i-1]+da[i-2];
        scanf("%I64d",&T);
        while(T--)
        {
            scanf("%I64d",&n);
            printf("%I64d\n",da[n]);
        }
    }
```

例 9-2 蟠桃记

喜欢《西游记》的同学肯定都知道孙悟空偷吃蟠桃的故事，你们一定都觉得这猴子太闹腾了，其实你们有所不知：孙悟空是在研究一个数学问题。

什么问题？他研究的问题是蟠桃一共有多少个。

当时的情况是这样的：第 1 天，孙悟空吃掉桃子总数一半多 1 个，第 2 天，又将剩下的蟠桃吃掉一半多 1 个，以后每天吃掉前一天剩下的一半多 1 个，到第 n 天准备吃的时候，只剩下 1 个蟠桃。聪明的你，请为他算一下，孙悟空第 1 天开始吃的时候，蟠桃一共有多少个？

输入

输入数据有多组，每组占一行，包含 1 个正整数 n（$1<n<30$），表示只剩下 1 个蟠桃的时候是在第 n 天发生的。

输出

对于每组输入数据，输出第 1 天开始吃的时候蟠桃的总数，每个测试样例占一行。

样例输入	样例输出
2 4	4 22

在线测试：hdu 2013

试题解析

题中说“每天吃掉前一天剩下的一半多 1 个”，那么某天蟠桃数是第二天蟠桃数加 1 后的 2 倍。于是有递推公式：

$$x_1 = (x_2+1)\times 2$$

根据最后一天蟠桃数 1 个，推算出前一天的蟠桃数是 4 个，再往前推算出每一天的蟠桃数，推算到第 n-1 次，就能够把第一天的蟠桃数求出来。

程序清单

```
#include<iostream>
using namespace std;
```

```
int main()
{
     int x1,x2,n;
     while(cin>>n)
     {
          x2=1;
          if(n>1 && n<30)
          {
               for(int i=1;i<n;i++)
               {
                    x1=(x2+1)*2;          //第1天的蟠桃数是第2天蟠桃数加1后的2倍
                    x2=x1;
               }
               cout<<x1<<endl;
          }
     }
     return 0;
}
```

例9-3 不容易系列之一——徐老汉卖羊

你活得不容易，我活得不容易，他活得也不容易。不过，如果你看了下面的故事，就会知道，有位老汉比你们都不容易。

某村的徐老汉（名字叫徐东海，简称XDH）这两年辛辛苦苦养了不少羊，到了今年夏天，由于众所周知的高温干旱，实在没办法解决牲畜的饮水问题，就决定把这些羊都赶到集市去卖。从村子到交易地点要经过N个收费站，按说这些收费站和徐老汉没什么关系，但是事实却令徐老汉欲哭无泪：

（镜头回放）

近景：老汉，一群羊。

远景：公路，收费站。

……

收费员（彬彬有礼＋职业微笑）："老同志，请交过路费！"

徐老汉（愕然，反应迟钝状）："锅，锅，锅，锅炉费？我家不烧锅炉呀？"

收费员（职业微笑依然）："老同志，我说的是过——路——费，就是你的羊要过这个路口必须交费，明白了吗？"

徐老汉（近镜头10秒，嘴巴张开）："我，我，我知道汽车过路要收费，这羊也要收费呀？"

收费员（居高临下＋不解状）："老同志，你怎么就不明白呢，那么我问你，汽车几个轮子？"

徐老汉（稍放松）："这个我知道，今天在家里我孙子还问我这个问题，4个！"

收费员（生气，站起）："嘿！老人家，你还骂人不带脏字，既然知道汽车4个轮子，难道就不知道这羊有几条腿吗？！"

徐老汉（尴尬，依然不解状）："也，也，也是4个呀，这有关系吗？"

收费员（生气，站起）：“怎么没关系！我们领导说了，只要是 4 条腿的都要收费！”

……

（画外音）

由于徐老汉没钱，收费员就将他的羊拿走一半，看到徐老汉泪水涟涟，犹豫了一下，又还给徐老汉一只。巧合的是，后面每过一个收费站，都是拿走当时羊的一半，然后退还一只，等到徐老汉到达市场，就只剩下 3 只羊。

你，当代有良知的青年，能帮忙算一下徐老汉最初有多少只羊吗？

输入

第一行是一个整数 N，下面由 N 行组成，每行包含一个整数 a（$0<a\leqslant30$），表示收费站的数量。

输出

对于每个测试样例，请输出最初的羊的数量，每个测试样例的输出占一行。

样例输入	样例输出
2 1 2	4 6

在线测试：hdu 2042

试题解析

与例 9-2 题一样，请读者自行推导。

程序清单

```
#include<iostream>
using namespace std;
int main()
{
      int t,N,sum;
      cin>>t;
      while(t--)
      {
            sum=3;
            cin>>N;
            while(N>0)
            {
                  sum=(sum-1)*2;     // 前一天的羊是后一天的两倍少一只
                  N--;
            }
```

```
        cout<<sum<<endl;

    }
    return 0;
}
```

例 9-4 一只小蜜蜂

一只经过训练的蜜蜂只能爬向右侧相邻的蜂房，不能反向爬行。请编程计算蜜蜂从蜂房 a 爬到蜂房 b 的可能路线数。

其中，蜂房的结构如图 9-1 所示。

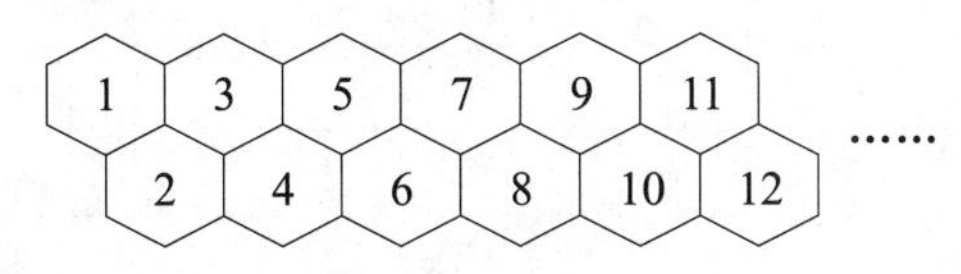

图 9-1 蜂房的结构

输入

第一行是一个整数 n，表示测试样例的个数，然后是 n 行数据，每行包含两个整数 a 和 b（$0<a<b<50$）。

输出

对于每个测试样例，请输出蜜蜂从蜂房 a 爬到蜂房 b 的可能路线数，每个样例的输出占一行。

样例输入	样例输出
2 1 2 3 6	1 3

在线测试：hdu 2044

试题解析

不失一般性，考察 3→8，相当于求 1→6，令 $f(i,j)$ 为从 i 走到 j 的种类数。那么有：

$$f(n,m)=f(1,m-n+1) \tag{9-1}$$

由题意“能爬向右侧相邻的蜂房”，看出 6 是从 5 或 4 爬来的，所以

$$f(1,6)=f(1,5)+f(1,4)$$

得出公式：

$$f(1,i)=f(1,i-1)+f(1,i-2) \tag{9-2}$$

令 $f(1,i-1)=a[i]$

$$a[1]=1,\ a[i]=a[i-1]+a[i-2] \tag{9-3}$$

最终：$f(n,m)=f(1,m-n+1)=a[m-n]$ （9-4）

式（9-1）和式（9-2）是本题的关键点所在。

根据以上各式，逐步填写表 9-1，式（9-3）和式（9-4）是编码所需要的公式。

表 9-1 状态表

任务	式（9-3）和式（9-4）							式（9-1）和式（9-2）运算过程和结果
	i	0	1	2	3	4	5	
	a[*i*]=a[*i*−1]+a[*i*−2]	0	1	2	3	5	8	
1→2	a[2−1]=a[1]		1					1、2；（1 种）
1→3	a[3−1]=a[2]			2				1、3；1、2、3；（2 种）
3→5	a[5−3]=a[2]			2				3、5；3、4、5；（2 种）
3→6	a[6−3]=a[3]				3			3、4、6；3、5、6；3、4、5、6；（3 种）
1→4	a[4−1]=a[3]				3			（1→2 +1→3）=1、2；1、3；1、2、3；（3 种）
1→5	a[5−1]=a[4]					5		（1→3 +1→4）=（2 种）+（3 种）=（5 种）
3→8	a[8−3]=a[5]						8	=（1→6）=（1→4 +1→5）=（3 种）+（5 种）=（8 种）

程序清单

```
#include<stdio.h>
int main()
{
    __int64 a[50];
    __int64 n,i,m,T;
    a[1]=1;
    a[2]=2;
    for(i=3;i<50;i++)
    {
        a[i]=a[i-1]+a[i-2];           //式（9-3）
    }
        scanf("%I64d",&T);
    while(T--)
    {
        scanf("%I64d %I64d",&n,&m);
        printf("%I64d\n",a[m-n]);     //式（9-4）
    }
}
```

例 9-5 沙漏下沙的沙子有多少

假定一个字符串由 *m* 个 H 和 *n* 个 D 组成。如果将这个字符串从左向右遍历，H 的个数总是大于等于 D 的个数，则称这个字符串满足条件。求满足条件的字符串能有多少种。

输入

输入数据包含多个测试样例，每个占一行，由两个整数 m 和 n 组成，m 和 n 分别表示字符串中 H 和 D 的个数。给定的数据范围是（$1 \leqslant n \leqslant m \leqslant 20$）。

输出

输出一行表示正确答案。

样例输入	样例输出
1 1 3 1	1 3

试题来源：HDU 2006-4 Programming Contest

在线测试：HDU-1267

试题解析

可以用一个二维数组表示最终答案，dp[i][j] 表示当字符串中有 i 个 H 和 j 个 D 时符合条件的字符串的个数。很明显，只有当 $i>j$ 时 dp[i][j] 才有解。

当 $m=1$，$n=1$ 时，符合条件的字符串为 HD。

当 $m=3$，$n=1$ 时，符合条件的字符串为 HDHH、HHDH 和 HHHD。

当 $m=2$，$n=2$ 时，符合条件的字符串为 HHDD 和 HDHD。

如果要求 $m=3$，$n=2$ 时的解，可以通过以下方法获得：

（1）可以直接在 $m=2$，$n=2$ 时的解后面加上一个 H。原本就符合条件，加上一个 H 后肯定也符合条件。

（2）也可以在 $m=3$，$n=1$ 时的解后面加一个 D。加一个 D 不会出现 H 的个数大于 D 的个数的情况。

因此就有 dp[3][2] = dp[3][1] + dp[2][2]。递推此式可以得到：

$$dp[i][j] = dp[i-1][j] + dp[i][j-1]\ (i \geqslant j)$$

递推式很容易证明，假设现在 1 字符串有 i 个 H 和 j 个 D，此时在后面加上一个 H 肯定是符合条件的，会得到一个包含 i+1 个 H 和 j 个 D 的符合条件的字符串，那么，同样可以在包含 i+1 个 H 和 j-1 个 D 的字符串后面加上一个 D 来形成上述字符串。则有 dp[i+1][j]=dp[i][j]+dp[i+1][j-1]。但是可能存在 i+1 等于 j，那么就有 $i<j$，这种情况下永远没有解，对最终结果也没有影响。

若 j==0，无论 i 是多少都只有一个答案，即 H、HH、HHH……

既然可以在“m=2，n=2”的字符串后面加上 H，就不能把 H 加在最前面吗？如 HHDD 的前面加 1 个 H，成为 HHHDD，这也是符合扫描过程中 H 一直比 D 多的情况，那岂不是有遗漏？继续看 HHHDD，也可以看成 HHHD 后面加上 D，即“m=3，n=1”的字符串后面加上 D，这样就重复了，所以并没有遗漏，读者可以自己把各种情形都列举出来，然后就能明白其中的道理。

这个递推式 dp[i][j] = dp[i−1][j] + dp[i][j−1] 已经看懂也接受了，但问题是怎么才能想到这样的递推式呢？笔者认为，这就是熟能生巧的过程，这样的递推式我们会在后面了解，一般可以称作动态规划转移方程式，通过大量的思维训练和编码练习，才能很灵活地运用动态规划（Dynamic Programming，DP）思想。

程序清单

```
#inclucle<iostream>
#include<string.h>
using namespace std;
const int maxn=1e6+10;
typedef long long ll;
int main()
{
long long dp[25][25];
   int m,n;
   memset(dp,0,sizeof(dp));
   for(int i=1;i<=20;i++)dp[i][0]=1;      //初始化
   for(int i=1;i<=20;i++){                //先把所有的解都求出来，后面直接使用
       for(int j=1;j<=i;j++){             // j>i 时没有解，只用求 j<=i 的情况即可
            dp[i][j]=dp[i][j-1]+dp[i-1][j];
       }
   }
   while(cin>>m>>n){
      cout<<dp[m][n]<<endl;
   }
return 0;
}
```

训练攻略

穷举数据是很重要的基本功，递推式往往需要从 n=1 开始，不断列举出 n=1，n=2…… 的数据出来，直到能够看清规律为止。后面几个题，读者都可以先尝试自己先列举和推导，再看本书的论述。

例 9-6　汉诺塔 II

经典的汉诺塔问题经常被用作一个递归的经典例题。可能有人并不知道汉诺塔问题的典故。汉诺塔来源于印度传说中的一个故事。上帝创造世界时做了三根金刚石柱子，在一根柱子上从下往上按大小顺序摞着 64 片黄金圆盘。上帝命令婆罗门把圆盘从下面开始按大小顺序重新摆放在另一根柱子上。并且规定，在小圆盘上不能放大圆盘，在三根柱子之间一次只能移动一片圆盘。有预言说，这件事完成时，宇宙会在一瞬间闪电式毁灭。也有人相信婆罗门至今仍在一刻不停地搬动着圆盘。当然，这个传说并不可信，如今汉诺塔更多的是作为一个玩具存在。Gardon 就收到了一个汉诺塔玩具作为生日礼物。

Gardon 是个怕麻烦的人（就是爱偷懒的人），很显然，将 64 片圆盘逐一搬动，直到所有的盘子都到达第三根柱子上，很困难，所以 Gardon 找来一根一模一样的柱子，通过这个柱子来更快地把所有的盘子移到第三根柱子上。下面的问题就是：当 Gardon 在一次游戏中使用了 N 个盘子时，他需要移动多少次，才能把它们都移到第三根柱子上？很显然，在没有第四根柱子时，问题的解是 2^N-1，但现在有这根柱子的帮助，又该是多少呢？

输入

包含多组数据，每个数据一行，是盘子的数目 n（$1 \leqslant n \leqslant 64$）。

输出

对于每组数据，输出一个数，到达目标需要的最少的移动数。

样例输入	样例输出
1 3 12	1 5 81

试题来源：Gardon-DYGG Contest 2

在线测试：hdu 1207

试题解析

本题相当于 4 根柱子的汉诺塔。普通汉诺塔的规律是：2^x-1（https://baike.baidu.com/item/ 汉诺塔 /3468295?fr=aladdin，百度百科“汉诺塔”里面详细解释了此规律）。此题也可用分析普通汉诺塔的方法进行分析。假设移动 x 片圆盘需要的步数是 dp[x]，4 根柱子分别表示为 a、b、c 和 d。初始有 dp[1]=1，dp[2]=3。

现在需求 dp[n]，因此可以通过以下操作来实现。

（1）将 x 片圆盘通过 b 和 d 移动到 c，需要 dp[x] 步（$1 \leqslant x \leqslant n$）。

（2）将剩下的 $n-x$ 片圆盘通过 b 移动到 d，需要 $2^{(n-x)}-1$ 步（此步不能通过 c，因为 c 上的圆盘都比要移动的圆盘小）。

（3）通过 a 和 b 将 c 上的圆盘移动到 d，需要 dp[x] 步。

因此，dp[n]=2*dp[x]+$2^{(n-x)}-1$（$1 \leqslant x \leqslant n$）。

只要循环 x 求出 dp[n] 的最小值即可。

程序清单

```
#include<iostream>
#include<string.h>
#include<math.h>
using namespace std;
const int maxn=1e6+10;
typedef long long ll;
const int inf=99999999;
```

```
int main()
{
    int dp[100];
    int m,n;
    memset(dp,0,sizeof(dp));
    dp[1]=1,dp[2]=3;
    for(int i=3;i<65;i++){
        int y=inf;
        for(int x=1;x<i;x++){ //循环求出最小值
            if(y>2*dp[x]+pow(2.0,i-x)-1)y=2*dp[x]+pow(2.0,i-x)-1;
            // dp[n]=2*dp[x]+2^(n-x)-1
        }
        dp[i]=y;
    }
    while(cin>>n){
       cout<<dp[n]<<endl;
    }
    return 0;
}
```

例 9-7 不容易系列之二——LELE 的 RPG 难题

人称"AC 女之杀手"的超级偶像 LELE 最近忽然玩起了深沉，这可急坏了众多 Cole（LELE 的粉丝，即"可乐"），经过多方打探，某资深 Cole 终于知道了原因，原来，LELE 最近研究起了著名的 RPG 难题。

有排成一行的 n 个方格，用红（Red）、粉（Pink）和绿（Green）三色涂每个格子，每格涂一个颜色，要求任何相邻的方格不能同色，且首尾两格也不同色，求全部的满足要求的涂法。

以上就是著名的 RPG 难题。

如果你是 Cole，我想你一定会想尽办法帮助 LELE 解决这个问题的；如果不是，那么看在众多漂亮的痛不欲生的 Cole 的面子上，你也不会袖手旁观吧？

输入

输入数据包含多个测试样例，每个测试样例占一行，由一个整数 n 组成（$0<n\leqslant 50$）。

输出

对于每个测试样例，请输出全部的满足要求的涂法，每个样例的输出占一行。

样例输入	样例输出
1 2	3 6

试题来源：递推求解专题练习（For Beginner）

在线测试：hdu 2045

试题解析

可以把涂色序列看作字符串，满足条件的字符串要满足相邻位置的字符不相同（条件 1），并且首尾字符不同（条件2）。

当n=1时，解为R、P、G。

当n=2时，可以在n=1时的字符串后面加一个字符得到。

（1）在R后面可以加P和G，但是不能加R，如RP、RG。

（2）在P后面可以加R和G，但是不能加P，如PR、PG。

（3）在G后面可以加P和R，但是不能加G，如GR、GP。

所以总共n=2时有6组解。

当n=3时，由于n=2时的字符串已经包含两个不同的字符，第3个还要和两个不同的都不一样，只剩下一种选择。例如，RP不能选R违反条件2，也不能选P违反条件1。因此n=3时也只有6组解。

当n=4时，可以直接在n=3的字符串即后面加一个字符，也只有一个字符可供选择。但是，这时候n=3的尾部就已经不是尾部了，即如果n=3时的字符串违反条件2，再加一个字符，可能就是一个正确的答案，如RPR，这个字符串是违反条件2的，但是如果加一个字符，那么结尾R就不是结尾字符。即符合条件的。如RPRG或者RPRP。因此后面加的这个字符和头部字符不相同，和它前面的字符也不相同。但是这两个字符是相同的，即添加的这一个有两种选择。因此就有a[4]=a[3]+2 * a[2]。

可以立即假设递推，也可以继续推导n=5、n=6时，最终会发现递推式a[i]=a[i−1]+2*a[i−2]（a[i]表示长度为i时符合条件的字符串的数目）。

可以采用数学归纳法来证明。

程序清单

```
#include<iostream>
using namespace std;
const int maxn=1e6+10;
typedef long long ll;
const int inf=99999999;
int main()
{
    ll a[78];
    a[1]=3,a[2]=6,a[3]=6;          //给出一些初值
    for(int i=4;i<=50;i++)
    {
       a[i]=a[i-1]+2*a[i-2];       //直接用递推式
    }
    int n;
    while(cin>>n){
         cout<<a[n]<<endl;
    }
return 0;
}
```

例 9-8 统计问题

在一个无限大的二维平面中，我们做以下假设：

（1）每次只能移动一格。

（2）不能往回走（假设你的目的地是“向上”，那么你可以向左走、可以向右走，也可以向上走，但是不可以向下走）。

（3）走过的格子立即塌陷，无法再走第二次。

求走 n 步不同的方案数（两种走法只要有一步不一样，即被认为是不同的方案）。

输入

首先给出一个正整数 C，表示有 C 组测试数据。

接下来的 C 行，每行包含一个整数 n（$n \leqslant 20$），表示要走 n 步。

输出

请编程输出走 n 步的不同方案总数；每组的输出占一行。

样例输入	样例输出
2 1 2	3 7

在线测试：hdu 2563

试题解析

当 n=1 时，只能走上、左和右，共三种方案，如图 9-2 所示。

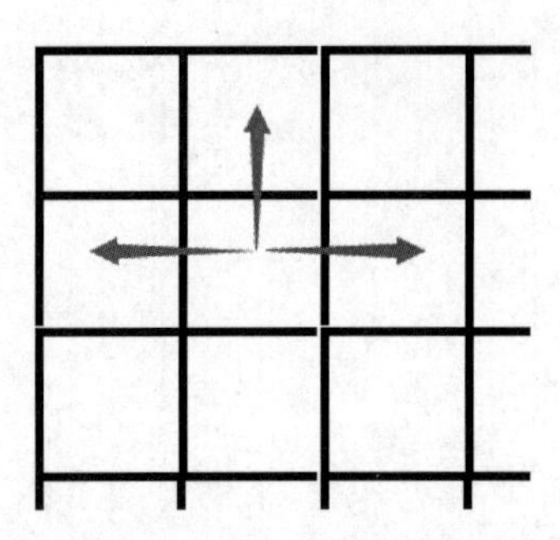

图 9-2 上、左和右方案

当 n=2 时，如果第 1 步向上走，第 2 步可以向左、向右或向上三种走法；如果第 1 步向左走，因为不能往回走，第 2 步可以向左或向上两种走法；如果第 1 步向右走，第 2 步可以向右或向上两种走法。所以，共有 3+2+2=7 种，如图 9-3 所示。

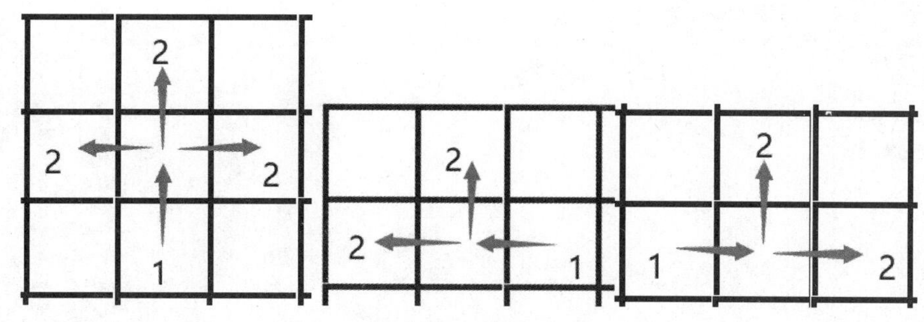

图 9-3　n=2 时的方案

可以用三个数组来表示：a[i] 表示第 i 步向上走时的方案数；b[i] 表示第 i 步向右走时的方案数；c[i] 表示第 i 步向左走时的方案数。

第 i-1 步向左、向右或者向上的时候，第 i 步能向上走。换言之，向上走的 a[i] 来自向上的 a[i-1]、向右的 b[i-1] 和向左的 c[i-1]，则有

$$a[i] = a[i-1] + b[i-1] + c[i-1]$$

第 i-1 步向左或向上时，第 i 步可以向左走。但是第 i-1 步向右走的时候，第 i 步就不能向左走，因为不能往回走，则有

$$b[i] = b[i-1] + a[i-1]$$

同理，有

$$c[i] = c[i-1] + a[i-1]$$

这样看来主问题就分成三部分。最后的答案就是 a[i] + b[i] + c[i]。

当 a[1] = b[1] = c[1]=1 时，表示第 1 步中向哪个方向都只有一种方案。

程序清单

```
#include<iostream>
using namespace std;
const int maxn=1e6+10;
typedef long long ll;
ll a[25],b[25],c[25];
int main()
{
std::ios::sync_with_stdio(false);
a[1]=b[1]=c[1]=1;
for(int i=2;i<=20;i++)
{
     a[i]=a[i-1]+b[i-1]+c[i-1];
     b[i]=b[i-1]+a[i-1];
     c[i]=c[i-1]+a[i-1];
}
int t;
```

```
cin>>t;
while(t--)
{
    int n;
    cin>>n;
    cout<<a[n]+b[n]+c[n]<<endl;
}
return 0;
}
```

训练攻略

有的读者可能会说，这个“统计问题”的题目并没有完全描述清楚各种走法，所以确实需要一些猜测，根据样例数据来推测，这往往是因为有些竞赛题会需要你细心的推导和一定的猜想。

第 10 章　贪心算法

贪心算法又称贪婪算法，是指在对问题求解时，总是做出在当前看来是最好的选择。即往往不从整体最优上加以考虑，所做出的是在某种意义上的局部最优解。

贪心算法不是对所有问题都能得到整体最优解，关键是贪心策略的选择。选择的贪心策略必须具备无后效性，即某个状态以前的过程不会影响以后的状态，只与当前状态有关。

下面介绍贪心算法的基本概念。

1. 基本要素

（1）贪心选择

贪心选择是指所求问题的整体最优解可以通过一系列局部最优的选择，即贪心选择来达到。这是贪心算法可行的第一个基本要素，也是贪心算法与动态规划算法的主要区别（后面的章节会讲解简单的动态规划）。贪心选择是采用从顶向下，以迭代的方法做出相继选择，每做一次贪心选择就将所求问题简化为一个规模更小的子问题。对于一个具体问题，要确定它是否具有贪心选择的性质，必须证明每一步所做的贪心选择最终能得到问题的最优解。通常可以首先证明问题的一个整体最优解，是从贪心选择开始的，而且做了贪心选择后，原问题简化为一个规模更小的类似子问题。然后，用数学归纳法证明，通过每一步贪心选择，最终可以得到问题的一个整体最优解。

（2）最优子结构

当一个问题的最优解包含其子问题的最优解时，称此问题具有最优子结构性质。运用贪心策略在每一次转化时都取得了最优解。问题的最优子结构性质是该问题可用贪心算法或动态规划算法求解的关键特征。贪心算法的每一次操作都对结果产生直接影响，而动态规划则不是。贪心算法对每个子问题的解决方案都做出选择，不能回退；动态规划则会根据以前的选择结果对当前进行选择，有回退功能。动态规划主要运用于二维或三维问题；而贪心一般是一维问题。

2. 基本思路

（1）思想

贪心算法的基本思路是从问题的某一个初始解出发，一步一步地进行，根据某个优化测度，每一步都要确保能获得局部最优解。每一步只考虑一个数据，它的选取应该满足局部优化的条件。若下一个数据和部分最优解连在一起不再可行解时，则不把该数据添加到部分解中，直到把所有数据枚举完，或者不能再添加算法为止。

（2）过程

① 建立数学模型来描述问题。

② 把求解的问题分成若干个子问题。

③ 对每一子问题求解，得到子问题的局部最优解。

④ 将子问题的解局部最优解合成原来解问题的一个解。

3. 算法特性

贪婪算法可解决的问题通常大部分都有以下的特性。

（1）随着算法的进行，将积累起其他两个集合：一个包含已经被考虑过并被选出的候选对象；另一个包含已经被考虑过但被丢弃的候选对象。

（2）用一个函数来检查一个候选对象的集合是否提供了问题的解答。该函数不考虑此时的解决方法是否最优。

（3）还有一个函数检查是否一个候选对象的集合是可行的，即是否可能往该集合上添加更多的候选对象以获得一个解。同（2）中的函数一样，此时不考虑解决方法的最优性。

（4）选择函数可以指出哪一个剩余的候选对象最有希望构成问题的解。

（5）目标函数给出解的值。

（6）为了解决问题，需要寻找一个构成解的候选对象集合，它可以优化目标函数，贪婪算法一步一步地进行。起初，算法选出的候选对象的集合为空。接下来的每一步中，根据选择函数、算法从剩余候选对象中选出最有希望构成解的对象。如果集合中加上该对象后不可行，那么该对象就被丢弃，并不再考虑；否则就加到集合里。每一次都扩充集合，并检查该集合是否构成解。如果贪婪算法正确工作，那么找到的第一个解通常是最优的。

注：来自百度百科。

例 10-1　发工资

发工资的日子对于学校财务处的工作人员来说是十分忙碌的一天，财务处的小胡老师最近就在考虑一个问题：如果每位老师的工资额都知道，最少需要准备多少张人民币，才能在给每位老师发工资的时候都不用老师找零呢？

这里假设老师的工资都是正整数，单位元，人民币一共有 100 元、50 元、10 元、5 元、2 元和 1 元 6 种。

输入

输入数据包含多个测试样例，每个测试样例的第一行是一个整数 n（$n<100$），表示老师的人数，然后是 n 位老师的工资。

n=0 表示输入的结束，不做处理。

输出

对于每个测试样例输出一个整数 x，表示至少需要准备的人民币张数。每个输出占一行。

样例输入	样例输出
3 1 2 3 0	4

在线测试：HDU2021

试题解析

本题是典型的贪心题目，我们考虑最少纸币数量，即每张纸币的面额尽可能大，所以从面额考虑，从大到小依次选出纸币，最后纸币数量的和为结果。

程序清单

```
#include<stdio.h>
int main()
{
    int n;
    while(scanf("%d",&n)!=EOF && n)
    {
        int ans=0;
        for(int i=1;i<=n;i++)
        {
            int val;
            scanf("%d",&val);
            ans += val/100;          // 100 元需要多少张
            val %= 100;              // 去掉那些 100 元后剩下的
            ans += val/50;           // 50 元需要多少张
            val %= 50;
            ans += val/10;           // 10 元需要多少张
            val %= 10;
            ans += val/5;            // 5 元需要多少张

            val %= 5;
            ans += val/2;            // 2 元需要多少张
            val %= 2;
            ans += val;              // 1 元需要多少张
        }
        printf("%d\n",ans);
    }
    return 0;
}
```

例 10-2　排队接水

有 n 个人在一个水龙头前排队接水，假如每个人接水的时间为 $t[i]$，请编程找出这 n 个人排队的一种顺序，使得 n 个人的平均等待时间最短。

注意：若两个人的等待时间相同，则序号小的优先。

输入

第一行为 n。

第二行到最后一行中，共有 n 个整数，分别表示第 1 个人到第 n 个人的接水时间 $t[1]$、$t[2]$、

$t[3]$、$t[4]$、…、$t[n]$，每个数据之间有一个空格或换行。

数据范围：$0<n\leqslant 900$，$0<t\leqslant 1000$。

输出

共两行，第一行为 1 种排队顺序，即 1～n 的 1 种排列；第二行为这种排列方案下的平均等待时间（保留到小数点后第 2 位）。

样例输入	样例输出
10 56 12 1 99 1000 234 33 55 99 812	3 2 7 8 1 4 9 6 10 5 291.90

在线测试：rqnoj 255

试题解析

该题需要保证平均等待的时间最短，就是每个人等待的时间总和除以人数，可以知道第 1 个人只需要等待自己打水的时间，第 2 个人需要等待前一个人的打水时间加上自己的，依次类推，可以知道后面的人要等待前面所有人的打水时间。为了保证平均等待时间最短，只需要把时间从小到大排序即可。

程序清单

```
#include<iostream>
#include<algorithm>
using namespace std;
int n,sum,sum1;
struct edge
{
     int t,w;
} edges[1005];
bool cmp(edge x,edge y)
{
     if(x.t!=y.t)  return x.t < y.t;
          else return x.w<y.w;          //按照接水时间从小到大排序
}
int main()
{
     cin>>n;
     sum=0,sum1=0;
     for(int i=1;i<=n;i++)
     {
          cin>>edges[i].t;                //输入该桶的接水时间
          edges[i].w=i;                   //将编号存储在 w 中
     }
     sort(edges+1,edges+1+n,cmp);         //按照接水时间排序
```

```
    cout<<edges[1].w;                    // 为控制空格，第一个单独输出
    for(int i=2;i<=n;i++)
    {
        cout<<" "<<edges[i].w;           // 两个之间有空格
        sum += edges[i-1].t;             // 从最开始到现在的等待时间
        sum1 += sum;                     // 现在将这个水桶需要等待的时间加到总时间里
    }
    cout<<endl;
    double ans=sum1/n;                   // 平均等待时间
    printf("%.2lf",ans);
    return 0;
}
```

例 10-3　Jerry's Trade

Jerry 准备了 M 磅的食物，准备和看守仓库的 Torn 交易，仓库里是 Jerry 最喜欢的食物 java 豆。仓库有 N 个房间，第 i 个房间有 J[i] 磅的 java 豆，需要 F[i] 磅的食物。Jerry 不必把房间里所有的 java 豆都换掉，如果他付了 F[i]*a% 磅食物的钱，就可能会得到 J[i]*a% 磅的 java 豆，a 是一个实数。现在把这项作业分配给你：告诉 Jerry 能得到的最大数量的 java 豆。

输入

输入由多个测试样例组成。每一个测试样例包含两个非负整数 M 和 N，接着是 N 行，每行分别包含两个非负整数 J[i] 和 F[i]。最后一个测试样例是两个 -1。所有整数都不大于 1000。

输出

对于每个测试样例，在单行中打印一个实数，精确到小数点后 3 位，这是 Jerry 可以获得的最大数量的 java 豆。

样例输入	样例输出
5 3 7 2 4 3 5 2 20 3 25 18 24 15 15 10 -1 -1	13.333 31.500

试题来源：ZJCPC 2004

在线测试：hdu 1009

试题解析

要想获得最多的 java 豆，则需要先考虑便宜的。因此，按照每种的单价从小到大进行排序，然后购买即可。

程序清单

```
#include<iostream>
#include<algorithm>
using namespace std;
#define N 1005
struct warehouse_node{
    double j,f,unit_price;
};
warehouse_node warehouse[N];
bool cmp(warehouse_node a,warehouse_node b){
    if(a.unit_price>=b.unit_price)
        return true;
    else return false;
}
int main(){
    int n,i;
    double max,m;
    while(scanf("%lf%d",&m,&n)!=EOF){
        if(m == -1 && n == -1)
            break;
        for(i=0;i<n;i++){
            scanf("%lf%lf",&warehouse[i].j,&warehouse[i].f);
            warehouse[i].unit_price=warehouse[i].j/warehouse[i].f;
        }
        sort(warehouse,warehouse+n,cmp);
        max=0;
        for(i=0;i<n && m;i++){
            if(m>=warehouse[i].f){              //剩下的m值可以包括完整的f
                m=m-warehouse[i].f;             //那么将完整的这个房间的都来交换
                max += warehouse[i].j;          //总值加上这个房间里的豆数
            }
            else{                               //若剩下的m值不能包括完整的f，就把部分可
                                                //交换的拿来
                max += m/warehouse[i].f * warehouse[i].j;
                m = 0;
            }
        }
        printf("%.3lf\n",max);
    }
    return 0;
}
```

例 10-4 Shopaholic

林赛是一个购物狂。每当有这样的折扣——你可以买三件东西，只付两件，她就完全疯了，觉得有必要在店里买所有的东西。你已经放弃治疗她的这种疾病，但要尽量限制购物对她钱包的影

响。你已经意识到，提供这些优惠的商店在你免费得到哪些商品时是很有选择性的，它总是最便宜的。举个例子，当你的朋友拿着 7 件商品来到柜台，花费 400 美元、350 美元、300 美元、250 美元、200 美元、150 美元和 100 美元时，她必须支付 1500 美元。在这种情况下，她得到 250 美元的折扣。你知道如果她分次去柜台，可能会得到更大的折扣。第一轮，如果她买了 400 美元、300 美元和 250 美元的东西，可以打 250 美元的折扣。第二轮她带来 150 美元的商品，没有额外的折扣。但第三轮她最后拿了 350 美元、200 美元和 100 美元的商品，再打 100 美元的折扣，加起来总共有 350 美元的折扣。

你的工作是找到林赛能得到的最大折扣。

输入

第一行输入给出测试样例的数量 $1 \leqslant t \leqslant 20$。每个样例由两行输入组成。第一行给出了林赛正在购买的商品数量 $1 \leqslant n \leqslant 20000$。第二行给出这些商品的价格 $1 \leqslant p_i \leqslant 20000$。

输出

对于每个样例，输出最大的折扣。

样例输入	样例输出
1 6 400 100 200 350 300 250	400

试题来源：2008 “Insigma International Cup” Zhejiang Collegiate Programming Contest-Warm Up

在线测试：hdu 1678

试题解析

想要获得最大的折扣，只要将数据排序，从最大值开始三个一组，获取最小值，累加和就是所求值。

程序清单

```
#include<iostream>
#include<algorithm>
using namespace std;
int num[20005],t,ans,n;
int main()
{
     cin>>t;
     while(t--)
     {
          cin>>n;
          for(int i=0;i<n;i++)
          {
```

```
            cin>>num[i];
        }
        sort(num,num+n);          //从小到大排序
        ans=0;
        for(int i=n-3;i>=0;i-=3)
            ans+=num[i];          //从最大的开始，第 3 个计入，然后每间隔 3 个就计入一次
        cout<<ans<<endl;
    }
    return 0;
}
```

第 11 章　优先队列

优先队列（priority queue）是 0 个或多个元素的集合，每个元素都有一个优先权或值，优先队列执行的操作有查找、插入一个新元素和删除。在最小优先队列（min priority queue）中，查找操作用来搜索优先权最小的元素，删除操作用来删除该元素；对于最大优先队列（max priority queue），查找操作用来搜索优先权最大的元素，删除操作用来删除该元素。优先权队列中的元素可以有相同的优先权，查找与删除操作可根据任意优先权进行。

普通的队列是一种先进先出的数据结构，元素在队列尾追加，而从队列头删除。在优先队列中，元素被赋予优先级。当访问元素时，具有最高优先级的元素最先删除。优先队列具有最高级先出（first in，largest out）的行为特征，通常采用堆数据结构实现。

例 11-1　看病要排队

看病要排队是地球人都知道的常识。不过经过细心的 0068 的观察，他发现医院里排队还是有讲究的。0068 所去的医院有 3 位医生同时出诊。而看病的人病情有轻有重，所以不能简单地根据先来先服务的原则。医院对每种病情规定了 10 种不同的优先级。级别为 10 的优先级最高，级别为 1 的优先级最低。医生在看病时，则会在他的队伍里面选择 1 位优先级最高的人进行诊治。如果遇到两个优先级一样的病人，则选择最早来排队的病人。现在请你帮助医院模拟这个看病过程。

输入

输入数据包含多组测试，请处理到文件结束。每组数据第一行有一个正整数 N（$0<N<2000$），表示发生事件的数目。接下来有 N 行分别表示发生的事件。

一共有两种事件。

（1）“IN A B”，表示有 1 位拥有优先级 B 的病人要求医生 A 诊治（$0<A\leqslant 3$，$0<B\leqslant 10$）。

（2）“OUT A”，表示医生 A 进行了一次诊治，诊治完毕后，病人出院（$0<A\leqslant 3$）。

输出

对于每个“OUT A”事件，请在一行里面输出病人的编号 ID。如果该事件时无病人需要诊治，则输出 EMPTY。病人的编号 ID 的定义：在一组测试中，“IN A B”事件发生第 K 次时，进来的病人编号 ID 即为 K，从 1 开始编号。

样例输入	样例输出
7 IN 1 1 IN 1 2 OUT 1 OUT 2 IN 2 1 OUT 2 OUT 1	2 EMPTY 3 1

样例输入	样例输出
2 IN 1 1 OUT 1	1

试题来源：2008 浙大研究生复试热身赛（2）——全真模拟

在线测试：hdu 1873

试题解析

本题题意很清楚，由于需要存入医生编号、病人编号、病人优先级，所以首先需要定义一个结构体来存储病人信息：

```
struct stu{ int priority,num,data } p;
```

每位医生的门口都有病人在排队，如果每来一位病人，就让他进入选定医生的队伍，并且整个队伍都排好序，按照病人优先级和病人编号来排队，病人优先级高的更靠近门口，病人优先级相同时，来得更早的病人（病人编号小的）更靠近门口，即队伍始终是排好序的，每来一位病人都有序插入队伍中，使得队伍依然有序。那么当医生在房间里看好一位病人后，就可以直接让最靠近门的病人进来看病。

能够这样自动排序的数据结构，就可以用优先队列（priority_queue<stu> que;）来实现。优先队列就具备这样的，加入一个元素就自动排列好，取队头元素一定是取到排序最前面的元素。

注意

本题需要循环输入，所以如果结构体定义在 while 循环以外，则需要在最后将队列清空。

程序清单

```
#include<stdio.h>
#include<iostream>
#include<stack>
#include<queue>
#include<string>
using namespace std;
struct stu
{
    int priority,num,data;        // 病人优先级、医生编号、病人编号
}p;
bool operator<(const stu& a,const stu &b)
{ // 按照病人优先级从高到低排序，病人优先级相同时，就按照病人编号从小到大排序
    if(a.priority==b.priority) return a.data>b.data;
```

```
    return a.priority<b.priority;
}
int main()
{
    int n;
    string str;
    while(cin>>n)
    {
        int k=1;
        priority_queue<stu>que[5];   //如果定义在 while 循环外面，则需要每次都清空队列
        while(n--)
    {
        cin>>str;
        if(str=="IN")
        {
            cin>>p.num>>p.priority; //输入医生编号和病人优先级
            p.data=k++;              //病人编号
            que[p.num].push(p);      //找 num 医生看病的人到第 num 支 que 队伍里排队
            //可以理解成病人 p 到 num 医生的诊室门口排队
            //一共有 3 位医生，那么就排了 3 支队伍
            //由于 que 队列定义为优先队列，那么会按照前面定义的“operator <”
            //操作，每来一位病人排队，都会按照顺序插入队伍里，即病人优先级和病人编号排序插入
            //队伍中，病人优先级最高的在最前面，病人优先级相等时病人编号小的在队列最前面
        }
        else
        {
            int nu;
            cin>>nu; //医生编号
            if(!que[nu].empty())
            {          //该医生门口有病人
                cout<<que[nu].top().data<<endl;   //输出队列最前面的病人编号
                que[nu].pop();       //队列最前面的元素出队列，即删除该病人
                                     //因为他已经看完病，可以出院了
            }
            else
            {//该医生门口没有病人排队
                cout<<"EMPTY"<<endl;
            }
        }
      }
    }
    return 0;
}
```

例 11-2　Emergency Handling

输入一个 n，表示 n 次操作。有两种类型操作，输入 P 时，进行第一种操作：增加一位病人，告诉病人的 t_0（病人的入院时间）、st_0（病人的病情严重程度）和 r（病情的增长率）；输入 A 时，进行第二种操作：在时间 t，选取一位病情最严重的病人进行医治，如果有多位病人，则选 r 最大

的进行医治。病人的病情严重程度为 $S_{(t)}=st_0+r(t-t_0)$（$1\leqslant n\leqslant 100000$，$0\leqslant r\leqslant 100$）。对于第二种操作，输出病人的病情严重程度和病人的病情增长率。

输入

第一行包含一个整数 T（$T\leqslant 5$），表示案例数。每个案例开始的整数 n（$1\leqslant n\leqslant 100000$），表示事件数。对于接下来的 n 行，每行描述来院患者或入院事件。

（1）对于来院患者，该行包含字符 P 和 3 个整数 t0、$S(t_0)$ 和 r，描述病人情况（$0\leqslant t_0\leqslant 1e6$；$0\leqslant S(t_0)\leqslant 1e8$；$0\leqslant r\leqslant 100$）。

（2）对于入院事件，该行包含一个字符 A，后跟一个整数 t，即整数的时间事件。可能会假设急诊室至少有一位患者在等待，当此准入事件发生时，事件以严格增加的时间顺序指定。P 事件和 A 事件的数量为大致平衡。

输出

对于每种情况，在一行中输出“Case #X:”。其中，X 是案例编号，从 1 开始。接纳事件，输出两个整数，用一个空格隔开，表示所选对象的当前病情的严重程度。病人的住院时间以及该病人的病情增长率。

样例输入	样例输出
2 9 P 10 10 1 P 30 20 1 A 35 P 40 20 2 P 60 50 3 A 75 P 80 80 3 A 100 A 110 6 P 1 10 2 A 5 P 10 10 1 P 11 1 10 A 15 A 20	Case #1: 35 1 95 3 140 3 160 2 Case #2: 18 2 41 10 20 1

试题来源：Regionals 2013 >> Asia-Jakarta

在线测试：icpcarchive.ecs.baylor.edu4451

试题解析

可以将 $S_{(t)}$ 函数变一种形式，$S_{(t)}=st_0-r\times t_0+r\times t$，因为 $st_0-r\times t_0$ 是一个定值，把它记为 x，那么 $S_{(t)}=x+r\times t$。对于 r 相同的病人来说，随着 t 的增加，$S_{(t)}$ 相对大小是不会变的，由于 r 很小，所

以，把 r 相同的病人放入同一个优先队列，每次询问的时候再枚举每个优先队列，就可以求出 $S_{(t)}$ 最大的病人。

程序清单

```
#include<iostream>
#include<stdio.h>
#include<queue>
#include<string.h>
#include<algorithm>
#include<math.h>
#define inff 0x3ffffff
typedef long long LL;
using namespace std;
int n;
priority_queue<int>que[110];
void init()
{
     int i;
     for(i=0;i<=100;i++)
     {
         while(que[i].size())
              que[i].pop();
     }
}
int main()
{
     int t,i,j;
     char s[5];
     scanf("%d",&t);
     LL ix,fc;
     int id;
     int cas=1;
     while(t--)
     {
          init();
          scanf("%d",&n);
          int t0,st0,r;
          printf("Case #%d:\n",cas++);
          for(i=1;i<=n;i++)
          {
               scanf("%s",s);
               if(s[0]=='P')
               {
                  scanf("%d%d%d",&t0,&st0,&r);
                  que[r].push(st0-r*t0);
          }
```

```
            else
            {
                 scanf("%d",&t0);
                 ix=-inff;
                 id=-1;
                 for(j=100;j>=0;j--)
                 {
                      if(que[j].size()==0)
                           continue;
                      fc=que[j].top();
                      fc=fc+(LL)j*t0;
                      if(fc>ix)
                      {
                           ix=fc;
                           id=j;
                      }
                 }
                 que[id].pop();
                 printf("%lld %d\n",ix,id);
            }
        }
    }
    return 0;
}
```

例 11-3 Stones

由于自行车的状态错误，Sempr 每天早晨开始从东向西走，然后每天晚上往回走。走路会造成疲劳，因此 Sempr 每次总是玩一些游戏。

路上有很多石头，当他遇到一块石头时，如果是第奇数次遇到的石头，他会尽可能地将其扔到前面；如果是第偶数次遇到的石头，他会把它扔在原处。现在给出一些关于道路上的石头的信息，下面计算 Sempr 步行后从起点到最远的石头的距离。请注意，如果两块或更多块石头保持在同一位置，将首先遇到较大的一块（D_i 最小的一块，如输入中所述）。

输入

在第一行中，有一个整数 T（$1 \leqslant T \leqslant 10$），即输入文件中的测试样例。然后是 T 个测试样例。对于每个测试样例，将在第一行中提供一个整数 N（$0 < N \leqslant 100000$），表示道路上的石头数量。然后是 N 行，每行中有两个整数 P_i（$0 \leqslant P_i \leqslant 100000$）和 D_i（$0 \leqslant D_i \leqslant 1000$），表示第 i 个石头的位置，以及 Sempr 丢它的距离。

输出

如描述中所述，仅针对一个测试样例输出一行。

样例输入	样例输出
2	11

样例输入	样例输出
2 1 5 2 4 2 1 5 6 6	12

试题来源：HDU 2008-4 Programming Contest

在线测试：hdu 1896

试题解析

Sempr 在一条路线上从西向东走，在遇到第奇数块石头时，他会将其往前面扔，按照输入中给出的可扔距离来扔；而遇到第偶数块石头时，不进行处理。当有两块石头在同一位置时，则先处理"射程"近（能扔的距离最短）的石头。然后 Sempr 一直往前走，直到前面已经没有任何石头时，计算 Sempr 与出发点的距离，即可知起点到最远石头的距离。

样例 1 的解析：开始时遇到的是第 1 块石头，它的坐标是 1，被往前扔了 5 个单位之后，坐标变成 6，随后继续往前走，便遇到第 2 块石头（坐标是 2），忽略它，然后继续往前走，又遇到了原来的第 1 块石头（现在是第 3 块石头），但此时它的坐标为 6，往前又扔了 5 个单位之后，坐标变成 11，然后继续往前走，一直走到坐标 11，这时他遇到的是第 4 块石头，此时遇到第偶数块石块，所以不扔它，忽略它。至此，道路前方已经没有石头，此时离坐标原点的距离为 11。

程序清单

```
#include<stdio.h>
#include<string.h>
#include<queue>
using namespace std;
struct point
{
     int dis,pos;
     friend bool operator<(point a,point b)
     {
          if(a.pos==b.pos)
                return a.dis>b.dis;
          return a.pos>b.pos;    // 队头处 pos 是最小的，当 pos 相同时，dis 近的在前面
     }
}t;
int main()
{
     int i,n,m,p,d;
     scanf("%d",&m);
```

```
    priority_queue<point>q;              // 定义优先队列 q
    while(m--)
    {
        scanf("%d",&n);                  // n 块石头
        while(!q.empty())                // q 不空时，弹出队头元素，即初始化清空 q
            q.pop();                     // 情况 q 是为了下一组数据做准备
        for(i=0;i<n;i++)
        {
            scanf("%d%d",&t.pos,&t.dis);// 读入石头 t 的位置和可扔距离
            q.push(t);                   // 将石头 t 放入队列，队首元素始终是位置最小的
                                         // 如果位置相同时，则可扔距离最近的放前面
        }
        int ans=0,count=1;
        //point p;
        while(!q.empty())
        {     ans=q.top().pos;           // 结果暂时为队首石头的位置
            if(count & 1)
            { // 如果遇到第奇数块石头，就扔它，即确定它的新位置
                t=q.top();               // 取队首元素
                q.pop();                 // 删除队首元素
                t.pos+=t.dis;            // 把队首石头扔 dis 那么远，那么该石头有了新位置
                                         // 即 pos+dis
                q.push(t);               // 把该石头再次放入优先队列 q 中
            }
            else // 否则，就是第偶数次遇到石头，置之不理，那么也就是从队列中排除它
                q.pop();                 // 体现在该队首元素出队列，或者删除该石头
            count++;                     // 计数器加 1，该循环下次遇到是第几块石头
        }
        printf("%d\n",ans);              // 输出 q 里最后那块石头，就是最远的石头
    }
    return 0;
}
```

例 11-4 Expedition

一群母牛抓住卡车，冒险进入丛林深处。不幸的是，司机跑过一块岩石时，卡车的油箱被刺穿了。现在，卡车每行驶一段距离，就会泄漏 1 单位燃油。要修理卡车，母牛需要沿着一条蜿蜒曲折的道路驶向最近的城镇（相距不超过 1000000 单位）。在这条道路上，在城镇和卡车的当前位置之间，有 N 个（$1\leqslant N\leqslant 10000$）加油站，卡车可以停下来获取更多的燃料（每站 1～100 单位）。

丛林对人类来说是一个危险的地方，对母牛来说更为危险。因此，母牛希望在前往小镇的途中尽可能少地停下加油。幸运的是，卡车上的油箱容量很大，以至于可以容纳的燃油量实际上没有限制。卡车目前离镇区 L 单位，有 P 单位燃料（$1\leqslant P\leqslant 1000000$）。

确定到达城镇，或者母牛根本无法到达城镇所需的最少停靠站数。

输入

第 1 行：一个整数 N。

第 2～$N+1$ 行：每行包含两个以空格分隔的整数，用于描述加油站：第一个整数是从城镇到停靠站的距离；第二个整数是该站的可用燃料量。

第 $N+2$ 行：两个以空格分隔的整数 L 和 P。

输出

第 1 行：一个整数，给出到达城镇所需的最少燃料停止数量。如果无法到达该镇，则输出 -1。

样例输入	样例输出
4 4 4 5 2 11 5 15 10 25 10	2

试题来源：USACO 2005 US Open Gold

在线测试：poj 2431

试题解析

采用贪心的思想，卡车当然在不加油的情况下走得越远越好，而当它没油时，再判断卡车在经过的途中的加油站，哪个加油站加的油最多，选油量最多的加油站，这样后面加油次数也越少，然后又继续行驶，当它又没油的时候，继续选它从起点到该点所经过的油量最多的加油站加油。

做法先将加油站到终点的距离由远到近排序，这样离起点就是由近到远。即每经过一个加油站，就将该加油站的油量压入优先队列中，然后每次没油的时候，去队首元素加油即可。

程序清单

```
#include<iostream>
#include<cstdio>
#include<cstring>
#include<algorithm>
#include<queue>
using namespace std;
int n,l,p;
struct node{
     int dis;
     int fuel;
     bool operator<(const node &a)const
     {
          return dis>a.dis;
     }
}stop[10005];
priority_queue<int> que;
```

```
int main()
{
    cin>>n;
    for(int i=0;i<n;i++)
        cin>>stop[i].dis>>stop[i].fuel;
    cin>>l>>p;
    int ans=0;
    sort(stop,stop+n);
    que.push(p);
    int temp=0;
    while(l>0&&!que.empty())
    {
        ans++;
        l-=que.top();                          //加油
        que.pop();
        while(l<=stop[temp].dis&&temp<n)       //将经过的加油站压入优先队列中
            que.push(stop[temp++].fuel);
    }
    if(l>0)cout<<"-1"<<endl;                   //l>0 说明到不了终点
    else cout<<ans-1<<endl;                    //减去 1，初始时油箱的油也被计算成一次加油
    return 0;
}
```

例 11-5 Rescue

天使被莫利比抓住，并且被监禁了。监狱被描述为 $N\times M$（$N, M\leqslant 200$）矩阵。监狱中有城墙、道路和护卫队。

天使的朋友想营救天使。他们的任务是接近天使。假设“接近天使”是要到达天使停留的位置。当网格中有警卫时，我们必须杀死他（或她）才能进入网格。假设上、下、左和右移动要花费 1 个单位时间，而杀死一名警卫也要花费 1 个单位时间。而且我们足够强大，可以杀死所有警卫。

必须计算与天使接触的最短时间（当然，只能将上、下、左和右移动到边界内的相邻网格中）。

输入

第一行包含两个代表 N 和 M 的整数。然后 N 行，每行包含 M 个字符。其中，“.”代表道路；a 代表天使；r 代表天使的每个朋友。处理到文件末尾。

输出

对于每个测试样例，程序应输出一个整数，代表所需的最短时间。如果不存在这样的数字，则应输出包含“Poor ANGEL has to stay in the prison all his life.”的行。

样例输入	样例输出
7 8 #.#####. #.a#..r.	13

样例输入	样例输出
#..#x... ..#..#.# #...##.. .#......	

试题来源：ZOJ Monthly，October 2003

在线测试：hdu 1242

试题解析

这是一个很有意思的搜索题，一定要从天使开始搜索朋友，因为朋友的数量不定，我们找的是离天使最近的那个朋友。

还有一点需要注意的是，遇到警卫时，时间要加 2。如果还是用普通队列就要注意，不处理，求出来的一定不是最小时间，所以第一次遇到标记一下，第二次如果碰到标记，时间再加 1，不再往四周搜索。但是用优先队列就不用那么麻烦，遇到警卫就加 2。遇到朋友，就一定得到解答，因为优先队列，每次出队列时，都是 step 步数最小的地方，即每次都是又沿着离天使最近的位置开始找，那么必然最先遇到的朋友就是最终挽救天使的朋友，因为他离天使最近。

程序清单

```
#include<cstdio>
#include<cstring>
#include<algorithm>
#include<queue>
using namespace std;
char map[210][210];
int vis[210][210],mov[4][2]={0,1,0,-1,1,0,-1,0};
int m,n;
struct node
{
    int x,y,step;
    friend bool operator<(node x,node y)     //重载布尔，定义优先队列按步数从小到大排序
    {
        return x.step>y.step;
    }
}now,nex;
bool can(node x){ //检查当前点是否可以走
                  //是边界外的点、已经使用过，或是墙，该点都不能走
    if(x.x<0||x.y<0||x.x>m-1||x.y>n-1||vis[x.x][x.y]||map[x.x][x.y]=='#')
        return false;
    return true;
}
```

```
int bfs(int x,int y){
     priority_queue <node> q;
     now.x=x;
     now.y=y;
     now.step=0;
     q.push(now); //将起点加入队列
     while(!q.empty())
     {
          now=q.top();    //每次取队头元素，都是取的 step 最小的元素
          q.pop();        //那么，当遇到 r 朋友时，一定是离天使最近的朋友，就可以得到解答
          if(map[now.x][now.y]=='r')    //找到朋友就直接结束函数，找到结果
               return now.step;
          for(int i=0;i<4;i++)
          { //nex 是 now 的下一个点，是 now 四周的其中一个点
             nex.x=now.x+mov[i][0];
             nex.y=now.y+mov[i][1];
               if(can(nex))       //如果 nex 合法，没有越界，则也没有使用过
               {
                         if(map[nex.x][nex.y]=='x')
                            nex.step=now.step+2; //如果当前点可以走，且此点为警卫，则步数加 2
                         else
                            nex.step=now.step+1; //如果当前点可以走，则步数加 1
                         vis[nex.x][nex.y]=1;
                         q.push(nex);                //将此点入队列，q 是优先队列，队头是 step
                                                     //最小的
               }
          }
     }
     return -1;
}
int main(){
    int i,j,sx,sy;
    while(scanf("%d%d",&m,&n)!=EOF)
    {
          for(i=0;i<m;i++)                //输入图
          {
               scanf("%s",map[i]);
               for(j=0;j<n;j++)
               {
                    if(map[i][j]=='a')    //记录搜索的起点
                    {
                         sx=i;
                         sy=j;
                    }
               }
          }
          memset(vis,0,sizeof(vis));      //标记清 0
          vis[sx][sy]=1;                  //起点也只能走一次，保证步数最少
          int step=bfs(sx,sy);
          if(step==-1)
```

```
            printf("Poor ANGEL has to stay in the prison all his life,\n");
        else
            printf("%d\n",step);
    }
    return 0;
}
```

例 11-6 Estimation

“这里数字太多了！”你的老板说。“我应该如何理解所有这些？把它放下来！估计！”你很失望，生成这些数字需要大量的工作。但是，你将按照老板的要求去做。下面决定通过以下方式进行估算：有一个数字数组 A。将其划分为 k 个连续的部分，它们的大小不一定相同。然后，将使用一个数字来估计整个部分。即对于大小为 n 的数组 A，要创建另一个大小为 n 的数组 B，它具有 k 个连续的部分。如果 i 和 j 在同一部分，则 $B[i]=B[j]$。使误差最小化，表示为差的绝对值之和（$\sum|A[i]-B[i]|$）。

输入

输入中将有几个测试样例。每个测试样例将与两个整数开始在一条线上，n（$1 \leqslant n \leqslant 2000$）和 k（$1 \leqslant k \leqslant 25, k \leqslant n$），其中 n 是阵列的尺寸，并且 k 是连续数用于估算的部分。接下来的 n 行中是数组 A，每行一个整数。A 的每个整数元素的范围为 -10000～10000（含）。输入将以两个 0 结束。

输出

对于每个测试样例，在其对应的行上输出一个整数，这是可以实现的最小误差。不要输出多余的空格，也不要用空行分隔答案。所有可能的输入都会产生答案，该答案将适合有符号的 64 位整数。

样例输入	样例输出
7 2 6 5 4 3 2 1 7 0 0	9

试题来源：The University of Chicago Invitational Programming Contest 2012

在线测试：hdu 4261

试题解析

把 A 数组划分为 k 段，对每段指定某个数 C_j，将每段所有的数与 C_j 的差的绝对值记录下来，把所有绝对值求和，为了使这个和最小，对应某种分段的方案，以及为每段指定某数，求这个最小的和。设置 B 数组与 A 数组为同样大小，B 数组与 A 数组同样用 k 划分，把 C 填入 B 数组中，使得在同一块中的 $B_i=B_j$。最终使得：

$$\min(\mathrm{sigma}(|A(i)-B(i)|)),\quad i=1, 2, \cdots, n$$

如样例，把数组 A 划分为两段：(6, 5, 4)(3, 2, 1, 7)。C 取值：5、3。把数组 B 划分为两段：(5, 5, 5)(3, 3, 3)。

于是有 $\mathrm{sigma}(|A(i)-B(i)|) = 1+0+1+0+1+2+4=9$。

首先定义状态 dp[i][j]：前 i 个分成 j 块的最小代价。那么可得到

$$dp[i][j] = \min(dp[m][j-1] + \mathrm{sum}(m+1, i)),\quad m = 2, 3, \cdots, i-1$$

其中，$\mathrm{sum}(m+1, i)$ 表示从 m+1 到 i 分在同一块中，产生此段的代价（误差和）。

那么问题的关键就成了求出所有可能的区间分在同一块中的代价。对于每个区间，把数组 B 的这个块赋值为相应数组 A 的块的中位数，此时代价最小。至于怎么求中位数，可以定义两个优先队列，一个值大的优先，一个值小的优先，将每个区间平均放到这两个队列，那么中位数就是这两个区间队首的某一个，接着求这个区间的代价。

读者可以学习完后面的动态规划章节，再回过头来看这道题。

程序清单

```
#include<iostream>
#include<cstdio>
#include<cstring>
#include<queue>
#define inf 1<<29
using namespace std;
int n,k,a[2005];
int b[2005][2005];          //存放i～j的最小差值
int dp[2005][26]={0};       //dp[i][j]表示前i个数，分为j段的最优解
//以下两个优先队列记录中位数。如果为奇数个元素，则中位数便是大的里面的最小值
//如果为偶数个元素时，则中位数为小的最大值与大的最小值之间的任意数
priority_queue<int>lower;
priority_queue<int,vector<int>,greater<int> >upper;
int main(){
    while(scanf("%d%d",&n,&k)!=EOF&&n+k){
        for(int i=1;i<=n;i++)scanf("%d",&a[i]);
        for(int i=1;i<=n;i++)for(int j=0;j<=k;j++)dp[i][j]=inf;
        for(int i=1;i<=n;i++){
            while(!lower.empty())lower.pop();
            while(!upper.empty())upper.pop();
            int sum=0;          //sum表示大堆和与小堆和的差
            for(int j=i;j<=n;j++){
                                //判断是加入小的，还是大的
                if(lower.empty()||a[j]<=lower.top()){
                    lower.push(a[j]);
                    sum-=a[j];
                }
                else{
                    upper.push(a[j]);
```

```
                        sum+=a[j];
                    }
                    //计算小堆里面的数量、大堆里面的数量
                    int low=(j-i+1)/2,high=(j-i+1)-low;
                    //做一次调整，使得数量保持一致
                    if(lower.size()>low){
                        upper.push(lower.top());
                        sum+=lower.top()*2;
                        lower.pop();
                    }
                    if(upper.size()>high){
                        lower.push(upper.top());
                        sum-=upper.top()*2;
                        upper.pop();
                    }
                    //前面的调整可能使顺序错乱，将小的里面的最大值和大的里面的最大值比较
                    //做交换调整
                    while(lower.size()&&upper.size()&&lower.top()>upper.top()){
                        int u=lower.top(),v=upper.top();
                        lower.pop();upper.pop();
                        sum=sum+2*u-2*v;
                        lower.push(v);upper.push(u);
                    }
                    int ans=sum;
                    //如果个数为奇数，则说明中位数为大的里面的最小值，要减掉
                    if(high>low)ans-=upper.top();
                    b[i][j]=ans;
            }
        }
        //n^2*k 的 DP
        for(int i=1;i<=n;i++){
            for(int j=1;j<=k;j++){
                for(int r=0;r<i;r++)
                    dp[i][j]=(dp[r][j-1]+b[r+1][i])<dp[i][j]?(dp[r][j-1]+b[r+1]
                             [i]): dp[i][j];
            }
        }
        printf("%d\n",dp[n][k]);
    }
    return 0;
}
```

第 12 章　简 单 搜 索

例 12-1　Oil Deposits

GeoSurvComp 地质调查公司负责探测地下石油矿床。该公司一次处理一个大的矩形区域，并创建一个网格，将土地划分为许多正方形地块。然后，它分别分析每个地块，使用传感设备来确定地块中是否含有石油。一块含有石油的地块叫作油田。如果两块油田相邻，则它们属于同一个油田区。石油储量可能相当大，并可能包含许多油田。你的工作是确定一个网格中有多少不同的油田区。

输入

输入文件包含一个或多个网格。每个网格开始一行是空格分隔的 m 和 n，它们分别是网格的行数和列数。如果 m=0，则表示输入结束；否则 $1 \leqslant m \leqslant 100$，$1 \leqslant n \leqslant 100$。接下来是 m 行，每行有 n 个字符（不包括行尾字符）。每个字符对应一个地块，"*"表示没有油；"@"表示油田。

输出

对于每个网格，输出不同的油田区数量。如果水平、垂直或对角相邻，则两块不同的油田是同属于一个油田区。油田区数量不超过 100 个。

样例输入	样例输出
1 1 * 3 5 *@*@* **@** *@*@* 1 8 @@****@* 5 5 ****@ *@@*@ *@**@ @@@*@ @@**@ 0 0	0 1 2 2

试题来源：Mid-Central USA 1997

在线测试：hdu 1241

试题解析

用两重循环遍历每一个地块，检查它是否为油田，如果它是，就将总油田区数量增加 1 个，并且以它为核心，查找出所有与它相连的油田，即与它处于同一个油田区的油田，全都设为非油田，以免后面重复计数。这里的查找用深度优先搜索（Deep First Search，DFS）。

程序清单

```
#include<iostream>
using namespace std;
#define map_size 105
char map[map_size][map_size];
int m,n;
int xx[]={-1,1,0,0,1,1,-1,-1};          //根据题目自己定义 8 个方向
int yy[]={0,0,-1,1,-1,1,1,-1};
//对于某个位置（x,y）来说，它的上面是（x-1,y），下面是（x+1,y），左边是（x,y-1）
//右边是（x,y+1），左下方是（x+1,y-1）等 8 个方向，也就可以写成
//(x+xx[i],y+yy[i]),(i=0...7)
bool judge(int x,int y)
{//判断 x，y 是否越界，是不是在给定总大小的网格里面
      if(x<0||x>=m||y<0||y>=n)
              return false;
      else
              return true;
}
void DFS(int x,int y)
{     //深度优先搜索，从（x,y）位置开始搜索
        for(int i=0;i<8;i++)
        {//对（x,y）周围的 8 个方向搜索
            int x1=x+xx[i];              //获得第 i 个方向的横纵坐标（x1,y1）
            int y1=y+yy[i];
            if(judge(x1,y1)&&map[x1][y1]=='@')
            {// 如果（x1,y1）在网格上，并且标记为油田，就把它设为不是油田
             //再以此为参考位置，用 DFS 考察它的周围 8 个方向，也就把与此相连
             //的油田都标记成非油田，这样后面就不会再搜索到它
                  map[x1][y1]='*';
                  DFS(x1,y1);              //递归的调用
            }
        }
}
int main()
{
        int i,j;
        while(scanf("%d%d",&m,&n)!=EOF)
        {
            if(m==0&&n==0)break;
            int cnt=0;
            for(i=0;i<m;i++)
                  scanf("%s",map[i]);
            for(i=0;i<m;i++)
            {
                  for(j=0;j<n;j++)
                  {
                      if(map[i][j]=='@')
```

```
                    {// 如果（i,j）地块是油田，就把油田总数增加 1 个
                     // 然后用 DFS 把与（i,j）相通的油田都设为非油田
                     // 以免后面重复计数
                        cnt++;
                        DFS(i,j);
                    }
                }
            }
            cout<<cnt<<endl;
        }
        return 0;
}
```

例 12-2 Cupcake Bonuses

一个公司构架如下。

（1）每名员工只有一个直接主管（除了 CEO 没有主管）。

（2）一名员工可以有 0 名或多名直接下属（由他 / 她作为主管的员工）。

（3）每名员工负责自己的部门。

（4）每名员工都是自己的一部分，所有的部门都是他们的主管的一部分（因此，CEO 只是一个部门的一部分，所有的员工都是这个部门的一部分）。

当公司确定某个部门表现良好时，会向该部门所有员工发放奖金。奖金的计算方法是奖金金额 B 乘以员工的奖金乘数 m。所有员工都以相同的奖金乘数开始，但根据绩效，员工的奖金乘数可能会改变，从而潜在地改变员工未来奖金的金额。

创建一个程序，跟踪支付给员工奖金的金额。问题：给定不同的查询类型，跟踪支付给不同员工的奖金金额。

查询将是以下 4 种类型之一。

（1）雇用新员工并指派他们的主管。

（2）更新员工的奖金乘数。

（3）给部门内的所有员工发奖金。

（4）检索（显示）支付给指定员工的总金额。

员工编号从 1 开始（CEO），所有新员工按照他们被公司聘用的顺序，获得下一个整数员工编号（id）。最初，公司只有 CEO，即只有一名员工。

输入

第一行包含两个整数 n 和 S（$1 \leqslant n \leqslant 10$^5，$0 \leqslant S \leqslant 10$^6），分别代表所有员工（包括 CEO）的查询数量和起始奖金乘数。接下来的 n 行用来描述查询，每一行都是以下 4 种格式中的一种。

（1）“1 i” 的意思是：雇用了一名新员工，并且主管拥有员工 id_i。

（2）“2 i M” 意思是：使用 id_i 的员工的奖金乘数为 M（$0 < M < 10$^6）。

（3）“3 i B” 意思是：以奖金金额 B（$0 < B < 10$^6）发放给以 i 为首的部门的所有员工奖金。请

注意，员工的奖金是用奖金金额 B 乘以员工的奖金乘数 M 计算出来的。

（4）“4 i” 表示一个查询，要求向使用 id_i 的员工支付到目前为止的奖金金额。

输出

对于每一个 Type-4 查询，输出一行包含一个整数，表示到目前为止所涉及的员工的奖金金额。

样例输入	样例输出
7 1 3 1 10 4 1 2 1 2 1 1 3 1 5 4 1 4 2	10 20 5
13 10 1 1 1 1 2 2 20 3 1 5 4 1 4 2 4 3 1 2 3 2 7 4 1 4 2 4 3 4 4	50 100 50 50 240 50 70

试题来源：UCF Local Contest — September 1，2018

在线练习：Jisuanke-t44151，jisuanke-contest 7788E

试题解析

本题是一道有三种操作的模拟题。我们可以定义数组 ans[i] 以记录员工已经得到的工资，base 数组记录各自基本工资，定义 n 个 vector，用来存每名员工的下属。当进行操作 1 时，新进员工，直接把该员工的编号放进他上级的 vector；进行操作 2 时，更新某员工的 base 值；进行操作 3 时，更新当前员工及其所有下属的 ans，包括他的直接下属和下属的下属等。这样看来，就是树形结构，可以用 DFS 遍历他的所有子孙下属并进行更新，进行操作 4 时，直接输出相应的 ans。

程序清单

```
#include<bits/stdc++.h>
using namespace std;
```

```
typedef long long ll;
const int maxn=1e6+5;
ll base[maxn];
ll ans[maxn];
vector<int>vec[maxn];
void dfs(int now,ll val){                      //作为部门领导的员工，他有若干下属
                                               //他的下属可能还有下属，这是树的关系，可以用深搜
    int len=vec[now].size();                   //now 直接领导的员工有 len 个人
    ans[now]+=base[now]*val;                   //now 自己的收入增加 base 的 val 倍
    for(int i=0;i<len;i++){                    //now 所在部门的员工都做收入的增加操作，及这些员工
                                               //所负责的子部门也都做同样的增加操作
                                               //ans[vec[now][i]]+=base[vec[now][i]]*val;
         dfs(vec[now][i],val);
    }
}
int main(){
    int n;
    ll s;
    int num;
    num=1;
    scanf("%d%lld",&n,&s);                     //n 个操作，s 为初始收入
    for(int i=0;i<maxn;i++)base[i]=s;          //为每名员工赋初始收入
    memset(ans,0,sizeof(ans));
    while(n--){
        ll val;
        int id,op;
        scanf("%d",&op);
        if(op==1){
            scanf("%d",&id);
            num++;                             //该新员工的编号
            vec[id].push_back(num);            //新进员工，放入 id 为领导的部门
        }
        else if(op==2){
            scanf("%d%lld",&id,&val);
            base[id]=val;                      //将该员工的 base 收入设置为 val
        }
        else if(op==3){                        //该 id 及其下属全部加工资，加每人自身的 base 的 val 倍
                                               //包括所有子孙下属
            scanf("%d%lld",&id,&val);
            dfs(id,val);
        }
        else{
            scanf("%d",&id);
            printf("%lld\n",ans[id]);
        }
    }
    return 0;
}
```

例 12-3　Team Shirts/Jerseys

传奇数学家特拉维斯和他的朋友们正在一个娱乐（rec）联盟竞争节目中做游戏。假设游戏中有 n 个朋友，他的朋友们想在这个竞争激烈的节目联盟中表现出团队精神，所以购买球队衬衫，每件球衣背后都有一个 1～99（含）的整数。特拉维斯的每个朋友都已经选择了自己的（不一定是不同的）球衣号码，所以有一个 n 个整数的列表。特拉维斯现在需要选择他的球衣号码来完成 $n+1$ 个整数的列表，还将选择一个介于 1～99 的整数（包括 1 和 99），他不必选择与朋友所选择数字不同的数字（即他可以选择复制一个球衣号码）。

尽管特拉维斯可以选择任何球衣号码，但他想证明为什么自己被认为是一位传奇数学家。特拉维斯有一个最喜欢的正整数，他想选择他的号码，这样就可以从 $n+1$ 个整数的列表中选择一组数字，将这组数字连在一起，在没有额外前导或尾随数字的情况下，得到他最喜欢的整数（因为 Travis 想要的是他最喜欢的整数，而不是其他整数，他尝试在没有任何额外的尾随或前导数字的情况下执行此操作）。

特拉维斯有幸最后选择了他的球衣号码。现在他只需要确定是否可以选择一些能保证形成他最喜欢的整数的数字。例如，假设特拉维斯的朋友选择 3 号、10 号、9 号和 86 号球衣，如图 12-1 所示。然后，通过选择数字 75，特拉维斯可以形成他最喜欢的正整数 8675310。此处，特拉维斯不需要使用 9 号球衣。

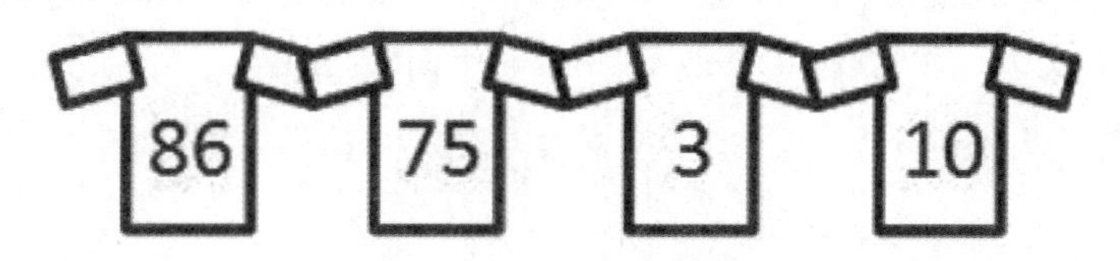

图 12-1　假设朋友选择的球衣号码

请注意，如果特拉维斯选择使用球衣号码，他必须完全使用该号码，即他不能只使用号码中的某些数字。例如，如果他决定在上面的例子中使用 75，他必须使用 75，而不能只使用 7 或仅使用 5。还要注意，如果他想多次使用某个球衣号码，他必须有多个朋友使用该号码。例如，如果他想多次使用 75，必须有多个使用 75 号球衣的朋友（当然，他也可以为自己选择 75，以增加 $n+1$ 数字列表中 75 的出现次数）。现在必须解决特拉维斯脾气暴躁的问题。他往往很容易得到和失去朋友（这就是这次体现团结行动的初衷）。他也总会改变他最喜欢的整数，比繁忙的十字路口的灯光变化更频繁。出于这些原因，特拉维斯需要你的帮助，为一组普通的朋友和最喜欢的号码编写一个程序来解决这个问题。

给定一组代表朋友的球衣号码的正整数和一个最喜欢的整数，确定特拉维斯是否可以选择一个球衣号码（为他自己），这样就可以通过连接 0 个或多个朋友的号码和可能是他的号码来创建他最喜欢的整数。另外，由于这是一个 rec 联盟，朋友列表中可能包含重复的球衣号码，特拉维斯可以为他的球衣选择一个已经选定的号码。

输入

第一行包含一个正整数 t（t＜1000000000），表示特拉维斯最喜欢的整数。第二行输入正好包

含一个正整数 n（$n\leqslant 25$），表示特拉维斯今天有多少朋友。下一个输入行包含 n 个空格分隔的整数，表示特拉维斯每个朋友选择的球衣号码。球衣号码将在 1～99（包括 1 和 99），并且没有前导 0。例如，输入的球衣号码是 7，但不能是 07。

输出

如果特拉维斯能够在有（或没有）他的朋友集的情况下得到他最喜欢的整数，则输出 1；否则输出 0。

试题来源：UCF Local Contest — September 1，2018

在线练习：Jisuanke-t44152，jisuanke-contest 7788F

试题解析

给定一个整数 m，长度小于 10。再给出一个整数 n，后面紧接着 n 个整数，同时允许任意选一个数 x，x 可以选 1～99 的数字，总共 $n+1$ 个整数。

从 $n+1$ 个整数中随意选出某些数，问是否存在选出来的组合可以拼凑成 m，这里 033 与 33 不相等，即拼凑成的数要完全等于 m。若能，则输出 1；若不能，则输出 0。

因为 m 的长度小，直接搜索。注意处理几种特殊情况，首字符为 0 的时候，不能实现拼凑。还有种特殊情况是，可以任意选择一个数（1～99），为了处理这种情况，可以每次搜索都进行两次，一次是取 1～9，另外一次是取 10～99，详情请看下面代码。

程序清单

```
#include<iostream>
#include<cstring>
using namespace std;
typedef long long ll;
ll m;
ll n,len,a[20],b[30],c[30];
void init(){
     scanf("%lld%lld",&m,&n);
     ll tmp=m;
     len=0;
while(tmp){                    //求出m是几位数
     len++;
     tmp/=10;
}
for(ll i=len-1;i>=0;i--){
     a[i]=m%10;
     m/=10;
}
for(ll i=0;i<n;i++){
     scanf("%lld",&tmp);
     b[i]=tmp/10;           //十位
```

```
        c[i]=tmp%10;          //个位
    }
}
//flag 为 1，表示已经使用过特拉维斯的任意值，深入下去的就不可以再用任意值
//flag 为 0，表示尚未使用过任意值
ll bfs(ll pos,ll flag,ll vis[]){
    if(pos==len)return 1;
    if(pos>len||a[pos]==0)return 0;
if(flag==0&&(bfs(pos+1,1,vis)||bfs(pos+2,1,vis)))return 1;      //处理任选情况
    for(ll j=0;j<n;j++){
        if(!vis[j]){  //如果 j 尚未使用过
            ll t=0;
            for(ll k=0;k<j;k++){   //剪枝，这个剪枝先大致看一下，如果不懂，则可以先跳过
                                   //下文有详细解析
                if(!vis[k]&&c[j]==c[k]&&b[j]==b[k]){
                    t=1;
                    break;
                }
            }
            if(t)continue;
            if(b[j]==0){
                if(c[j]==a[pos]){  //j 的数据与 a 的当前位置的数据匹配
                    vis[j]=1;     //使用 j 的数据
                    if(bfs(pos+1,flag,vis))     return 1;
                    vis[j]=0;
                }
            }
            else if(pos+1<len){
                if(b[j]==a[pos]&&c[j]==a[pos+1]){
                    vis[j]=1;
                    if(bfs(pos+2,flag,vis))return 1;
                    vis[j]=0;
                }
            }
        }
    }
    return 0;
}
int main(){
    init();
    ll vis[30];
    memset(vis,0,sizeof(vis));
    printf("%lld\n",bfs(0,0,vis));
    return 0;
}
```

对该题的深搜详细解释：

```
//flag 为 1，表示已经使用过特拉维斯的任意值，深入下去的就不可以再用任意值
//flag 为 0，表示尚未使用过任意值
ll bfs(ll pos,ll flag,ll vis[]){
```

```
    if(pos==len)  return 1;
    if(pos>len||a[pos]==0)return 0;
if(flag==0&&(bfs(pos+1,1,vis)||bfs(pos+2,1,vis)))return 1;
//处理任选情况
//上面使用了任意值，就在深搜的第二个参数给了1
//那么在后面，即下面的语句深入时才使用任意值时，怎么办
//flag怎么恢复0呢？其实我们发现并没有语句flag=1，所以根本就无须恢复语句
//而且程序从上面这句深搜后回到这里时，flag依然是0，当然，可以在pos之后的
//某位又去尝试任意值
    for(ll j=0;j<n;j++){
        if(!vis[j]){
            ll t=0;
      //解释下面的剪枝，文中说朋友的号码允许重复数据，对于特拉维斯来说前面使用过某数据，后面只
      //要还有选择这个数据的朋友，他可以再次使用这同样的数据如前面用了98，后面还可以使用98，只
      //要有两个朋友都是98，当然也可以是所选的任意值98这个剪枝的逻辑，是前面出现过的数据没有
      //使用过，那么当前出现同样的数据也没有必要使用，因为前面有其他分支去尝试使用这个数据，这
      //样避免了搜索同样的结果
      //这个逻辑看似有些奇怪，与题述允许重复相悖
      //但你仔细想后，就是不矛盾的，两个98摆在你面前
      //你只用一个时，用前一个或后一个，结果都一样，那我就用前一个
      //两个都不用时，前面的不用，后面的也不用
      //两个都用时，前面的也用，后面的也用
      //所以剪枝可以如下：j是当前的朋友，j左边的那些朋友们k
      //k出现了和j一样的数据
      //当k的数据没有使用过，那么j就不必用了，标记t后，continue直接跳到下一个j
            for(ll k=0;k<j;k++){    //剪枝
                if(!vis[k]&&c[j]==c[k]&&b[j]==b[k]){
                    t=1;
                    break;
                }
            }
            if(t)continue;
            if(b[j]==0){                    //不存在十位时，只比较个位数
                if(c[j]==a[pos]){           //j数据的个位与a当前pos位匹配
                    vis[j]=1;               //j朋友被选上，继续深搜pos+1位
                    if(bfs(pos+1,flag,vis))return 1;
                    vis[j]=0;               //恢复j朋友未被选上，以在其他pos时再次去尝试j
                }
            }
            else if(pos+1<len){             //存在十位时，比较两位数
                if(b[j]==a[pos]&&c[j]==a[pos+1]){    //个位和十位都匹配上了
                    vis[j]=1;               //j朋友被选上，继续深搜pos+2位
                    if(bfs(pos+2,flag,vis))return 1;
                    vis[j]=0;               //恢复j朋友未被选上，以在其他pos时再次去尝试j
                }
            }
        }
    }
    return 0;
}
```

第 13 章　分　　治

给定已排好序的 n 个元素 a[0: n−1]，在这 n 个元素中找出一特定元素 x。

可以顺序查找，逐个比较 a[0: n−1] 中的元素，直至找出元素 x，或搜索遍历整个数组后确定 x 不在其中。使用逐个比较的方法，在最坏的情况下，需要 O (n) 次比较。

二分查找充分利用了元素间的次序关系，采用分治策略，可以在最坏的情况下，用 O (log$n$) 时间完成查找任务。

二分查找的一般实现过程。

（1）确定待查找元素所在范围。

（2）选择一个在该范围内的某元素作为基准。

（3）将待查找元素的关键字与基准元素的关键字做比较，并确定待查找元素新的更精确的范围。

（4）如果新确定的范围足够精确，输出结果；否则转至（2）。

```
#include<stdio.h>
#include<stdlib.h>
int bs(int a[],int l,int h,int v){
//在 [l,h) 范围内查找值 v，返回下标
//假设数组 a 已经按从小到大排序
//如果失败，则返回 -1
    int m;
    while(l<h){
        m=(l+h)>>1;                //>>1 是位运算，表示按照二进制向右移动一位
//x>>1 的结果相当于 x/2，如果 x=8，就是二进制的 1000，那么 1000 向右移一位
//就是 100，100 的十进制是 4，即 8/2=4。m 在这里就是 l 和 h 的中间位置
        if(a[m]==v)return m;       //m 的值就是要找的 m，如果找到，就返回位置 m
        if(a[m]<v)l=m+1;           //如果 m 的值比 v 小，就在 m 的右边找
                                   //所以 l=m+1，然后在新的 l 和 h 之间找
        else h=m;                  //否则在 m 的左边找
    }
    return -1;
}
int main()
{
    int n,x;
    int i,a[1000];
    scanf("%d%d",&n,&x);
    for(i=0;i<n;i++)
          scanf("%d",&a[i]);
    printf("%d\n",bs(a,0,n,x));
    system("pause");
 return 0;
}
```

```
/*
10 200
1 3 56 77 78 99 120 130 140 200
*/
```

例 13-1 查找与给定值最接近的元素

在一个非降序列中，查找与给定值最接近的元素。

输入

第一行包含一个整数 n，为非降序列长度（$1 \leqslant n \leqslant 100000$）。

第二行包含 n 个整数，为非降序列各元素。所有元素的大小均在 0～1000000000。

第三行包含一个整数 m，为要询问的给定值个数，$1 \leqslant m \leqslant 10000$。

接下来 m 行，每行一个整数，为要询问最接近元素的给定值。所有给定值的大小均在 0～1000000000。

输出

m 行，每行一个整数，为最接近相应给定值的元素值，保持输入顺序。若有多个值满足条件，则输出最小的一个。

样例输入	样例输出
3 2 5 8 2 10 5	8 5

在线测试：jisuanke-T 1156

程序清单

```
#include<stdio.h>
#include<algorithm>
const int N=100005;
using namespace std;
int n,m,index,a[N];
void B_S(int index,int left,int right){
    int mid;
    while(left+1<right){
        mid=left+(right-left)/2;
        if(a[mid]<index){
            left=mid;
        } else {
            right=mid;
        }
    }
```

```
        if(abs(a[left]-index)<=abs(a[left+1]-index)){
        //可能存在值相等的元素，要求输出最小的一个
            printf("%d\n",a[left]);
        } else {
            printf("%d\n",a[left+1]);
        }
        return;
}
int main()
{
        scanf("%d",&n);
        for(int i=1;i<=n;i++){      //n 个元素
            scanf("%d",&a[i]);
        }
        scanf("%d",&m);
        while(m--){                 //m 次查询
            scanf("%d",&index);
            if(n==1)
                printf("%d\n",a[1]);
            else
                B_S(index,1,n);     //最接近元素、左界、右界
        }
        return 0;
}
```

例 13-2　快速幂乘

求整数 A 的 B 次幂，如 2^3=8、2^4=16、3^3=27。结果给出最后 3 位。

为了求 A^B 是不是要做 $B-1$ 次乘法？

$A^B = AA \cdots A$　（B 个 A 相乘）

那么用下面这个循环语句就可以得到结果。

for (i = 1, res = A; i < B; i++)　res *= A;

这样算法的时间复杂度是 O (n)，当 B 非常大时，怎么加快计算呢？

幂乘满足运算规律。

（1）$A^{kl} = A^k A^l$

（2）$A^{kl} = (A^k)^l$

例 1　$2^8 = (2^2)^4 = ((2^2)^2)^2 = ((4)^2)^2 = 16^2 = 256$

那么上面的运算做了几次乘法呢？再细看一下：

$2^8 = (2^2)^4 = ((2^2)^2)^2 = ((2\times2)^2)^2 = ((4)^2)^2 = (4\times4)^2 = 16^2 = 16\times16 = 256$

是 3 次乘法，将原来需要的 8 次乘法，减少为 3 次，这是因为运用上面的运算规律（2）。算法时间复杂度就变成了 O (lg$n$)。

例 2　$2^9 = 2^8\times2^1 = ((2^2)^2)^2\times2^1 = 256\times2 = 512$

这里用了 4 次乘法，运用上述（1）、（2）两个运算规律。

例 3 $2^{11} = 2^{10}\times 2^{1} = (2^{5})^{2}\times 2 = (2^{2})^{5}\times 2 = (2\times 2)^{5}\times 2 = 4^{5}\times 2 = (4^{2})^{2}\times 4\times 2 = (4\times 4)^{2}\times 4\times 2 = 16\times 16\times 4\times 2$

这里用了 5 次乘法，还用到了幂运算规律。

从这 3 个例子，我们看出，可以把幂 n 分成偶数和奇数两种情况来考虑。奇数时，将单个的 a 乘以 b；偶数时，采用 $a\times a$，最后 $a\times b\rightarrow a$。

程序清单

```
#include<stdio.h>
int powi(int a,int n)
{     int b=1;
      while(n>1){
          if(n&1){b=b*a%1000;n--;}
          else {a=a*a%1000;n/=2;}
      }
      a=a*b%1000;
      return a;
}
int main()
{
      int A,B,i,ans;
      //read;
      //write;
      while(1){
          scanf("%d%d",&A,&B);
          if(A==0&&B==0)break;
          ans=powi(A,B);
          printf("%d\n",ans);
      }
      return 0;
}
```

例 13-3 Rightmost Digit

给定一个正整数 N，应该输出 N^N 的最右边的数字。

输入

包含几个测试样例。输入的第一行是一个整数 T，它是测试样例的数量。接下来是 T 个测试样例。每个测试样例都包含一个正整数 N（$1\leqslant N\leqslant 1000000000$）。

输出

对于每个测试样例，应该输出 N^N 的最右边的数字。

样例输入	样例输出
2 3 4	7 6

在线测试：hdu 1061

程序清单

```
#include<iostream>
#include<cstdio>
#include<cstring>
using namespace std;
typedef long long LL;
const int MOD=1e5;
LL f(LL a,LL b)
{
     LL res=1;
     while(b!=0)
     {
          if(b%2==1)res=res*a%MOD;
          a=a*a%MOD;
          b/=2;
     }
     return res;
}
int main(void)
{
     LL n;
     int t;
     scanf("%d",&t);
     while(t--)
     {
          scanf("%lld",&n);
          n=f(n,n)%10;
          printf("%d\n",n);
     }
     return 0;
}
```

例 13-4 矩阵快速幂

给定 $n \times n$ 的矩阵 $\boldsymbol{A}$，求 $\boldsymbol{A}$^k。

输入

第一行两个整数 n、k，接下来 n 行，每行 n 个整数，第 i 行的第 j 列的数表示 $\boldsymbol{A}_{i,j}$。

输出

A^k，共 n 行，每行 n 个数，第 i 行第 j 个数表示（A^k）$_{i,j}$。

样例输入	样例输出
2 1 1 1 1 1	1 1 1 1

【数据范围】

对于 100% 的数据：$1 \leqslant n \leqslant 100$、$0 \leqslant k \leqslant 10$^12、$|A_{i,j}| \leqslant 1000$。

试题解析

求方阵 A 的 k 次幂，结果以模一个数 mod 给出。原理与前两节的整数快速幂乘一样。关于矩阵的乘法、幂，请复习《线性代数》课程的“矩阵”章节。摘录如下文：

矩阵与矩阵相乘（第 3 章第 1 节矩阵的运算）。

定义 5　设 $A=(a_{ij})$ 是一个 $m \times s$ 的矩阵，$B=(b_{ij})$ 是一个 $s \times n$ 的矩阵，则矩阵 A 与 B 的乘积是一个 $m \times n$ 的矩阵 $C=(c_{ij})$ 其中，

$$c_{ij}=a_{i1}b_{1j}+a_{i2}b_{2j}+\cdots+a_{is}b_{sj}=\sum_{k=1}^{s} a_{ik}b_{kj}$$

$$(i=1,2,\cdots,m; j=1,2,\cdots,n)$$

并把乘积记为 $C=AB$。

方阵 A 的 n 次幂：

设 A 是 n 阶方阵，因为矩阵的乘法满足结合率，所以 $AA\cdots A$ 表示唯一的一个矩阵，故有

定义 7　若 A 是方阵，则称 $A^n=AA\cdots A$（n 为正整数，n 个 A 相乘）为矩阵 A 的 n 次幂。注意，只有方阵的幂才有意义。

由于矩阵的乘法适合结合律，所以方阵的幂满足以下运算规律。

（1）$A^kA^l=A^{k+l}$

（2）$(A^k)^l=A^{kl}$

其中，k 和 l 为正整数。

在线测试：luogu 3390

程序清单

```
#include<iostream>
#include<stdio.h>
using namespace std;
#define maxn 110
const long long mod=1000000007;
long long size;
```

```
struct Matrix{
  long long a[maxn][maxn];
  Matrix operator *(const Matrix &B){
    Matrix ret;int i,j,k;
    for(i=0;i<size;i++){
      for(j=0;j<size;j++){
        ret.a[i][j]=0;
        for(k=0;k<size;k++)
ret.a[i][j]+=a[i][k]%mod*(B.a[k][j]%mod)%mod,ret.a[i][j]%=mod;
      }
    }
    return ret;
  }
 void setE(){
    for(int i=0;i<size;i++)for(int j=0;j<size;j++)a[i][j]=0;
    for(int i=0;i<size;i++)a[i][i]=1;
 }
 Matrix pow(long long n){
    Matrix t,A;t.setE();A=*this;
    while(n>0){
      if(n&1)t=t*A;
      A=A*A;
      n>>=1;
    }
    return t;
 }
 void pr(){
    for(int i=0;i<size;i++){
      for(int j=0;j<size;j++)printf("%d ",a[i][j]%mod);
      printf("\n");
    }
  }
}M;
int main(){
  long long k,i,j;
//输入矩阵尺寸，求k次方
while(scanf("%lld%lld",&size,&k)!=EOF){
  for(i=0;i<size;i++){    //读入size*size矩阵
    for(j=0;j<size;j++)scanf("%lld",&M.a[i][j]);
  }
  Matrix t=M.pow(k);      //求矩阵的n次幂
  t.pr();
}
 return 0;
}
```

例 13-5　二分解方程

给定一个方程 $8\times x\text{\^{}}4+7\times x\text{\^{}}3+2\times x\text{\^{}}2+3\times x+6=y$，请你求出 0～100 的解。

输入

第一行是样例个数 T（$1 \leqslant T \leqslant 100$），接下来有 T 行，每行有一个实数 y（fabs（y）≤1e10）。

输出

对每个样例，输出该方程的一个实数解，小数点后保留 4 位，如果在 0～100 无解，就请输出“No solution!”。

样例输入	样例输出
2 100 -4	1.6152 No solution!

在线测试：Hdu 2199

试题解析

给出函数式 $8\times x\text{^}4 + 7\times x\text{^}3 + 2\times x\text{^}2 + 3\times x + 6 = y$。输入 y，求 x，逐步分析如下：

（1）对于 $y=f(x)$，一般会想到由 x 求 y，在写程序时，直接调用事先写好的函数即可。若是要由 y 求 x 呢？

① 可以用 y 表示 x。然后调用自己写好的函数。

② 暴力或者某种查找方法，在 x 的区间内查找到合适的 x，使得它符合方程的 y 值。

（2）因为 $f(x)$ 在 [0,100] 之间单调递增，所以要想 x 落在 [0,100]，那么 y 就必须落在 $f(0)$～$f(100)$。

（3）单调递增就意味着已经有序，可以用二分查找。

（4）二分查找中，对于整数来说，mid 的左边用 mid-1 来表示，mid 的右边用 mid+1 来表示；对于小数来说，mid 的左边用 mid- 一个很小的数来表示即可，同样，mid 的右边用 mid+ 一个很小的数来表示。

程序清单

```
#include<stdio.h>
#include<math.h>
double f(double n){
    return 8*pow(n,4)+7*pow(n,3)+2*pow(n,2)+3*n+6;
}
int main(){
    double l,r,mid,y,ans;
    int t;
    scanf("%d",&t);
    while(t--){
        scanf("%lf",&y);
        if(y>=f(0)&& y<=f(100)){        // 因为 f(x) 在 [0,100] 单调递增
```

```
                                        // 所以如果要想 x 落在 [0,100]，那么 y 就必须落在
                                        // f(0)～f(100) 之间
            l=0;
            r=100;
             // 下面为什么不直接写 r>l 呢
             // 因为两个小数直接比较，精度不确定，有时会出错
            while(r-l>1e-6){            //1e-6 是一个很小的数，为 10 的 -6 次方
                mid=(r+l)/2;
                ans=f(mid);
                if(ans>y){
                     // 对于小数来说，mid 的左边用 mid- 一个很小的数来表示
                     r=mid-1e-7;
                }else{                  //mid 的右边用 mid+ 一个很小的数来表示
                     l=mid+1e-7;
                }
            }
            printf("%.4lf\n",(l+r)/2);
        }else{
            printf("No solution!\n");
        }
    }
}
```

例 13-6　Cup

WHU-ACM 团队有一个大杯子，每个成员都用它喝水。现在，我们知道杯子里的水的体积，你能告诉我们它的高度吗？杯子的上下圆的半径是已知的，杯子的高度也是已知的。

输入

输入由几个测试样例组成。输入的第一行包含一个整数 T，表示测试样例的数量。每个测试样例都在一行，由 4 个浮点数组成：r、R、H、V，分别表示水杯的底部半径、顶部半径、高度和水的体积。技术规范如下：

（1）$T \leqslant 20$。

（2）$1 \leqslant r$，R，$H \leqslant 100$；$0 \leqslant V \leqslant 1000000000$。

（3）$r \leqslant R$。

（4）r、R、H、V 之间用空格隔开。

（5）两个测试样例之间没有空格。

输出

每个测试样例，输出水的高度，小数点后面保留 6 位。

样例输入	样例输出
1 100 100 100 3141562	99.999024

在线测试：hdu 2289

试题解析

对水的高度通过二分查找出最合适的高度，使水的体积达到题设要求，以此类推。

程序清单

```
#include<stdio.h>
#include<math.h>
#define MIN 1e-7
#define PI 3.14159265
int T;
double h,a,b,t,the,r,R,H,v,rnow;
int main()
{
      scanf("%d",&T);
      while(T--)
      {
           scanf("%lf%lf%lf%lf",&r,&R,&H,&v);
           the=(R-r)/H;
           a=H;b=0;
          while(a-b>MIN)
           {
                 h=(a+b)/2;           // 假设水的高度是 h
                 rnow=h*the+r;
                 t=PI/3*(rnow*rnow+r*r+rnow*r)*h-v;
                   // h 高度的水的体积与已知的水的体积 v 是否接近
                   // 很接近时，a 与 b 也会接近
                 if(t>0)a=h;
                 else b=h;
          }
          printf("%.6lf\n",h);
     }
}
```

第 14 章　数 论 初 步

本章中的各定义摘自：《初等数论》高等教育出版社 . 闵嗣鹤。关于数论的详细知识可以阅读此书。

下面介绍最大公因数。

定义：设 a_1，a_2，…，a_n 是 n（$n \geqslant 2$）个整数，若整数 d 是它们之中每一个数的因数，那么 d 就叫作 a_1，a_2，…，a_n 的一个公因数。

整数 a_1，a_2，…，a_n 的公因数中最大的一个叫作最大公因数。

我们把两个数 a 和 b 的最大公因数记作 gcd（a, b）（greatest common divisor, gcd）。b 整除 a 或 a 被 b 整除，记作 $b|a$，此时把 b 叫作 a 的因数，把 a 叫作 b 的倍数，有性质：

$$\gcd(a, b) = \gcd(a, b-a) \qquad （性质 1）$$

$$\gcd(a, b) = \gcd(a, b\%a) \qquad （性质 2）$$

例如，a=28、b=18，那么 if　d|28　and　d|18 then d| (28 mod 18)，于是计算过程：

$\gcd(a, b) = \gcd(28,18) = \gcd(b,a\%b) = \gcd(18,28\%18)$

$= \gcd(18, 10)$

$= \gcd(10, 8)$

$= \gcd(8, 2)$

$= \gcd(2, 0)$

$= 2$

也可以表示如下：

↓ a	b ↑
28	18
18	10
10	8
8	2
2	0

gcd 是“辗转相除法”的应用（又名欧几里得算法）。

证明：

假设两个整数 a 和 b（求 a 与 b 的最大公约数）；

这里保证 $a>b$，当不满足条件的时候，则交换 a 和 b 的值。

设 quotient = a/b，同设 remainder = $a\%b$，那么一定存在 $a = b\times$quotient + remainder，可以写成 remainder = $a-b\times$quotient（remainder 不为 0，当 remainder 为 0 时，b 就是 a 和 b 的最大公约数）。

设 a 和 b 的任意公约数为 d，

那么可以写成

$$a = k\times d$$

$$b = t \times d \quad （k\text{ 和 }t\text{ 都为整数）}$$

代入 $\text{remainder} = a-b\times\text{quotient} = k\times d-t\times d\times\text{quotient}$

$= (k-t\times\text{quotient})\times d;$

显然 $k-t\times$quotient 为整数，即 remainder 能被 d 整除，而 d 是被设为任意的 a 和 b 的公约数。

那么就证明：remainder（值为 $a\%b$）的约数也是 a 和 b 的公约数。

很显然，通过这样的运算，不会减少一个（a 和 b 的公约数），只是值在不断变小，直到 remainder 等于 0 的时候，找到最大公约数，即证明欧几里得算法。

程序清单

```
#include<stdio.h>
int gcd(int a,int b)
{
      f(b==0)
         return a;
      else
         return gcd(b,a%b);
}
int main()
{
      int a,b,c;
      while(scanf("%d%d",&a,&b)!=EOF)
      {
         c=gcd(a,b);printf("%d\n",c);
      }
}
```

上面 gcd 函数用的是递归编程，可以再用下面的迭代编程：

```
int gcd(int a,int b)
{
      while(b)
      {
          a=a % b;
          int temp=a;    a=b;b=temp;      //交换变量 a 和 b 的值
      }
      return a;
}
```

还可以写成：

```
int gcd(int a,int b)
{
      return b==0?a:gcd(b,a % b);
}
```

例 14-1　最小公倍数

给定两个正整数，计算这两个数的最小公倍数。

样例输入	样例输出
10 14	70

试题来源：POJ

在线测试：hdu 1108

试题解析

a 和 b 的最小公倍数记为 lcm (a,b)，lcm $(a,b) = a\times b$ / gcd $(a,b) = a$/gcd $(a,b)\times b$（防止数据过大而溢出）。

例如：gcd (12, 15) = 3，lcm (12,15) = 12/3×15 = 60。

例如：gcd (50000, 52000) =2000。

lcm (50000, 52000) = 50000/2000×52000 = 25×52000 = 130000

如果先做乘法 50000×52000 = 2600000000，则数据会过大。

程序清单

```
#include<stdio.h>
int gcd(int a,int b)
{
   if(b==0)return a;
   else
   return gcd(b,a%b);
}
int main()
{
      int a,b,c;
       while(scanf("%d%d",&a,&b)!=EOF)
       {
          c=a/gcd(a,b)*b;  printf("%d\n",c);
      // c=a*b/gcd(a,b);  printf("%d\n",c);  先做乘法会溢出
       }
}
```

例 14-2　素数判定

对于表达式 n^2+n+41，当 n 在（x, y）范围内取整数值时（包括 x、y）（$-39\leqslant x<y\leqslant 50$），判定该表达式的值是否都为素数。

输入

输入数据有多组，每组占一行，由两个整数 x、y 组成，当 x=0、y=0 时，表示输入结束，该行不做处理。

输出

对于每个给定范围内的取值，如果表达式的值都为素数，则输出 OK；否则请输出 Sorry，每组输出占一行。

样例输入	样例输出
0 1 0 0	OK

试题来源：hdu

在线测试：hdu 2012

试题解析

定义一个大于 1 的整数，如果它的正因数只有 1 及它本身，就叫作质数（或素数），否则就叫作合数。

判断一个数 m 是否是素数，可以用 2～m-1 的数去除 m，如果都不能整除，那么就可以认为 m 是素数。

也可以用 2～$\sqrt{m}$去除 m，如果都不能整除，那么就可以认为 m 是素数。

如 101，101/10 不能整除，101/11 也不能整除，现在从 1 到 11 的整数都不能整除 101，而我们知道 11×11=121，还需要判断 101/12 吗？不需要，因为 101/12＜11，假如 101 能被 12 整除，那它就一定能够被所除得的数 101/12 所整除，而这个数又小于 11。然而前面的小于 11 的数都验证过，不能被 101 整除，所以 101/12 一定不能整除，那就不需要去判断 101/12。

设 a 不是素数，假设有一个比$\sqrt{a}$大的因子 b，那么 a 除以 b 一定是一个整数且小于$\sqrt{a}$，所以只要判断不大于$\sqrt{a}$的那些数是否存在 a 的因子，就可以断定 a 是否为素数。

严格的证明过程可以自己写一下，可以参考《具体数学》。

程序清单

```
#include<stdio.h>
int Is(int m)
{ //从 2 到√m 的数，看是否能被 m 整除，都不能被 m 整除，即可以认为 m 是素数
  //读者可以再次思考为何只要判断到√m 就够了，而不判断到 m-1
     int i;
     for(i=2;;i++)
     {
          if(m % i==0)return 0;          //不是素数，因为 m 能够被 i 整除
          if(i * i>m)break;              //找到√m 就不用再找了
     }
     return 1;     //是素数
}
```

```
int main()
{
     int x,y,yes,i,m,n;
     for(i=0;i<10;i++)
     while(1)
     {//n^2+n+41，当n在（x,y）范围内取整数值时
      //（包括x,y）(-39 <= x<y<=50)，判定该表达式的值是否都为素数
          scanf("%d%d",&x,&y);
          if(x==0 && y==0)break;
           if(x>y){ i=x;x=y;y=i;}        //小的x，大的y
          yes=1;
          for(n=x;n<=y;n++)
           {
               m=n*n+n+41;
               if(Is(m)==0){ yes=0;break;}
           }
          if(yes)printf("OK\n");
          else printf("Sorry\n");
     }
     return 0;
}
```

例 14-3　素数判定优化

如果被判定数为 *n*，且最大值为 1e18，显然如果还是用上述方法，则耗时高。因此在这里再进一步优化。

规律：

除 2 和 3 以外的所有素数，都可以写成 6*k*−1 或 6*k*+1（*k* 为整数），即当一个数在 6 的倍数的两侧时，它可能是素数，但当其不满足条件时，它一定不是素数。

证明：

对于任意一个数，都可以写成 6*k*、6*k*+1、6*k*+2、6*k*+3、6*k*+4 和 6*k*+5 的其中一种，其中，6*k*、6*k*+2 和 6*k*+4 都是 2 的倍数，因此均为非素数，同时 6*k* 和 6*k*+3 都是 3 的倍数，证明素数一定可以写成 6*k*+1 或 6*k*+5（6*k*−1），即在 6 的倍数的两侧。

程序清单

```
bool Is(int num){
     if(num<=3){           //2、3是特例
         return num>1;
     }
     if(num % 6 != 1 && num % 6 != 5){          //不在6的倍数两侧的一定不是质数
         return false;
     }
     int sq=(int)sqrt(num);
     for(int i=5;i<=sq;i+=6){                   //循环周期为6
```

```
        if(num % i==0||num %(i+2)==0){ //i 即 6k-1; i+2 即 6k+1
            return false;
        }
    }
    return true;
}
```

提示

对于为什么循环周期要取 6，当程序能走到 for 循环的时候，已经说明这个数满足在 6 的两侧，即满足 $6k+1$ 或者 $6k-1$ 的格式（满足非 2 的倍数，也非 3 的倍数），然后格式（$6k$，$6k+2$，$6k+3$，$6k+4$）是 2 或 3 的倍数，所以我们已经得到，数字 num 不能被 $6k$、$6k+2$、$6k+3$、$6k+4$ 的数整除，所以判断周期为 6，而不是进行 i++。

例 14-4　水仙花数

春天是鲜花的季节，水仙花就是其中最迷人的代表。数学上有个水仙花数，它是这样定义的：

“水仙花数”是指一个 3 位数，它的各位数字的立方和等于其本身，如 153=1^3+5^3+3^3（^ 符号表示次方，5^3 即 5 的 3 次方）。

现在要求输出所有在 m～n 范围内的水仙花数。

对于每个测试样例，要求输出所有在给定范围内的水仙花数，即输出的水仙花数必须大于等于 m，并且小于等于 n。如果有多个，则要求从小到大排列在一行内输出，之间用一个空格隔开；如果给定的范围内不存在水仙花数，则输出 no；每个测试样例的输出占一行。

样例输入	样例输出
100 120 300 380	no 370 371

试题来源：hdu

在线测试：hdu 2010

程序清单

```
#include<stdio.h>
int fun(int m)
{//m=abc;
    int a,b,c;
    a=m/100;        //m 的百位数
    b=m/10%10;      //m 的十位数
    c=m%10;//m 的个位数
    if((a*a*a+b*b*b+c*c*c)==m)return 1;         // 如果 m 是水仙花数，则返回 1
    else return 0;                              // 否则返回 0
}
int main()
{
```

```
    int i,j,m,n;
    while(scanf("%d%d",&m,&n)!=EOF)
    {
       j=0;
       for(i=m;i<=n;i++)
       {
         if(fun(i)==1)
         {
               j++;
               if(j>1)printf(" ");
               printf("%d",i);
         }
       }
       if(j>0)printf("\n");
       else printf("no\n");
    }
return 0;
}
```

第 15 章　动态规划初步

在多阶段决策问题中，各个阶段采取的决策一般来说是与时间有关的，决策依赖于当前状态，又随即引起状态的转移。一个决策序列就是在变化的状态中产生的，故有“动态”的含义，称这种解决多阶段决策最优化问题的方法为动态规划方法。

与穷举法相比，动态规划方法有两个明显的优点。

（1）大大减少了计算量。

（2）丰富了计算结果。

应用动态规划要注意阶段的划分是关键，必须依据题意分析，寻求合理的划分阶段（子问题）方法。而每个子问题是一个比原问题简单得多的优化问题。而且在每个子问题的求解中，均利用它的一个后部子问题的最优化结果，直到最后一个子问题所得最优解，它就是原问题的最优解。

动态规划适合解决什么样的问题？准确地说，动态规划不是万能的，它只适于解决一定条件的最优策略问题。大家听到这个结论或许会很失望。其实，这个结论并没有削弱动态规划的光环，因为属于上面范围内的问题极多，还有许多看似不是这个范围中的问题，都可以转化成这类问题。

上面所说的“满足一定条件”主要指下面两点：①状态必须满足最优化原理；②状态必须满足无后效性。

动态规划的最优化原理是，无论过去的状态和决策如何，对前面的决策所形成的当前状态而言，余下的诸决策必须构成最优策略。可以通俗地理解为，子问题的局部最优将导致整个问题的全局最优。

动态规划的无后效性原则是指某阶段的状态一旦确定，此后过程的演变不再受此前各状态及决策的影响。即“未来与过去无关”，当前的状态是此前历史的一个完整总结，此前的历史只能通过当前的状态去影响过程、未来的演变。具体地说，一个问题被划分成各个阶段之后，阶段 I 中的状态只能由阶段 I+1 中的状态通过状态转移方程得来，与其他状态没有关系，特别是与未发生的状态没有关系，这就是无后效性。

例 15-1　免费馅饼

都说天上不会掉馅饼，但有一天 Gameboy 正走在回家的小径上，忽然天上掉下大把大把的馅饼。说来 Gameboy 的人品实在是太好了，这馅饼别处都不掉，就掉落在他身旁的 10 米范围内。馅饼如果掉在地上，当然就不能吃了，所以 Gameboy 马上卸下身上的背包去接。但由于小径两侧都不能站人，所以他只能在小径上接。由于 Gameboy 平时老待在房间里玩游戏，虽然在游戏中是个身手敏捷的高手，但在现实中运动神经特别迟钝，每秒只有在移动不超过 1 米的范围内接住坠落的馅饼。现在给这条小径标上坐标，如图 15-1 所示。

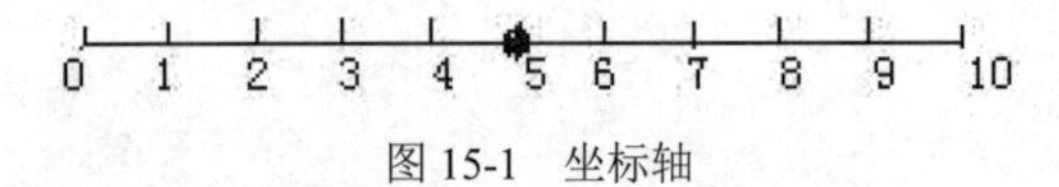

图 15-1　坐标轴

为了简化问题，假设在接下来的一段时间里，馅饼都掉落在 0～10 这 11 个位置。开始时 Gameboy 站在位置 5，因此在第 1 秒，他只能接到 4、5、6 这 3 个位置中 1 个位置上的馅饼。问 Gameboy 最多可能接到多少个馅饼（假设他的背包可以容纳无穷多个馅饼）？

输入

输入数据有多组。每组数据的第一行为正整数 n（$0<n<100000$），表示有 n 个馅饼掉在这条小径上。在接下来的 n 行中，每行有两个整数 x、T（$0<T<100000$），表示在第 T 秒有一个馅饼掉在 x 点上。同 1 秒在同一点上可能掉下多个馅饼？n=0 时输入结束。

输出

每一组输入数据对应一行输出。输出一个整数 m，表示 Gameboy 最多可能接到 m 个馅饼。

提示

本题的输入数据量比较大，建议使用 scanf 函数读入，因为使用 cin 可能会超时。

样例输入	样例输出
6 5 1 4 1 6 1 7 2 7 2 8 3 0	4

在线测试：hdu 1176

试题解析

据题意，当第 T 秒站在 x 点的时候，便可以在 T+1 秒的时候接到 x−1、x 和 x+1 这 3 个点其中的 1 个点的馅饼。

假设第 T 秒站在 x 点，那么直到结束时最多能接到多少个馅饼呢？将其记为

$$\mathrm{dp}\,[T, x]。$$

而将在 T 秒站在 x 点正接到的馅饼数记为

$$\mathrm{exactly}\,[T, x]。$$

那么下 1 秒，即 T+1 秒就有可能站在 x、x−1 和 x+1 这 3 个点之中的 1 个点，有方程

$$\mathrm{dp}[T, x] = \mathrm{exactly}[T, x] + \mathrm{MAX}\,(\mathrm{dp}[T+1, x], \mathrm{dp}[T+1, x-1], \mathrm{dp}[T+1, x+1]) \quad (15\text{-}1)$$

假设最后一个馅饼会在第 END 秒掉下，那么可知

$$\mathrm{dp}[\mathrm{END}, x] = \mathrm{exactly}\,[\mathrm{END}, x] \quad (15\text{-}2)$$

我们从最后 1 秒看起，第一步知道每一个点在 END 秒的 exactly 值，即 dp 值，下一步就可以求出每一个点在 EDN−1 秒的 dp 值，以此往前推算，最终可以求出所有点在第 0 秒的 dp 值，依题设中开始位置在 5，那么 dp[0,5] 就是所求答案，即最多可能接到的馅饼数。

把式（15-1）叫作状态转移方程，式（15-2）叫作初值表达式。

样例求解过程：

```
6
5 1
4 1
6 1
7 2
7 2
8 3
```

本例首先可知 END=3 和 exactly 值，如表 15-1 所示。

表 15-1 exactly 值

T \ x	0	1	2	3	4	5	6	7	8	9
3	0	0	0	0	0	0	0	0	1	0
2	0	0	0	0	0	0	0	2	0	0
1	0	0	0	0	1	1	1	0	0	0
0	0	0	0	0	0	0	0	0	0	0

接下来，可以依次求解在各秒的 dp 值，如表 15-2 所示。

表 15-2 dp 值

T \ x	0	1	2	3	4	5	6	7	8	9
3	0	0	0	0	0	0	0	0	1	0
2	0	0	0	0	0	0	0	3	1	1
1	0	0	0	0	1	1	4	3	3	1
0	0	0	0	1	1	4	4	4	3	3

第 3 秒时，dp[3,8] = 0，这一行的其他值都是 0。

第 2 秒时，dp[2,7] = exactly[2,7] + max (dp[2,6], dp[2,7], dp[2,8]) = 2+max (0,0,1) = 2+1 = 3。

其他的值也都是这样根据式（15-2）计算出来，最后计算到第 0 秒结束。

程序清单

```
#include<string.h>
#include<iostream>
using namespace std;
int exactly[100110][12];                    //保存第 i 秒 j 位置落下的馅饼数
int dp[100110][12];                         //保存第 i 秒 j 位置最多还能接到的馅饼数
main()
{
    int n;
```

```
    int i,i1;
    int row,col;
    int maxx=0,mmax;
    while(scanf("%d",&n),n)
    {
        memset(exactly,0,sizeof(exactly));
        memset(dp,0,sizeof(dp));
        for(i=1;i<=n;i++)
        {
            scanf("%d%d",&row,&col);
                exactly[col][row]++;    // 正接到的馅饼数
                if(col>maxx)
                    maxx=col;
        }
        for(i=0;i<=10;i++)
        dp[maxx][i]=exactly[maxx][i];   // 最后 1 秒的 dp 值直接来自于 exactly
        for(i=maxx-1;i>=0;i--)
        {
            for(i1=0;i1<=10;i1++)
            { // 按照 dp 状态转移方程来求解
                mmax=0;
                if(i1-1>=0)
                {
                   mmax=dp[i+1][i1-1];
                }
                if(dp[i+1][i1]>mmax)
                   mmax=dp[i+1][i1];
                if(dp[i+1][i1+1]>mmax&&(i1+1<=10))
                   mmax=dp[i+1][i1+1];
                dp[i][i1]=exactly[i][i1]+mmax;
            }
         }
         printf("%d\n",dp[0][5]);
     }
     return 0;
}
```

例 15-2 组建足球队

某单位要组建一支足球队，足球队除守门员外，要选 8 名进攻型球员和 8 名防守型球员，现有 n 名球员候选，每名球员有两个成绩，分别为担任进攻型球员和防守型球员的成绩，要求选出的 8 名进攻型球员的进攻成绩的和与防守型球员的防守成绩的和最大。

输入

有多组数据，每组第一行是一个整数 n（$16 \leqslant n \leqslant 200$），$n=0$ 结束。表示有 n 名候选球员，然后有 n 行，第 i 行是第 i 名球员的成绩，每行两个整数：a 是该球员的进攻成绩；b 是该球员的防守成绩（$0<a, b \leqslant 100$）。

输出

每组输出 17 行，第一行是成绩的最大值，后面是选到的球员的编号、成绩 a、成绩 b 和担任角色 d。d=1 表示进攻型；d=2 表示防守型。

样例输入	样例输出
16 88 82 71 75 75 70 59 59 65 63 36 46 58 42 32 42 73 96 77 68 75 92 44 43 93 93 57 62 46 79 57 88	1139 1 88 82 1 2 71 75 2 3 75 70 1 4 59 59 1 5 65 63 1 6 36 46 2 7 58 42 1 8 32 42 2 9 73 96 2 10 77 68 1 11 75 92 2 12 44 43 1 13 93 93 1 14 57 62 2 15 46 79 2 16 57 88 2
20 88 82 71 75 75 70 59 59 65 63 36 46 58 42 32 42 73 96 77 68 75 92 44 43 93 93 57 62 46 79 57 88 89 52 63 50 80 88 55 96 0	1285 1 88 82 1 2 71 75 2 3 75 70 1 4 59 59 1 5 65 63 1 9 73 96 2 10 77 68 1 11 75 92 2 13 93 93 1 14 57 62 2 15 46 79 2 16 57 88 2 17 89 52 1 18 63 50 1 19 80 88 2 20 55 96 2

试题来源：Zhousc 出题

试题解析

score[i][j][k] 表示从第 1 到第 i 名候选球员（前 i 个）中，选 j 名为进攻型球员、k 名为防守型球员的成绩最大值。

具体来说，score[100][8][8] 表示从前 100 名候选球员中选 8 名为进攻型球员、8 名为防守型球员的成绩最大值，a[101]、b[101] 是第 101 名球员的成绩。如果 a[101] 比前 100 名中选出的 8 名进攻型球员的进攻成绩低，以及 b[101] 比选出的 8 名防守型球员的防守成绩低，那么当加入第 101 名球员时成绩不会增加，即

```
score[101][8][8]=score[100][8][8]
```

如果 a[101] 比前 100 个中选出的 8 名进攻型球员中进攻成绩最低的要大，那么把这 8 名进攻型球员中进攻成绩最低的换成第 101 名球员，成绩增加。把成绩最低的换下后，score[100][8][8] 变成 score[100][7][8]，加上第 101 名球员后：

```
score[101][8][8]=score[100][7][8]+a[101]
```

上述说法可以表示为：

```
if(score[100][7][8]+a[101]>score[100][8][8])
     score[101][8][8]=score[100][7][8]+a[101];
```

同理，如果 b[101] 比前 100 名中选出的 8 名防守球员中防守型成绩最低的要大，那么把那 8 名防守型球员中防守成绩最低的换成第 101 名球员，成绩增加。把成绩最低的换下后，score[100][8][8] 变成 score[100][8][7]，加上第 101 名球员后：

```
score[101][8][8]=score[100][8][7]+b[101]
```

上述说法可以表示为：

```
if(score[100][8][7]+b[101]>score[100][8][8])
     score[101][8][8]=score[100][8][7]+b[101];
```

一般来说，score[*i*][*j*][*k*] 是 3 个中的最大值，即

```
max{
    score[i-1][j][k],
    score[i-1][j-1][k]+a[i],
    score[i-1][j][k-1]+b[i]
}
```

程序清单

```
#include<stdio.h>
#include<math.h>
#include<stdlib.h>
#include<stdio.h>
int score[201][10][10],a[201],b[201],c[20],d[20];
int max(int a,int b)
{
     if(a>=b)return a;
     else return b;
}
```

```
int main()
{
    int i,j,k,n,m,s,m1,m2,m3;
    while(1)
    {
       scanf("%d",&n);if(n==0)break;
       for(i=1;i<=n;i++)
           scanf("%d%d",&a[i],&b[i]);
       for(i=0;i<=n;i++)
       for(j=0;j<=8;j++)
       for(k=0;k<=8;k++)score[i][j][k]=0;
       score[1][1][0]=a[1];
       score[1][0][1]=b[1];
       for(i=2;i<=n;i++)
       {
           for(j=0;j<=8 && j<=i;j++)
           {
               for(k=0;k<=8 &&(j+k<=i);k++)
               {if(j+k==0)continue;
               m1=score[i-1][j][k];
               if(j>0)m2=score[i-1][j-1][k]+a[i];
                    else m2=0;  //j=0  score[i-1][j-1][k] 不存在
               if(k>0)m3=score[i-1][j][k-1]+b[i];
                    else m3=0;  //k=0  score[i-1][j-1][k] 不存在
              score[i][j][k]=max(max(m1,m2),m3);
           }
       }
   }
   printf("%d\n",score[n][8][8]);                    // 最大值
   j=k=8;s=0;
   for(m=n;m>=1;m--)
   {   if(s==16)break;                               // 计算哪些球员被选
       if(score[m][j][k]!=score[m-1][j][k])          // 第 m 名球员被选
       {
          s++;  c[s]=m;
           if(j>0)
           {
               if(score[m][j][k]==score[m-1][j-1][k]+a[m])
               {    d[s]=1;j--;}                    // 第 m 名球员被选为进攻型球员
               else {d[s]=2;k--;}
               } else {d[s]=2;k--;
           }                                         // 第 m 名球员未选
       }
   }
   for(i=16;i>=1;i--)
       printf("%d %d %d %d\n",c[i],a[c[i]],b[c[i]],d[i]);
   }
}
```

例 15-3　Bag of Mice

龙与公主在争论新年前夜应该做些什么。龙提议说飞到山上观赏仙女们在月光下跳舞，而公主认为她们只应该早些去睡觉。他们希望能达成一个友好的约定，于是决定听天由命。

这里有一个一开始装有 w 只白鼠、b 只黑鼠的袋子，他们轮流从中抓出一只老鼠。先抓出白鼠的人获胜。当龙从袋子中抓取一只老鼠时，其他老鼠会被惊吓到，并且会随机跳出来一只老鼠（公主取出老鼠时很小心，所以不会惊吓到其他老鼠）。公主先取，她获胜的概率有多大？

如果袋子里空了，并且没有人取出一只白鼠，那么龙赢了。从袋子中跳出来的老鼠不会成为评判获胜者的证据（不用来确定获胜者）。一旦老鼠离开了袋子，它就再也不回来了。每只老鼠从袋子里取出来的概率一样，每只老鼠从袋子里跳出来的概率一样。

输入

输入数据由唯一一行包含两个整数 w 和 b 组成（$0\leqslant w$ 和 $b\leqslant 1000$）。

输出

输出公主获胜的概率。数据精确到 10^−9。

样例输入	样例输出
1 3	0. 500000000
5 5	0. 658730159

试题来源：codeforces 148D

试题解析

袋子里 w 只白鼠，b 只黑鼠，每次抓 1 只鼠，先抓到白鼠的获胜，都没抓到则龙获胜。公主先抓，龙在抓时会随机跑走 1 只鼠，求公主获胜的概率，输出保留 9 位小数。

我们会发现随着公主和龙轮流抽取的进行，抽到白鼠和黑鼠的概率是时刻变化的，并且与之前一次的抽取结果有关。所以考虑使用动态规划：用 dp[i][j] 记录当前有 i 只白鼠、j 只黑鼠的情况下，公主获胜的概率。我们把每回合、各种抽取的可能性都列举出来，由于每一回合都是公主先抽取，可能有如下情形。

（1）公主抽到白鼠，公主获胜：概率为 $i/(i+j)$。

（2）公主抽到黑鼠，龙抽到白鼠，公主败北：概率为 $j/(i+j)\times(i)/(i+j-1)$。

（3）公主抽到黑鼠，龙也抽到黑鼠，袋中跑出 1 只黑鼠，概率为 $j/(i+j)\times(j-1)/(i+j-1)\times(j-2)/(i+j-2)$，此时状态变为 dp[$i$][$j-3$]，注意边界：$j\geqslant 3$。

（4）公主抽到黑鼠，龙也抽到黑鼠，袋中跑出 1 只白鼠，概率为 $j/(i+j)\times(j-1)/(i+j-1)\times i/(i+j-2)$，此时状态变为 dp[$i-1$][$j-2$]，注意边界：$j\geqslant 2$、$i\geqslant 1$。

（5）当 w=0 时，公主必输。

（6）当 b=0 且 $w\neq 0$ 时，公主必赢。

当前一轮为情形（3）或情形（4），本轮还可能为情形（1），所以情形（1）的来源有情形（1）、情形（3）和情形（4）。

程序清单

```
#include<stdio.h>
#include<string.h>
using namespace std;
const int MAXN=1000+10;
double dp[MAXN][MAXN];
//dp[i][j] 记录在有 i 只白鼠、j 只黑鼠时获胜的概率
int main(void)
{
    int w,b;
    while(~scanf("%d%d",&w,&b))
    {
        memset(dp,0,sizeof(dp));
        for(int i=1;i<=w;i++)
             dp[i][0]=1;                          //当只有白鼠时，全部初始化为1
        for(int i=1;i<=w;i++)
        {
            for(int j=1;j<=b;j++)
            {
                dp[i][j]=(double)i/(i+j);         //情形（1），公主抽到白鼠而获胜
                //下面是两条状态转移
                if(j>=3)//注意边界条件，情形（3）
                dp[i][j]+=(double)j/(i+j)*(j-1)/(i+j-1)*(j-2)/(i+j-2)*dp[i][j-3];
                if(j>=2)//情形（4）
                 dp[i][j]+=(double)j/(i+j)*(j-1)/(i+j-1)*i/(i+j-2)*dp[i-1][j-2];
            }
        }
        printf("%.9lf\n",dp[w][b]);
    }
}
```

例 15-4　Walking in the Rain

Berland 的反对派打算组织群众在林荫大道上游行示威，这条大道由 n 块瓦片排成一排，并从左到右依次从 1 到 n 编号。反对派需要从第 1 块开始走，最后走到第 n 块。合法的行走操作包括向右移动一次，或者跳过一块瓦片，更确切地说，如果你站在第 i 块瓦片（$i<n-1$），则可以到达第 $i+1$ 或第 $i+2$ 块瓦片（如果你站在第 $n-1$ 的瓦片上时，则只能到达第 n 块瓦片上）。

为了使反对派的游行挫败，Berland 血腥政权组织了这场雨。大道上的瓦片质量很差，很快就被雨水毁坏了。我们知道第 i 块瓦片是在第 a_i 天的降雨之后被破坏的（该瓦片在 a_i 天还没有被破坏，在 a_{i+1} 天就被破坏了）。当然，没有人可以在毁坏的瓦片上行走！

反对派希望为他们的游行聚集更多的支持者。因此，拥有的聚集时间越长越好。帮助反对派计算他们还有多少时间，并告诉我们能够从第 1 号瓦片走到第 n 号瓦片最多要多少天。

输入

第一行包括整数 n（$1 \leqslant n \leqslant 1000$），表示大道的长度。

第二行由 n 个以空格分隔的整数 a_i 组成，表示第 i 块瓦片在第几天被破坏（$i \leqslant a_i \leqslant 1000$）。

输出

一个单独的数字，表示所需的天数。

样例输入	样例输出
4 10 3 5 10	5
5 10 2 8 3 5	5

注意

在第一个样例中，第二块瓦片在第 3 天之后被破坏，剩下的唯一路径是 1→3→4。第 5 天之后，第一块和最后一块之间有两块瓦片的间隔，不能跳过它。

在第二个样例中，路径 1→3→5 到第 5 天可用，包括第 5 天。第 6 天，最后一块瓦片被毁，行走受阻。

在线测试：CodeForces-192B

试题解析

n 块瓦片，从 1 走到 n，每次操作可以走向后 1 位或后 2 位，每块瓦片会在给定的日期后销毁，问最长可通行天数是多少天？

利用贪心的思想，考虑将销毁的日期从前到后排序，使用结构体数组 a 存储每块瓦片的编号 i 和销毁日期 d。然后，使用另一个标记数组 flag 存储每块瓦片是否被销毁。通过对日期有序的数组 a 而依次遍历每块瓦片。处理当前瓦片时，如果允许销毁，就将这块瓦片使用了再销毁，之前和之后的两块瓦片设为不可销毁，如果不能销毁则跳出，并记录当前瓦片的销毁时间，即为解答。遍历的时间复杂度为 O (n)，排序用的时间复杂度取决于 sort，一般就是 O ($n$log$n$)。

这里是贪心的思路，后面再用 DP 的方法来求解。

程序清单

```
#include<stdio.h>
#include<string.h>
#include<algorithm>
using namespace std;
const int MAXN=1000+10;
struct pot
{
    int i;                                  // 第几块
```

```
    int d;                                  //第几天销毁
};
bool cmp(pot a,pot b)
{
    if(a.d!=b.d)
        return a.d<b.d;
}
pot a[MAXN];
int flag[MAXN];                             //标记第 i 块能否被销毁
int main(void)
{
    int n;
    while(~scanf("%d",&n))
    {
        memset(flag,1,sizeof(flag));        //初始化标签，每块都能删
        flag[1]=0;
        flag[n]=0;                          //第 1 块和最后 1 块不能销毁
        for(int i=1;i<=n;i++)
        {
            a[i].i=i;
            scanf("%d",&a[i].d);
        }
        sort(a+1,a+n+1,cmp);                //将销毁天数从小到大排列
        int maxday;
        for(int i=1;i<=n;i++)
        {  //处理到排序后的 a[i] 瓦片
           //如果要销毁 i 瓦片，经过它，使用了它之后再销毁它
           //它前后的瓦片都不能销毁
            if(flag[a[i].i]==0)             //当删去不该删的瓦片时跳出
            {
                maxday=a[i].d;              //此时，即为能维持的最大天数
                break;
            }
            flag[a[i].i-1]=0;               //前面的瓦片不能销毁
            flag[a[i].i+1]=0;               //后面的瓦片都不能销毁
        }
        printf("%d\n",maxday);
    }
}
```

试题解析

此题也可以用动态规划思想求解。

如果你想跳到第 i 点，则可以从第 i-1 点或第 i-2 点开始跳。所以我们只要维护动态规划转移方程式就可以了：

```
dp[i]=min(dp[i],max(dp[i-2],dp[i-1]))
```

表 15-3 以样例 1 为例列举 dp 值。

表 15-3　样例 1 的 dp 值

瓦片序号	1	2	3	4
销毁日期	10	3	5	10
区间内最小销毁日期 dp	10	3	5	5

这种思路时间复杂度为 O (n)，同时空间复杂度也减小了。

程序清单

```
#include<stdio.h>
#include<algorithm>
#include<string.h>
using namespace std;
int dp[1010];
int main()
{
     int n;
     while(~scanf("%d",&n))
     {    scanf("%d",&dp[1]);
          scanf("%d",&dp[2]);
          dp[2]=min(dp[2],dp[1]);
          for(int i=3;i<=n;i++)
          {
               scanf("%d",&dp[i]);
               dp[i]=min(dp[i],max(dp[i-2],dp[i-1]));
          }
          printf("%d",dp[n]);
     }
     return 0;
}
```

例 15-5　Boredom

Alex 不喜欢无聊。这就是为什么每当他感到无聊时，他都会想出一些游戏。一个漫长的冬夜，他想出了一个游戏，并决定来玩。

给定一个由 n 个整数组成的序列 a。玩家可以走一些步。在一个步骤中，他可以选择序列中的一个元素（我们将其表示为 a_k）并将其删除，此时，所有等于 a_k+1 和 a_k-1 的元素必须从序列中删除。这一步将 a_k 的数据作为得分给玩家，Alex 是个完美主义者，所以他决定尽可能多地得分，请帮帮他。

输入

第一行是一个整数 n（$1 \leq n \leq 10\^{}5$），表示序列的长度。

第二行是长度为 n 的序列 a_1，a_2，...，a_n（$1 \leq i \leq n$，$1 \leq a_i \leq 10\^{}5$）。

输出

输出一个整数——所能获得的最大得分。

样例输入	样例输出
2 1 2	2
3 1 2 3	4
9 1 2 1 3 2 2 2 2 3	10

试题来源：CF

在线测试：CodeForces-455A

试题解析

这是一道求最值问题，一般可以考虑动态规划（DP）与贪心。选了某个数 a_k 之后，删除和它值相差 1 的数，即选了某个数之后，和它相差 1 的数就不能再选了；再结合 n 的范围是不是小于 10 万，可以考虑用一维数组来做 DP。

怎样得出 DP 的状态转移方程呢？考虑在这么一长串序列中的某个元素 a_k，那么对应 DP 里的数组 dp[k] 就有两种可能，取该元素或不取。如果不取这个 a_k，那么 dp[k] 就等于 dp[k−1]；如果取这个 a_k，那么 dp[k] 就等于 dp[k−2] 再加上整个序列中所有等于 k 的值。状态转移方程如下：

dp[k]=max(DP[k-1],DP[k-2]+a[k]*k)

其中，a[k] 记录的是 k 值的元素有多少个；dp[k] 表示从最小的元素直到 k 元素的所有元素来看的最大得分。那么 dp[max$k$] 就是本题结果。

有三点详细展开。

（1）取了 k 之后，k-1 肯定就取不了，所以从前往后要从 k-2 算起，那么初始化至少要给 2 个 dp 赋值。

（2）取一个 k 之后，剩下的 k 也不会被别的操作删除（因为能够删除 k 的元素已经在取 k 的操作中被删除了），所以直接把所有的 k 加上，即 a[k]*k。

（3）这种思路还得看一下每个元素的取值范围，根据题述 $1 \leqslant a_i \leqslant 10$^5，确定其可以在一个数组中够存。但有些题一维的不好写，数组就设置不了这么大，要再具体考虑是否有别的方法。

程序清单

```
#include<bits/stdc++.h>
using namespace std;
int a[100010];
long long dp[100010];
int n,t,maxx=0;
```

```
int main(){
memset(a,0,sizeof(a));
scanf("%d",&n);
for(int i=1;i<=n;i ++)
{
    scanf("%d",&t);
    a[t]++;
    maxx=max(maxx,t);
    //maxx 记录后面需要遍历的长度的，这样能节省不少时间
}
dp[0]=0,dp[1]=a[1];// 为数组 dp 赋初值
for(int i=2;i<=maxx;i++)
{
    // 在计算过程中要强制类型转换，否则 10 的 10 次方运算会溢出
    dp[i]=max(dp[i-2]+(long long)a[i]*i,dp[i-1]);
}
printf("%I64d",dp[maxx]);
return 0;
}
```

训练攻略

根据以往训练经验来看，队员们在 DP 学习中最大的问题是没有对 DP 下定义。对 DP 下定义能够很好地提高 DP 水平。不断地使用定义来描述问题，只是阶段或规模，即参数在变化，这样有助于对 DP 题的理解，以及能够锻炼较快速地找到 DP 状态转移方程式。

例 15-6　Vacations

Vasya 有 n 天假期，所以他决定提高自己的 IT 能力和运动能力。他知道这 n 天里的每一天都有以下信息：体育馆是否开放，那天是否在网上进行了比赛。每一天有 4 种选择。

（1）在这一天，健身房关闭，比赛没有进行。

（2）在这一天，健身房关闭，比赛开始。

（3）在这一天，健身房开放，比赛没有进行。

（4）在这一天，健身房开放，比赛进行。

在每一天中，Vasya 都可以休息一下或参加比赛（如果这天举行比赛），或者参加体育运动（如果这天健身房开门）。要求找出 Vasya 可以休息的最短天数（他不会同时做运动和打比赛）有个限制条件，他不想连续两天进行相同的活动，即他不会连续两天进行运动，或者连续两天进行比赛。

输入

第一行为一个正整数 n（$1 \leq n \leq 100$）—— 主角假期有多少天。

第二行为整数序列 a_1，a_2，...，a_n（$1 \leq i \leq n$，$0 \leq a_i \leq 3$），用空格分隔，每个数字代表的意思：

（1）a_i 为 0，健身房被关闭，比赛没有进行。

（2）a_i 为 1，健身房被关闭，但比赛进行。

（3）a_i 为 2，健身房是开放的，比赛没有进行。

（4）a_i 为 3，健身房是开放的，比赛进行。

输出

打印 Vasya 可以休息的最少天数。注意：不能连续两天进行运动、不能连续两天比赛。

样例输入	样例输出
4 1 3 2 0	2
7 1 3 3 2 1 2 3	0
2 2 2	1

在线测试：CodeForces-698A

试题解析

不难看出，这道题可以用 DP 求解，这也是一道求最值的问题，与例 15-5 一样，也是主要从贪心和 DP 来考虑；再从时间线上看，这是一个逐渐向后的线性问题，可以联想到 DP 里面每个状态要根据上一个状态来转移；每一个状态（这里的状态指的是每一天要进行什么活动，休息也算一种活动）都只与前一天，即上一个状态相关；最后也要考虑一下范围，假期天数 n 小于 100，可以用 DP 求解。

下面定义 dp[i][j] 为第 i 天做 j 活动时最少休息天数，其中，j=1 为休息；j=2 为比赛；j=3 为运动。用 for 循环来控制时间 i，在每一天里，根据当前的状况（体育馆是否开门，比赛是否举行）进行转移，详细的转移在下面代码中。

程序清单

```
#include<iostream>
#include<string.h>
using namespace std;
int dp[110][5],a[110],n;          // 1 为休息；2 为比赛；3 为运动
int main()
{
    scanf("%d",&n);
    for(int i=1;i<=n;i++)
{
    scanf("%d",&a[i]);
}
memset(dp,0x3f,sizeof(dp));
// 下面的注释中所说的某一天指的是“序列中的某一天”
```

```
    for(int i=1;i<=n;i++)
    {
        switch(a[i])
        {
            case 0:// 体育馆不开门，比赛也不进行，只能休息
                  // 从前一天 dp 挑一个最小的休息数，再加上今天休息这一天
                dp[i][1]=min(dp[i-1][1],min(dp[i-1][2],dp[i-1][3]))+1;
                break;
            case 1:// 在这一天，健身房关闭，比赛开始
                  // 今天也可以休息，从前一天 dp 挑一个最小的休息数，再加上今天休息这一天
                dp[i][1]=min(dp[i-1][1],min(dp[i-1][2],dp[i-1][3]))+1;
                  // 如果今天举行比赛，那么前一天要么休息，要么锻炼
                dp[i][3]=min(dp[i-1][1],dp[i-1][2]);
                break;
            case 2:// 在这一天，健身房关闭，比赛开始
                  // 下面的两种情况和 case 1 都一样
                dp[i][1]=min(dp[i-1][1],min(dp[i-1][2],dp[i-1][3]))+1;
                dp[i][2]=min(dp[i-1][1],dp[i-1][3]);
                break;
            case 3:// 在这一天，健身房开放，比赛进行
                dp[i][1]=min(dp[i-1][1],min(dp[i-1][2],dp[i-1][3]))+1;   // 今天休息
                dp[i][2]=min(dp[i-1][1],dp[i-1][3]);                     // 今天比赛
                dp[i][3]=min(dp[i-1][1],dp[i-1][2]);                     // 今天运动
                break;
        }
    }
    printf("%d",min(dp[n][1],min(dp[n][2],dp[n][3])));// 最后从三个状态中找一个最优解
    return 0;
}
```

例 15-7　E-k-Tree

最近有一个富有创造力的学生 Lesha 听了一个关于树的讲座。在听完讲座之后，Lesha 受到启发，并且他有一个关于 k-tree（k 叉树）的想法。k-tree 都是无根树，并且满足：

（1）每一个非叶子节点都有 k 个孩子节点。

（2）每一条边都有一个边权。

（3）每一个非叶子节点指向其 k 个孩子节点的 k 条边的权重，分别为 1、2、3、…、k。

k-tree 如图 15-2 所示。

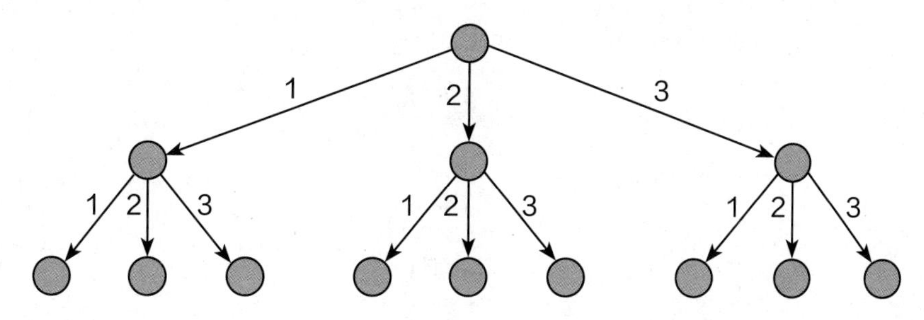

图 15-2　k-tree

当 Lesha 的好朋友 Dima 看到这种树时，Dima 提问：“有多少条总权重为 n 的路径（路径中所有边的权量之和），从一棵 k-tree 的根开始，并且在经过的这些边中，至少有一条边的权重大于等于 d 呢？”现在你需要帮助 Dima 解决这个问题。考虑到路径总数可能会非常大，所以只需输出路径总数 mod 1000000007 即可（1000000007=10^9+7）。

输入

在一行内输入 3 个整数，分别为 n、k、d（$1 \leqslant n, k \leqslant 100$; $1 \leqslant d \leqslant k$）。

输出

一个整数，整数为不同路径的总数对 1000000007 取余（1e9+7）。

样例输入	样例输出
3 3 2	3
3 3 3	1
4 3 2	6
4 5 2	7

试题来源：codeforces 431C

试题解析

直译题面，不是很好理解，我们把语序调整，再重新理解题意。要你求出有多少条路径，从根节点出发，满足路径上至少有一条边的权重不小于 d，且路径上的边权总和等于 n。

题目看上去像是对树的考察（实际不需要维护树的编程，建树都不用），但不妨从树的结构去分析此题。

题目唯一的难点是在于最小权重枝的大小，那么肯定要记录 / 维护这个值，既然这样，不如干脆将这个值作为一个单独的变量考虑，那究竟是保留最大还是最小呢？如果保留最小，存在小于 d，无法确定，所以保留最大。定义数组 dp[L][R]，L 表示到达某个节点时，经过的所有边的权重之和；R 表示经过路径中权重最大的边的大小。从当前节点出发，依次向权重分别为 1、2、3、…、k 的边走，并不断更新 L、R。

那么状态转移方程为

dp[$L+k$][max(R,k)]=dp[$L+k$][max(R,k)]+dp[L][R]

状态转移方程如图 15-3 所示。

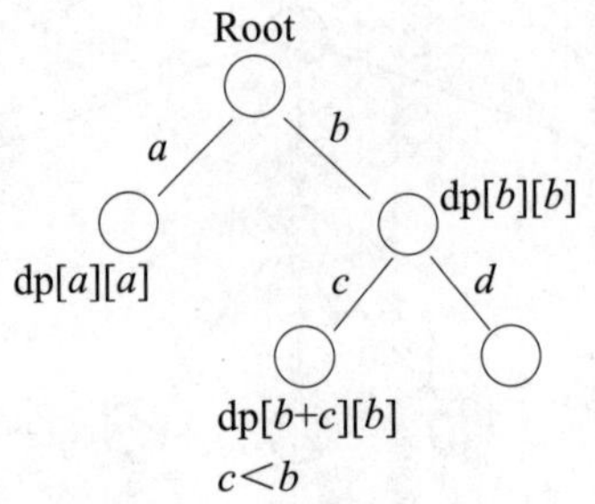

Root
a b
dp[a][a] dp[b][b]
c d
dp[$b+c$][b]
$c < b$

图 15-3　状态转移方程

遍历完成后，得到一个以经过边的权重之和为某一定值 x，并且所经过最大权边为 y 的路径总数的二维数组，即 dp[x][y]。

答案就是∑（dp[n][i]）%（1e9+7），其中 $d \leqslant i \leqslant k$。

同时，此题还要注意两点。

（1）k 与 n 的大小并没有确定，要考虑 k 大于 n 的特殊情况。

（2）因为使用的是遍历，所以要考虑当前节点能否在之前节点的前提下往下走。例如，dp[1][2] 就是不可能的，与（1）不同的是，这样的情况是由于循环嵌套产生的。

程序清单

解法 1：

```
#include<iostream>
#include<string.h>
#define Mod 10000007
using namespace std;
long long dp[200][200];
int main()
{
     int n,k,d;
     long long Ans;
     scanf("%d%d%d",&n,&k,&d);
     dp[0][0]=1;                                    // 一切的开始，根节点，此时没有经过任何边
     for(int i=0;i<=n;i++)                          // 开始从根节点出发依次向下 dp
          for(int j=0;j<=n;j++)                     // 若 k>n 仍然满足，无须另外判断
            if(dp[i][j])                            // 存在路径到达且已经到达
             for(int K=1;K<=k&&i+K<=n;K++)          // 对于每个子节点增加（模拟手动遍历树）
               dp[i+K][max(j,K)]=(dp[i+K][max(j,K)]+dp[i][j])%Mod;
                                                    // 为了防止途中数据过大，先取模
     Ans=0;                                         // 不能忘记归 0，用的是累加而不是赋值
     for(int i=d;i<=n;i++)                          // 若 k>n 仍然满足，无须另外判断
          Ans=(Ans+dp[n][i])%Mod;                   // 边加边取模，结果不变
     printf("%lld\n",Ans);
     return 0;
}
```

解法 2：

定义 dp[i][1/0]，表示总和为 i 时，最大值是否大于或等于 d 的方案数，然后枚举中间状态转移。

```
#include<iostream>
#include<cstring>
#include<cstdlib>
#include<cstdio>
#define mod 10000007
using namespace std;
int n,k,d;
```

```
long long dp[200][2];
int main()
{
    //ios::sync_with_stdio(0);
    //memset(head,-1,sizeof(head));
    while(cin>>n>>k>>d){
        //ms(dp);
        memset(dp,0,sizeof(dp));
        dp[0][0]=1;
        for(int i=1;i<=n;i++){
            for(int j=1;j<=k;j++){
                if(i>=j){
                    if(j<d){
                        dp[i][0]=(dp[i][0]+dp[i-j][0])% mod;
                        dp[i][1]=(dp[i][1]+dp[i-j][1])% mod;
                    }
                    else {
                        dp[i][1]=(dp[i][1]+dp[i-j][0]+dp[i-j][1])% mod;
                    }
                }
            }
        }
        cout<<(long long)dp[n][1]<<endl;
    }
    return 0;
}
```

第16章　图论初步

例16-1　Constructing Roads（最小生成树）

有 n 个村庄，编号从1到 n，要修建一些道路，使得每两个村庄都可以互相连通。若两个村庄 a 和 b 是连通的，当且仅当 a 和 b 之间有一条路，或者存在一个村庄 c，使得 a 和 c 之间有一条路，并且 c 和 b 之间也有路。

我们知道在一些村庄之间已经有一些道路，现在的工作是修建一些道路，使得所有村庄都是连通的，并且所修建的道路长度最小。

输入

第一行是一个整数 N（$3 \leqslant n \leqslant 100$），这是村庄的数目。然后是 N 行，其中第 i 行包含 n 个整数，其中第 j 个整数表示 i 村和 j 村之间的距离（该距离应为[1,1000]范围内的整数）。接着是一个整数 Q（$0 \leqslant Q \leqslant n \times (n+1)/2$）。最后是 Q 行，每行包含两个整数 a 和 b（$1 \leqslant a < b \leqslant n$），这意味着 a 村和 b 村之间的道路已经建成。

输出

输出一个整数，该整数是要修建的所有道路的长度，使得连通所有村庄，并且该值是最小值。

样例输入	样例输出
3 0 990 692 990 0 179 692 179 0 1 1 2	179

在线测试：hdu 1102

试题解析

需要先构思，已经有路的村庄之间，把它们的距离看成0。然后求最小生成树（Minimum Spanning Tree，MST）。在一个给定的无向图 $G = (V, E)$ 中（V 为点解、E 为边集），(u, v) 代表连接顶点 u 与顶点 v 的边，而 $w(u, v)$ 代表此边的权重，若存在 T 为 E 的子集，且为无环图，包含了所有点，使得 $w(T)$ 最小，则此 T 为 G 的最小生成树。

$$w(t) = w\sum_{(u,v)\in t}(u, v)$$

最小生成树其实是最小权重生成树的简称。

求MST的一般算法可描述为：针对图 G，从空树 T 开始，往集合 T 中逐条选择并加入 $n-1$ 条安全边（u, v），最终生成一棵含 $n-1$ 条边的MST。

当一条边（u, v）加入 T 时，必须保证 $T \cup \{ (u, v) \}$ 仍是 MST 的子集，将这样的边称为 T 的安全边。

有两种经典的算法可以求解 MST，分别是 Prim 算法和 Kruskal 算法。

1. Prim 算法

（1）输入：一个加权连通图，其中顶点集合为 V，边集合为 E。

（2）初始化：$V_{new}=\{x\}$，其中 x 为集合 V 中的任一节点（起始点），$E_{new}=\{\}$ 为空。

（3）重复下列操作，直到 $V_{new}=V$。

① 在集合 E 中选取权值最小的边 $<u, v>$，其中，u 为集合 V_{new} 中的元素，而 v 不在 V_{new} 集合中，并且 $v \in V$（如果存在多条满足前述条件，即具有相同权值的边，则可任意选取其中之一）。

② 将 v 加入集合 V_{new} 中，将 $<u, v>$ 边加入集合 E_{new} 中。

（4）输出：使用集合 V_{new} 和 E_{new} 来描述所得到的最小生成树。

2. Kruskal 算法

假设 $WN = (V, \{E\})$ 是一个含有 n 个顶点的连通图，则按照 Kruskal 算法构造最小生成树的过程：先构造一个只含 n 个顶点，而边集为空的子图，若将该子图中各个顶点看成是各棵树上的根节点，则它是一个含有 n 棵树的森林。之后，从图的边集 E 中选取一条权值最小的边，若该条边的两个顶点分属不同的树，则将其加入子图，即将这两个顶点分别所在的两棵树合成一棵树；反之，若该条边的两个顶点已落在同一棵树上，则不可取，而应该取下一条权值最小的边再试。依次类推，直至森林中只有一棵树，即子图中含有 $n-1$ 条边为止。（摘自百度百科：最小生成树）

程序清单

代码 1：

```
#include<iostream>
using namespace std;
int a[110][110],b[110],f[110];
      int main()
      {
            int i,t,j,k,sum,min,ival,num,num1,num2,Q;
            while(scanf("%d",&ival)!=EOF&&ival!=0)
            {
                  for(i=1;i<=ival;++i)
                  {
                        for(j=1;j<=ival;++j)
                              cin>>a[i][j];
                  }
                  cin>>Q;
                  for(i=1;i<=Q;++i)
                  {
                        cin>>num1>>num2;
                        a[num1][num2]=a[num2][num1]=0;      //已经有路的，把它们之间的距离看成0
                  }
```

```
            for(i=1;i<=ival;++i)
            {
                f[i]=0;
                b[i]=a[i][1];
            }
            f[1]=1;
            sum=0;
            for(t=1;t<ival;++t)
            {
                min=1000000000;
                for(i=1;i<=ival;++i)
                {
                    if(f[i]==1)
                         continue;
                    if(min>b[i])
                    {
                         min=b[i];
                         k=i;
                    }
                }
                sum+=min;
                f[k]=1;
                for(i=1;i<=ival;++i)
                {
                    if(f[i]==1)
                    continue;
                    if(b[i]>a[i][k])
                         b[i]=a[i][k];
                  }
                }
                printf("%d\n",sum);
            }
            return 0;
}
```

代码 2：

```
#include<cstdio>
#include<iostream>
#include<cstring>
#include<algorithm>
#include<cmath>
using namespace std;
const int MAXN=105;
 int p[MAXN];
 bool sum[MAXN];
 int m[MAXN][MAXN];
 struct node
 {
      int x,y,length;
```

```
}a[5000];
bool cmp(node a,node b)
{
     return a.length<b.length;
}
int Find(int x)
{
     return x==p[x]?x:(p[x]=Find(p[x]));
}
int Union(int p1,int p2)
{
     int r1=Find(p1);
     int r2=Find(p2);
     if(r1!=r2)
     {
         p[r1]=r2;
         return 0;
     }
     else return 1;
}
int main()
{
     int n;
     int cnt=0,i,j;
    while(~scanf("%d",&n))
    {
        cnt=0;
        memset(sum,0,sizeof(sum));
        for(i=1;i<=n;i++)
             p[i]=i;
         for(i=1;i<=n;i++)
              for(j=1;j<=n;j++)
                scanf("%d",&m[i][j]);
         int t,c,b;
         scanf("%d",&t);
         while(t--)                           //将已经修好的路的长度清0
         {
              scanf("%d%d",&c,&b);
              m[c][b]=m[b][c]=0;
         }
         int k=0;
     for(i=1;i<=n;i++)
     {
              for(j=1+i;j<=n;j++)
              {
                 a[k].x=i;
                 a[k].y=j;
                 a[k].length=m[i][j];
                      k++;
             }
```

```
        }
    sort(a,a+k,cmp);
        for(i=0;i<k;i++)
        {
            if(Union(a[i].x,a[i].y)==0)
                cnt+=a[i].length;
        }
        printf("%d\n",cnt);
    }
    return 0;
}
```

例 16-2　HDU Today（最短路）

经过锦囊相助，海东集团终于度过了危机，从此，HDU 的发展就一直顺风顺水，没过几年，集团已经具有相当规模，据说进入了当地经济开发区 500 强。这时候，集团徐总夫妇也退居二线，并在风景秀美的村庄买了套房子，开始安度晚年。

这样住了一段时间，徐总对当地的交通还是不太了解。有时他很郁闷，想去一个地方又不知道应该乘什么公交车，在什么地方转车，在什么地方下车。

徐总经常会用蹩脚的英文问路："Can you help me?" 看着他那迷茫而又无助的眼神，热心的你能帮帮他吗？

请帮助他用最短的时间到达目的地（假设每一路公交车都只在起点站和终点站停，而且随时都会开）。

输入

输入数据有多组，每组的第一行是公交车的总数 N（$0 \leqslant N \leqslant 10000$）；

第二行有徐总的所在地 start，目的地 end；

接着有 n 行，每行有站名 s、站名 e，以及从 s 到 e 的时间整数 t（$0<t<100$）（每个站名是一个长度不超过 30 的字符串）。

注意

一组数据中站名数不会超过 150 个。
如果 N==-1，则表示输入结束。

输出

如果徐总能到达目的地，则输出最短的时间；否则，输出 -1。

样例输入	样例输出
6 xiasha westlake xiasha station 60 xiasha ShoppingCenterofHangZhou 30	50

样例输入	样例输出
station westlake 20 ShoppingCenterofHangZhou supermarket 10 xiasha supermarket 50 supermarket westlake 10 −1	

提示

The best route is：

xiasha->ShoppingCenterofHangZhou->supermarket->westlake。

虽然偶尔会迷路，但是因为有了你的帮助，** 和 ** 从此还是过上了幸福的生活。

——全剧终——

在线测试：hdu 2112

试题解析

此题是用时最短路径问题。若网络中的每条边都有一个数值（长度、成本、时间等），则找出两个节点（通常是源节点和目的节点）之间总权和最小的路径就是最短路问题。

求解单源最短路径问题可以采用 Dijkstra 算法和 Floyd 算法等。

算法思想：

Dijkstra 算法运用贪心的思想，通过不断寻找最短距离的点，用以该点为弧尾的点的边，更新其他的路径（松弛）。设起点为 start、终点为 end，分析 start 到 end 的最短路径只有两种情况。

（1）start-->end（从起点到终点直接为最短路径）。

（2）start-->v_1-->v_2--> … -->end（从起点通过其他的点到达终点的路径）。

把顶点 V 分成两个集合。

（1）S：已经求出最短路径的顶点集合。

（2）$T = V-S$：尚未确定最短路径的顶点集合。

算法步骤：

（1）令 $S=\{V_0\}$、$T=\{$ 其余顶点 $\}$，T 中的顶点对应的距离值若存在 <$V0$, Vi>，则为该边的权值，若不存在，则为 INF（无穷大）。

（2）从 T 中选取一个距离最小的顶点 W，将该点加入集合 S 中。并用该点对 T 中顶点的距离进行修改，若加入 W 作为中间顶点（V_0-->W-->V_k），该路径的距离长度比不加入 W 的路径更短，则修改 V_0 到 V_k 的距离值。

（3）重复步骤（2），直到 S 中包含所有顶点，即 $S=V$ 为止。

算法实现过程中需要两个数组。

（1）dist 数组记录源点到每个点的最短路径大小。

（2）vis 数组记录该点是否已经在集合 S 中（即是否已经找到至该点的最短路径）。

有些细节要注意：

（1）起始点和终止点相等的时候，这里注意不能直接输出 0，必须用标记，因为数据可能还没有处理完。

（2）这里是用 map 进行转换，map<string, int>M, V；将字符串转换成数字，值得参考。要注意的是将最先输入的开始和结束的点也要放到 map 里面。

（3）再就是注意 Dijkstra 算法的应用。

程序清单

```
#include<iostream>
#include<cstdio>
#include<map>
#include<cstring>
#include<algorithm>
using namespace std;
#define INF 9999999
int k,Map[155][155],node[155];
map<string,int>M,V;

void set()
{
    for(int i=0;i<155;i++)
    {
        node[i]=INF;
        for(int j=0;j<155;j++)
        {
            if(i!=j)
                Map[i][j]=INF;
            else
                Map[i][j]=0;
        }
    }
}
void dijkstra(int m)
{
    int vis[155]={0};
    int tm=m;
    vis[m]=1;
    node[m]=0;
    for(int j=1;j<k;j++)
    {
        int Min=INF;
        for(int i=0;i<k;i++)
            if(!vis[i])
            {
                if(node[i]>node[tm]+Map[tm][i])
                    node[i]=node[tm]+Map[tm][i];
```

```
                if(Min>node[i])
                {
                    Min=node[i];
                    m=i;
                }
               //cout<<i<<" "<<node[i]<<" "<<Map[tm][i]<<endl;
            }
        vis[m]=1;
        tm=m;
    }
}
int main()
{
    bool flag;
    int t,n;
    while(scanf("%d",&n),n!=-1)
    {
        flag=0;
        M.clear();
        V.clear();
        set();
        //memset(Map,INF,sizeof(Map));
        char start[135],end[135],s[135],e[135];
        k=2;
        scanf("%s%s",start,end);
        if(strcmp(start,end)==0)
            flag=1;
        if(n==0)
        {
            printf("-1\n");
            continue;
        }
        M[start]=0;
        M[end]=1;
        while(n--)
        {
            scanf("%s%s%d",s,e,&t);
            if(!V[s])
            {
                V[s]=1;
                M[s]=k++;
                //cout<<k<<endl;
            }
            if(!V[e])
            {
                V[e]=1;
                M[e]=k++;
                //cout<<k<<endl;
            }
            if(Map[M[s]][M[e]]>t)
```

```
            Map[M[s]][M[e]]=Map[M[e]][M[s]]=t;
        }
        //set();
        //cout<<k<<endl;
        if(flag)
        {
            printf("0\n");
            continue;
        }
        dijkstra(M[start]);
        if(node[M[end]]==INF)
            printf("-1\n");
        else
            printf("%d\n",node[M[end]]);
    }    return 0;
}
```

例 16-3　Courses（二分图匹配）

有 *P* 门课程，*N* 名学生，每名学生选了 0 门、1 门或多门课程。需要确定是否存在一个代表委员会，这个委员会满足条件：委员会中每名学生分别代表不同的课程，首先这名学生选修了这门课程，他才能代表这门课。每门课都有一名代表。

输入

输入格式：

```
P N
Count1 Student1 1 Student1 2...Student1 Count1
Count2 Student2 1 Student2 2...Student2 Count2
......
CountP StudentP 1 StudentP 2...StudentP CountP
```

第一行包含两个正整数，用空格分隔，分别是课程门数 *P*（$1\leqslant P\leqslant 100$）和学生人数 *N*（$1\leqslant N\leqslant 300$），接下来的 *P* 行表示每门课程的情况，从第 1 门到第 *P* 门。第 *i* 行的第一个整数 Count*i*（$0\leqslant \text{Count}_i\leqslant N$），表示第 *i* 门课程有多少名学生选修，后面跟着 Count_i 个整数，表示选修这门课的 Count_i 名学生的编号，学生的编号从 1 到 *N*。

输出

对每一组数据，如果可以形成一个委员会，就输出 YES；否则输出 NO。

样例输入	样例输出
2 3 3 3 1 2 3 2 1 2 1 1 3 3	YES NO

样例输入	样例输出
2 1 3 2 1 3 1 1	

试题来源：Southeastern Europe 2000

在线测试：hdu 1083

试题解析

有 P 门课程，N 名学生，学生选课，某名学生可能选 1 门或多门课程，也可以一门也不选。现在从学生中选每门课的课代表，如果某名学生已经是某门课的代表，就不能代表别的课。一门课也只能有一名课代表。由这些课代表组成一个代表委员会。现在给出学生选课的情况，求这 P 门课是否都有学生做代表。

本题是一道典型的二分图最大匹配题，采用匈牙利算法，这里先介绍二分图的一些概念。

（1）二分图：设 $G=(V, \{R\})$ 是一个无向图。如顶点集 V 可分割为两个互不相交的子集，并且图中每条边依附的两个顶点都分属两个不同的子集，则称图 G 为二分图。

（2）二分图匹配：给定一个二分图 G，在 G 的一个子图 M 中，M 的边集 $\{E\}$ 中的任意两条边都不依附于同一个顶点，则称 M 是一个匹配，如图 16-1 所示。

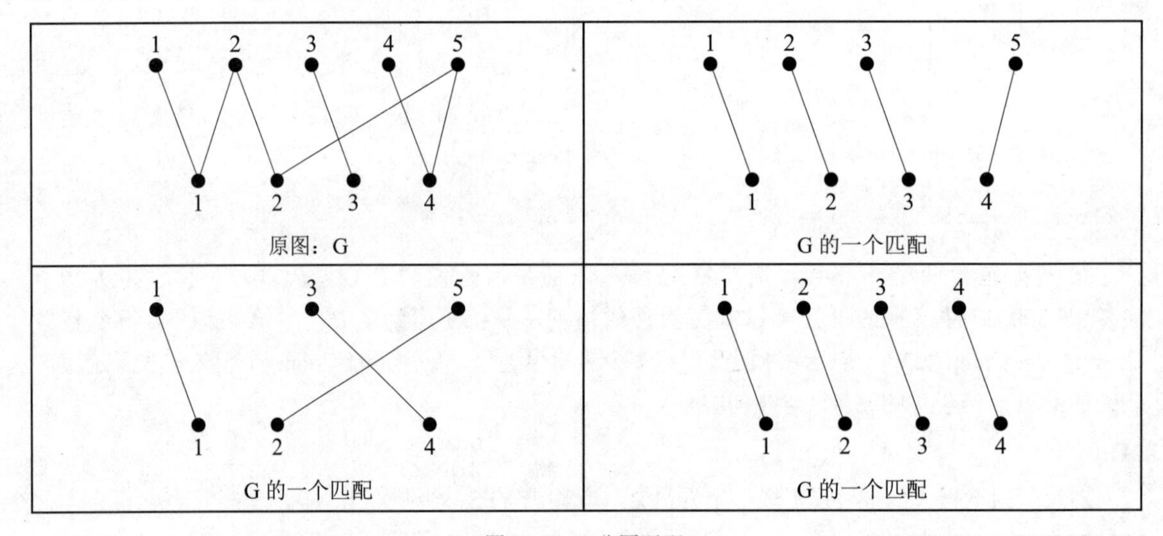

图 16-1　二分图匹配

（3）最大匹配：选择边数最大的匹配子集，称为图的最大匹配问题（maximal matching problem）。

（4）完备匹配：如果一个匹配中，图中的每个顶点都和图中某条边相关联，则称此匹配为完全匹配，也称作完备匹配。

求最大匹配的一种算法是：先找出全部匹配，然后保留匹配数最多的。但是这个算法的复杂度为边数的指数级函数。因此，需要寻求一种更加高效的算法。

题目构图如图 16-2 所示，左右两边的 x 和 y，分别是 x 学生、y 课程。那么已知哪些学生可以学哪些课，即在 x 的点和 y 的点之间首先连上线，再求 x 和 y 的最大匹配。如果有 P 名学生做了课代表，那么就是 P 门课程都有课代表。该算法也称作匈牙利算法。

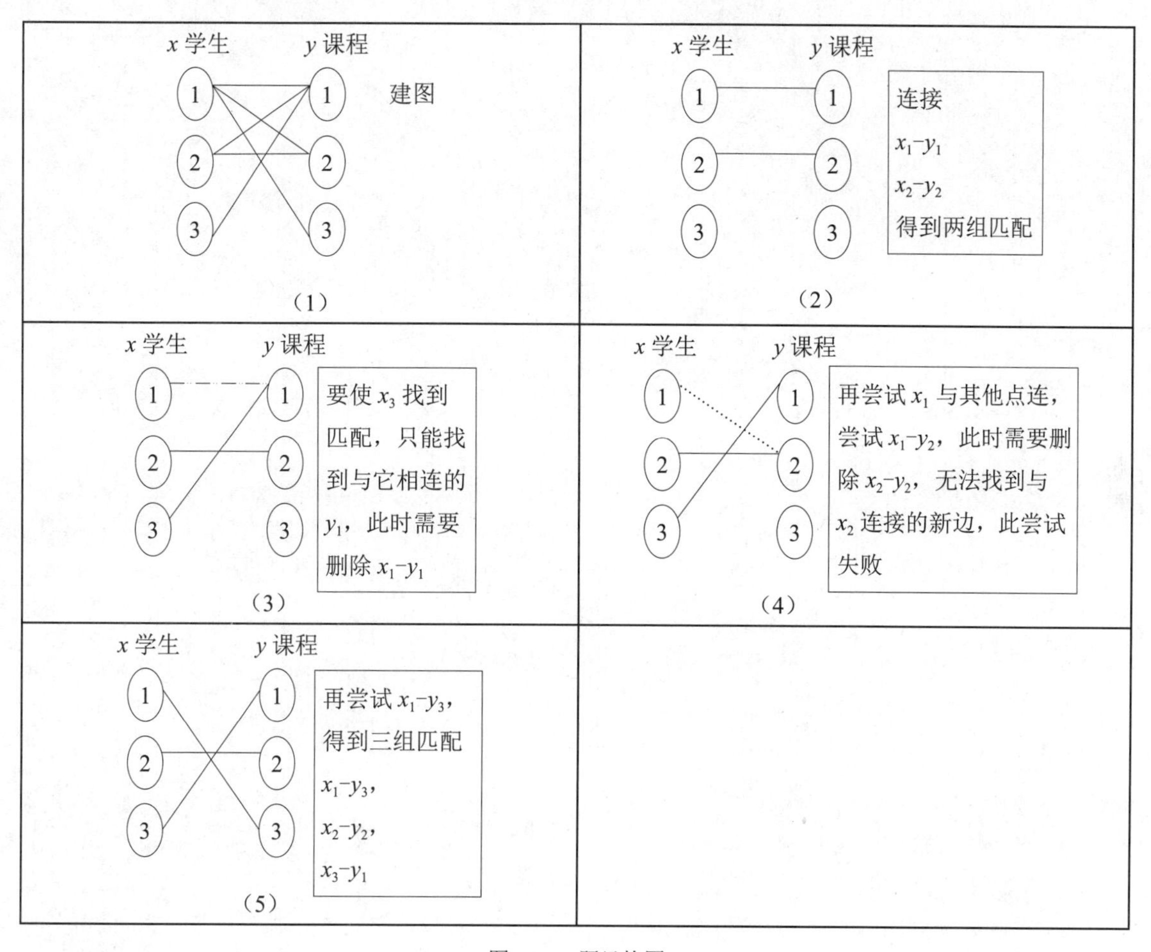

图 16-2　题目构图

程序清单

```
#include<iostream>
#include<string.h>
int link[303][303];
int used[303],matchy[303];
using namespace std;
int P,N;
int find(int x)
{ //判断x学生是否可以匹配到某课程
for(int y=1;y<=P;y++)
```

```
{
  if(!used[y] && link[x][y])
  { //如果y课程尚未被代表，并且x学生学习y课程
    used[y]=1;             //y课程标记为被代表
    if(matchy[y]==-1 || find(matchy[y]))
    { //如果y课程尚未被其他学生代表
      //或者代表y课程的学生matchy[y]，可以找到别的课程来代表
        matchy[y]=x;       //课程y由学生x代表，这里的y匹配x
        return 1;
    }
  }
}
return 0;
}
int MMG()
{
  int x,sum=0,j;
  memset(matchy,-1,sizeof(matchy));       //将matchy数组的所有元素赋初值-1
                                          //表示每门课程尚未有学生做课代表
   for(x=1;x<=N;++x)
  { //依次考查每个学生
       memset(used,0,sizeof(used));       //x学生尚未代表任何一门课程
       if(find(x))                        //x学生代表某课程，x匹配到某课程
       sum++;                             //被代表的课程数加1
  }
  return sum;
}
int main()
{int x,y,i,j;
     int cases;
  scanf("%d",&cases);
   while(cases--)
   {
      scanf("%d%d",&P,&N);                //课程数为P，学生数为N
      memset(link,0,sizeof(link));        //将link数组的所有元素赋初值-1，表示学生们尚未选课
      for(y=1;y<=P;++y)
      { //依次看每一门课程
          scanf("%d",&j);                 //一共有j名学生学y课程
          for(i=1;i<=j;++i)
          {
              scanf("%d",&x);
              link[x][y]=1;               //x学生学习y课程
          }
      }
      int gg=MMG();                       //求最大匹配数
     if(gg==p)printf("YES\n");            //cout<<"YES"<<endl;
      else printf("NO\n");                //cout<<"NO"<<endl;
   }
  return 0;
}
```

例 16-4　Place the Robots（二分图匹配）

Robert 是一位著名的工程师。一天，老板给了他一项任务。背景如下：他拿到一张由方块组成的地图。有三种方块：墙、草和空地。他的老板想在地图上放尽可能多的机器人。每个机器人都有一个激光武器，可以同时向四个方向（北、东、南、西）射击。机器人必须一直待在最初放置的方块区，并一直开火。激光束当然可以通过草地，但不能通过墙。机器人只能放在一个空块中。当然，老板不想看到一个机器人伤害另一个机器人。即除非两个机器人之间有一堵墙，否则不得将它们放在一条直线上（水平或垂直）。既然你是一个如此聪明的程序员，又是 Robert 最好的朋友之一，他请你帮他解决这个问题。即给定地图的描述，计算可以放置在地图中的机器人的最大数量。

输入

第一行包含一个整数 T（$T \leqslant 11$），它是测试样例的数量。

对于每个测试样例，第一行包含两个整数 m 和 n（$1 \leqslant m$，$n \leqslant 50$），它们是映射的行和列大小。接下来是 m 行，每行包含“#”、“*”或“o”构成的 n 个字符，分别表示墙、草和空地。

输出

对于每个测试样例，首先在第一行中输出测试样例号，格式为“Case: id”，其中，id 是测试样例号，从 1 开始计算。在第二行中，输出可以放置在该地图中的机器人的最大数量。

样例输入	样例输出
2 4 4 o*** *### oo#o ***o 4 4 #ooo o#oo oo#o ***#	Case：1 3 Case：2 5

试题来源：ZOJ

在线测试：pintia 91827364500-91827365153

试题解析

有一个 $N \times M$（$N, M \leqslant 50$）的棋盘，棋盘的每一格是三种类型之一：空地、草、墙。机器人只能放在空地上。在同一行或同一列的两个机器人，若它们之间没有墙，则可以互相攻击。问给定的棋盘上最多可以放置多少个机器人，使它们不能互相攻击。可以建立图的模型。

模型 1：

在问题的原型中，草、墙的信息不是我们所关心的，我们关心的只是空地和空地之间的联系。因此，很自然想到下面这种简单的模型。

以空地为顶点，有冲突的空地间连边，如图 16-3 所示。

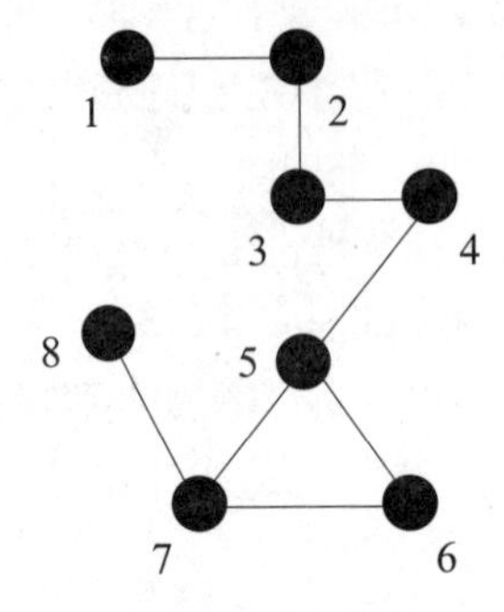

图 16-3　模型结构

于是，问题转化为求图的最大独立集问题。这是 NP 问题。

无向图的最大独立数：如果从 V 个顶点中选出 k 个顶点，使得这 k 个顶点互不相邻，那么最大的 k 就是这个图的最大独立数。

模型 2：

把每个横向块看作 X 部的点，竖向块看作 Y 部的点，若两个块有公共的空地，则在它们之间连边。于是，问题转化成如图 16-4 所示的二分图，由于每条边表示一个空地，有冲突的空地之间必有公共顶点，所以问题转化为二分图的最大匹配问题。即在这个二分图中，最多选出多少条边，能够使得它们都没有公共的顶点，也就是用这些选出的边（空地）放置机器人，它们没有共同的顶点，则既不在共同的横快上，也不在共同的竖块上，它们就不会互相攻击。

1	草	草	草	墙
草	墙	墙	墙	草
2		墙	3	
草	草	草	墙	4
墙	5	草	草	

横向块看作 X 部的点图中没有写草和墙的就是空地

1	草	草	草	墙
草	墙	墙	墙	草
	2	墙	3	4
草	草	草	墙	
墙		草	草	

竖向块看作 Y 部的点

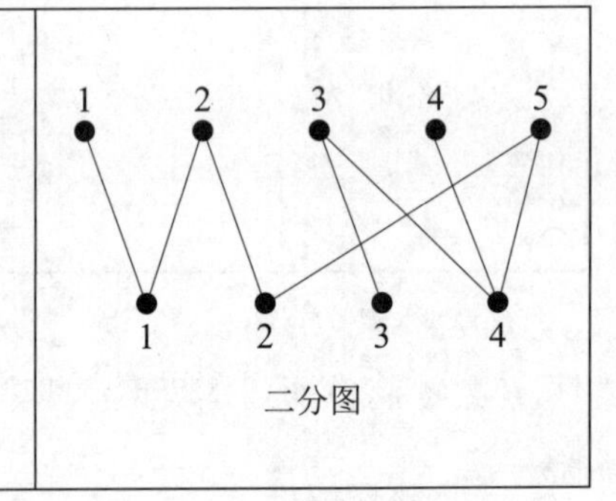

二分图

图 16-4　二分图

程序清单

```
#include<iostream>
#include<cstdio>
#include<cstring>
#include<vector>
```

```
const int MAXN=2550;
using namespace std;
int n,m;
int nx,ny;                          // 水平方向上块的个数，垂直方向上块的个数
char pic[55][55];                   // 地图
int xs[55][55],ys[55][55];          // 水平方向上块的编号，垂直方向上块的编号
vector<int> g[MAXN];                // g[i] 表示与左边点 i 相连的右边的点
int from[MAXN];                     // from[y] 表示与 Yi 匹配的 X 顶点
int tot;                            // 最大匹配数
bool use[MAXN];
int flag;
bool find(int x){                   // x 是否能匹配到 y
    for(int y=0;y<g[x].size();++y){
        if(!use[g[x][y]]){
            use[g[x][y]]=true;
            if(from[g[x][y]]==-1||find(from[g[x][y]])){
            // 如果 x 尚未匹配到 y，或者与 x 匹配到的 y 可以匹配其他的 y
                from[g[x][y]]=x;
                return true;
            }
        }
    }
    return false;
}
int MMG(){
    tot=0;
    memset(from,255,sizeof(from));
    for(int x=1;x<=nx;++x){         // 依次考查每个 x
        memset(use,0,sizeof(use));
        if(find(x))                 // x 匹配到某 y
            ++tot;                  // 匹配数加 1
    }
    return tot;
}
int main()
{
    int T;
    cin>>T;
    for(int cas=1;cas<=T;++cas){
        printf("Case:%d\n",cas);
        scanf("%d%d",&n,&m);
        for(int i=0;i<n;++i)scanf("%s",pic[i]);
        nx=ny=0;
        memset(xs,0,sizeof(xs));
        memset(ys,0,sizeof(ys));
        for(int i=0;i<n;++i){
            flag=0;
            for(int j=0;j<m;++j){
                if(pic[i][j]=='o'){
                    if(!flag)++nx;
```

```
                    flag=1;
                    xs[i][j]=nx;
                }else if(pic[i][j]=='#')flag=0;
            }
        }
        for(int j=0;j<m;++j){
            flag=0;
            for(int i=0;i<n;++i){
                if(pic[i][j]=='o'){
                    if(!flag)++ny;
                    flag=1;
                    ys[i][j]=ny;
                }else if(pic[i][j]=='#')flag=0;
            }
        }
        for(int i=1;i<=nx;++i)g[i].clear();
        for(int i=0;i<n;++i){
            for(int j=0;j<m;++j){
                if(xs[i][j]&&ys[i][j])
                    g[xs[i][j]].push_back(ys[i][j]);
            }
        }
        printf("%d\n",MMG());
    }
    return 0;
}
```

例 16-5　Kitchen Plates（链式前向星）

有 5 种不同大小的盘子，每个盘子被标记为一个大写字母，依次为 A、B、C、D 和 E。给出 5 个阐述，每个阐述为两个不同盘子之间的大小关系。你需要重新摆放盘子，按从小到大排序。如图 16-5 所示。

输入

输入包括 5 行，每行包含 3 个字符，描述不同盘子的大小关系，第一个和最后一个字符只会为 A、B、C、D 或 E。中间的字符是“>”或“<”。保证没有任何两个盘子大小会相同。

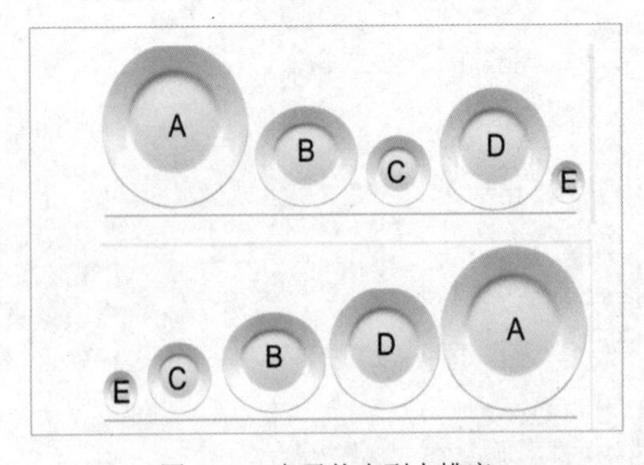

图 16-5　盘子从小到大排序

输出

输出由 5 个字符组成，为从小到大的盘子编号。若无法从小到大摆放，则输出 impossible。

若答案为多种，输出其中任意一种。

样例输入	样例输出
D>B A>D E<C A>B B>C	ECBDA
B>E A>B E>A C<B D<B	impossible

试题来源：2019 ICPC Malaysia National

在线测试：codeforces Gym-102219J

试题解析

给出 5 个大小关系，求其中一种满足从小到大的排列方式。因为输入并没有保证一定可以确定每两个盘子之间的大小关系，所以无法准确确定其大小关系。题意只需要输出一种满足升序的排列即可，即用拓扑排序。

分析题设样例，通过下面的数组 mp 和数 mpp，把 A、B、C、D 和 E 分别与 1、2、3、4 和 5 对应起来：

mp['A'] = 1, mp['B'] = 2, mp['C'] = 3, mp['D'] = 4, mp['E'] = 5;

mpp[1] = 'A', mpp[2] = 'B', mpp[3] = 'C', mpp[4] = 'D', mpp[5] = 'E';

根据第一组样例：D>B、A>D、E<C、A>B、B>C。

绘制样例的有向图，有向图是指由点和边构成的图，图中的边是从某一个点指向另一个点的有方向的边。此例中，边的方向为由小指向大，根据样例的 5 对大小关系，画出 5 条有向边，如图 16-6 所示。

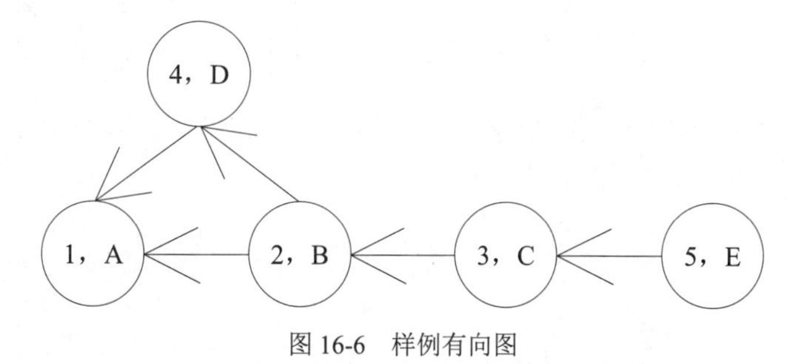

图 16-6　样例有向图

从图 16-6 中可以看出，没有点指向 E，即 E 是最小的点，E 点的入度为 0，入度就是指向这个点的边的条数，说明 E 盘是最小的，把 E 放到结果串中作为第 1 个字符，ans="E"，然后把 E 点删除，如图 16-7 所示。

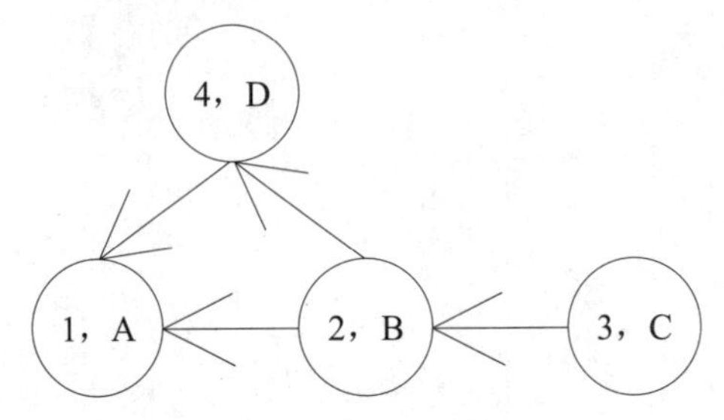

图 16-7　删除 E 点的有向图

没有点指向 C，此时入度为 0 的 C 是最小的盘子，把 C 放到结果串中作为第 2 个字符，ans="EC"。再把 C 点删除，如图 16-8 所示。

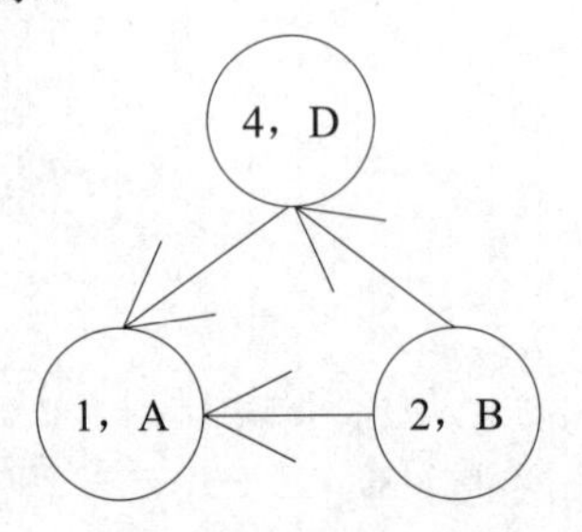

图 16-8　删除 C 点的有向图

没有点指向 B，此时入度为 0 的 B 是最小的盘子，把 B 放到结果串中作为第 3 个字符，ans="ECB"。再把 B 点删除，如图 16-9 所示。

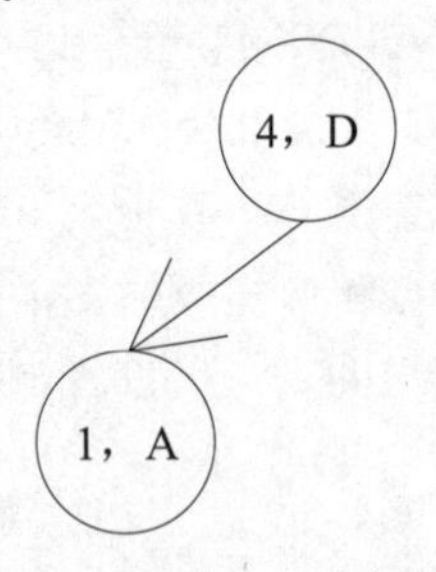

图 16-9　删除 B 点的有向图

没有点指向 D，此时入度为 0 的 D 是最小的盘子，把 D 放到结果串中作为第 4 个字符，ans="ECBD"。再把 D 点删除，就只剩一个 A 点，如图 16-10 所示。

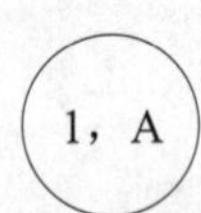

图 16-10　删除 D 点的有向图

没有点指向 A，此时入度为 0 的 A 是最小的盘子，把 A 放到结果串中作为第 5 个字符，ans="ECBDA"。再把 A 点删除，图中的点全部删除，求解结束。答案即为 "ECBDA"。

这个求解被称为拓扑排序（topological-sort）。

对一个有向无环图（Directed Acyclic Graph，DAG）G 进行拓扑排序，是将 G 中所有顶点排成一个线性序列，使得图中任意一对顶点 u 和 v，若边 $<u, v> \in E(G)$，则 u 在线性序列中出现在 v 之前。通常，这样的线性序列称为满足拓扑次序（Topological Order）的序列，简称拓扑序列。简单地说，由某个集合上的一个偏序得到该集合上的一个全序，这个操作被称为拓扑排序。（来自百度百科）

用下面的数组 head 和结构体数组 edge 存储此有向图，人们把这种存储方式称为链式前向星。首先给出链式前向星中各数组与值的含义：edge[i].to 表示第 i 条边的终点；edge[i].next 表示与第 i 条边同起点的下一条边的存储位置，即存储在 edge 中哪个位置。另外还有一个数组 head[a]，它是用来表示以 a 为起点的第一条边存储的位置。读者必须记住这些含义以理解下文。head 数组如表 16-1 所示。

```
int head[MAXN]
struct Edge
{
    int to,next;
}edge[MAXN];
```

表 16-1　head 数组

a（点）	1	***2***	3	4	5
head（在 edge 中的存储位置，edge 的下标）	−1	***4***	5	3	2

head[a]：以 *a* 为起点的第一条边在 edge 数组中的位置。

表 16-1 中第 2 列 a=1，head[1]=−1 表示：以“1，A”这个点为起点的边不存在，因为该点没有指出去的边，所以其值为 -1，这可以从图 16-6 中看到。

表 16-1 中第 3 列 a=2，head[2]=4 表示：以“2，B”为起点的边，发现有 2 条，第 1 条 head 值为 4，表示第 1 条存储在表 16-2 中 i=4 这列，再来看表 16-2，i=4 这列，to=1，next=1，表示该边为 2→1，即图 16-6 中“2，B”指向“1，A”这条边。

换句话说，从 head[a] 来看，是以 a 为起点的边指向点 edge[head[a]].to，当 a=2 时，edge[head[a]].to=1，那么就表达了图 16-6 中的一条边：2→1 的边。

以“2，B”为起点，还有第 2 条边，就是图 16-6 中的“2，B”指向“4，D”，从表 16-2 中 i=4 这列来看，next=1，表示同样以“2，B”为起点的另外一条边指向哪里，next 并不直接表示第几个点，而是终点“4，D”存储的位置，即指向的点存储在 next=1 所表示的位置，即存储在 i 为 1 的这列，显然 i=1 时，to=4，正是“2，B”点指向的另一个点“4，D”，总的来说，next 存储的就是与 head[a] 共起点的下一条边。因为对于 2→4 这条边，再没有下一条共起点的边，所以 i=1 时，next=0。

表 16-2 edge 数组

i（边）	1	2	3	***4***	5
to（点）	4，D	1，A	3，C	***1, A***	2，B
next（下标，位置）	−1	−1	−1	***1***	−1

上述略微复杂，读者可能需要反复研究，然后请用同样的方式把表 16-1 后面每一列都叙述清楚，就彻底明白了。表 16-2 中给出字母，是为了读者对照图，可以看得更清楚，实际上 to 只是一个整数。

在下面将给出的代码最后，加上调试输出语句：

```
cout<<"head:";
     for(i=1;i<=5;i++)
        cout<<head[i]<<"\t";
     cout<<endl;
     for(i=1;i<=5;i++)
        cout<<"i="<<i<<"\tto="<<edge[i].to<<"\tnext="<<edge[i].next<<endl;
     for(i=1;i<=5;i++)
        cout<<out[i]<<"\t";
     cout<<endl;
     for(i=1;i<=5;i++)
        cout<<in[i]<<"\t";
     cout<<endl;
```

再运行代码，就可以得到下面的数据输出，本文正是把下面输出的结果写到表 16-1 和表 16-2 中。

```
D>B
A>D
E<C
A>B
B>C
head: -1    4       5       2       3
i=1         to=4    next=-1
i=2         to=1    next=-1
i=3         to=3    next=-1
i=4         to=1    next=1
i=5         to=2    next=-1
out: 0      2       1       1       1
in: 2       1       1       1       0
ECBDA
```

本例用链式前向星读取数据来构造图，然后用拓扑排序输出由小到大的盘子编号。当数据都输入完毕，实际上你会发现这里的第一条边 head[a] 所代表的，其实是以 a 为起点的所有边中最后输入的那条边。每输入一条边，都把它加到已有的同起点的边的前面，向前面添加，而同一个起点发出多条边的样子就像星星在向外发出光芒，故名为前向星，再通过 next 成员变量把同起点的边都链接起来，所以叫作链式前向星。

next 就像是一条线索，能把同顶点的所有边都通过 next 依次全都访问到，代码如下：

```
for(int i=head[a];i !=-1;i=edge[i].next)
          {// 遍历 a 为起点的所有边
           // 访问 edge[i].to，循环体内处理语句略……
          }
```

i 第一次等于 head[a]，即 *a* 为起点的第一条边在 edge 中的位置，然后可以用 edge[i] 访问这条边，edge[i].to 就是这条边所指向的点，在循环体内完成对该 *i* 边及其 to 点的处理，然后通过 for 循环最后的 i=edge[i].next 表达式，把 *i* 移到共起点的下一条边上，继续做循环体内的处理，直到没有下一条边为止，即 *i* 为 -1。

此处初学者阅读起来难度会比较大，可反复研读，建议观看笔者的视频教程。

程序清单

```
#include<stdio.h>
#include<string.h>
#include<iostream>
#include<queue>
#include<string>
#include<map>
#define mem(a,b)memset(a,b,sizeof(a))
const int MAXN=10;
using namespace std;
char s[MAXN];
int in[MAXN],out[MAXN];
int head[MAXN],cnt;
map <char,int> mp;
map <int,char> mpp;
string ans;
struct Edge
{
     int to,next;
}edge[MAXN];
void add(int a,int b)            // 链式前向星存边
{
     cnt ++;
     edge[cnt].to=b;             // 第 cnt 条边的终点是 b
     edge[cnt].next=head[a];     //head[a] 以 a 为起点的第一条边在 edge 数组中的位置
     head[a]=cnt;
     // 上面两句的结果是
     // 原来的 head[a] 所指的第一条边，成为当前边的同起点的下一条，新的第一条是现在的
}
void topo_sort()
{
     queue <int> Q;
     for(int i=1;i<=5;i ++)      // 将入度为 0 的点入队
```

```
            if(!in[i])
                Q.push(i);
        while(!Q.empty())           //队列不空，即此时存在入度为0的点
        {
            int a=Q.front();
            Q.pop();
            ans += mpp[a];
            for(int i=head[a];i !=-1;i=edge[i].next)
            {                        //遍历以a为起点的所有边
                int to=edge[i].to;
                in[to]--;            //删掉a点，即让以a点为起点的边入度都减1
                if(!in[to])
                {
                    Q.push(to);
                }
            }
        }
        if(ans.length()!=5)
            printf("impossible\n");
        else
            cout<<ans<<endl;
    }
    int main()
    {
        mp['A']=1,mp['B']=2,mp['C']=3,mp['D']=4,mp['E']=5;
        mpp[1]='A',mpp[2]='B',mpp[3]='C',mpp[4]='D',mpp[5]='E';
        mem(head,-1),cnt=0;
        ans="";
        for(int i=1;i<=5;i ++)
        {
            scanf("%s",s);
            int x=mp[s[0]],y=mp[s[2]];
            if(s[1]=='<')   //A<B连边，表示A比B小
            {
                add(x,y); //如果x<y，那么建立边：x指向y
                out[x]++; //x的出度增加1个，出度就是自己指出去的边有多少条
                in[y]++;  //y的入度增加1个，入度就是指向自己的边有多少条
            }
            else
            {
                add(y,x); //如果x>y，那么建立边：y指向x
                out[y]++;
                in[x]++;
            }
        }
        topo_sort();
        return 0;
    }
```

第 17 章　程序设计竞赛介绍及训练经验

17.1　ICPC 等著名程序设计竞赛

1. ICPC

国际大学生程序设计竞赛（International Collegiate Programming Contest，ICPC）是由国际计算机协会（ACM）主办的，一项旨在展示大学生创新能力、团队精神和在压力下编写程序、分析和解决问题能力的年度竞赛。经过近 40 年的发展，ACM 国际大学生程序设计竞赛（以下简称 ACM-ICPC）已经发展成为全球最具影响力的大学生程序设计竞赛。赛事目前由方正集团赞助。

ACM-ICPC 的历史可以上溯到 1970 年，当时在美国德克萨斯 A&M 大学举办了首届比赛。当时的主办方是 the Alpha Chapter of the UPE Computer Science Honor Society。作为一种全新的发现和培养计算机科学顶尖学生的方式，竞赛很快得到美国和加拿大各大学的积极响应。1977 年，在 ACM 计算机科学会议期间举办了首次总决赛，并演变成一年一届的多国参与的国际性比赛。

最初几届比赛的参赛队伍主要来自美国和加拿大，后来逐渐发展成为一项世界范围内的竞赛。特别是自 1997 年 IBM 开始赞助赛事之后，赛事规模增长迅速。1997 年，总共有来自 560 所大学的 840 支队伍参加比赛。而到了 2004 年，已经增加到 840 所大学的 4109 支队伍，并以每年 10%～20% 的速度在增长。

20 世纪 80 年代，ACM 将竞赛的总部设在位于美国德克萨斯州的贝勒大学。

在赛事的早期，冠军多为美国和加拿大的大学获得。而进入 1990 年代后期，俄罗斯和其他一些东欧国家的大学连夺数次冠军。来自中国的上海交通大学代表队则在 2002 年美国夏威夷的第 26 届、2005 年上海的第 29 届和 2010 年在哈尔滨的第 34 届全球总决赛上三夺冠军，浙江大学参赛队在美国当地时间 2011 年 5 月 30 下午 2 时结束的第 35 届 ACM-ICPC 全球总决赛荣获全球总冠军，成为除上海交通大学之外唯一获得 ACM-ICPC 全球总决赛冠军的亚洲高校。这也是迄今为止亚洲大学在该竞赛上取得的最好成绩。赛事的竞争格局已经由最初的北美大学一枝独秀演变成当前的亚欧对抗局面。

2015 年全球总决赛，圣彼得堡国立资讯科技、机械与光学大学 AC 了所有题目（13 道），成为了 ACM-ICPC 历史上第一支在全球总决赛中 AK 的队伍，也成为了历史上获得 ACM-ICPC 全球总决赛冠军次数最多（6 次）的队伍，这一表现，被当场比赛主持人称为 the best of best of best。

2018 年 4 月，ACM-ICPC 在中国北京举行，由北京大学承办，最终北京大学完成 G 题夺得金牌。

下面简要介绍比赛的规则。

ACM-ICPC 以团队的形式代表各学校参赛，每队由至多 3 名队员组成。每名队员必须是在校学生，有一定的年龄限制，并且每年最多可以参加 2 站区域选拔赛。

比赛期间，每队使用 1 台计算机，在 5 个小时内使用 C/C++、Java 和 Python 语言中的一种编写程序解决 7～13 个问题。程序完成之后提交裁判运行，运行的结果会被判定为正确或错误，并及时通知参赛队。而且有趣的是每队在正确完成一题后，组织者将在其位置上升起一只代表该题颜色的气球，每道题目第一支解决掉它的队还会额外获得一个 FIRST PROBLEM SOLVED 的气球。

最后的获胜者为正确解答题目最多且总用时最少的队伍。每道题目的用时为从竞赛开始到题目解答被判定为正确为止，如果其间每一次提交运行结果被判错误，就被加罚 20 分钟时间，未正确解答的题目不记时。

与其他计算机程序竞赛（如国际信息学奥林匹克，IOI）相比，ACM-ICPC 的特点在于题量大，每队需要在 5 小时内完成 7 道或以上的题目。另外，一支队伍 3 名队员却只有 1 台计算机，使得时间显得更为紧张。因此除了扎实的专业水平外，良好的团队协作和心理素质同样是获胜的关键。

一般大部分高校会举办校赛，各大洲有区域赛，最后是世界总决赛。

注：信息来自百度百科。

2. CCPC

中国大学生程序设计竞赛（China Collegiate Programming Contest，CCPC）是由教育部高等学校计算机类专业教学指导委员会主办的面向全国高校大学生的年度学科竞赛。

CCPC 得到了诸多企业的支持，2015 年欢乐互娱赞助，2016 年金山赞助，2017 年旷视科技和吉比特赞助，2018 年旷视科技为总赞助，腾讯、快手、字节跳动为金牌赞助。CCPC 将进一步深化与相关企业的合作。

CCPC 的比赛规则与 ICPC 基本一样。

注：信息来自 CCPC 官网 https://ccpc.io/intro。

3. 蓝桥杯

蓝桥杯全国软件和信息技术专业人才大赛是由工业和信息化部人才交流中心举办的全国性 IT 学科赛事。到 2020 年第十一届蓝桥杯比赛为止，共有北京大学、清华大学、上海交通大学等全国 1200 余所高校参赛，累计参赛人数超过 40 万人。参赛对象除了本科组、高职高专组和研究生组之外，近年发展了青少年组。省赛获得一等奖的有资格参加国赛。省赛大约在 3 月份举行，国赛大约在 5 月份举行。

蓝桥杯中的程序设计类比赛与 ICPC 的区别主要是赛后判题，题目类型除了编程题，还有代码填空题和根据题设给出计算结果的填空题，按数据通过比例得分，一般竞赛后几周出结果。而 ICPC 和 CCPC 是赛中实时判题，只有编程题，必须通过全部数据才算做对。

注：信息来自百度百科及赛事官网。

4. 天梯赛

团体程序设计天梯赛是中国高校计算机大赛的竞赛版块之一，通过团体成绩体现高校在程序设计教学方面的整体水平。竞赛题目均为在线编程题，由搭建在网易服务器上的 PAT 在线裁判系统自动评判。难度分 3 个梯级：基础级、进阶级、登顶级。以个人独立竞技、团体计分的方式进行排名。一般一个团体由 10 位队员组成。2016 年举办第一届赛事，之后每年举办一次，一般每年 5 月份比赛。

天梯赛的赛制也是实时判题，个人做题，按数据通过比例得分，一支队伍中每个人的总分相加为该团队的总分。

5. NOI

为了向在中学阶段学习的青少年普及计算机科学知识，为了给学校的信息技术教育课程提供动力和新的思路，为了给那些有才华的学生提供相互交流和学习的机会，也为了通过竞赛和相关活动培养和选拔优秀计算机人才，教育部和中国科协委托中国计算机学会举办了全国青少年计算机程序设计竞赛，即全国青少年信息学奥林匹克竞赛（NOI）。

NOI 系列活动包括：全国青少年信息学奥林匹克联赛（NOIP）、全国青少年信息学奥林匹克竞赛（NOI）、全国青少年信息学奥林匹克竞赛冬令营（WC）和国际信息学奥林匹克中国选拔队（CTS）。进入国家队的选手将参加国际信息学奥林匹克竞赛（IOI）。亚洲与太平洋地区信息学奥林匹克（APIO）中国赛区由 CCF 承办。

1984 年邓小平指出：“计算机的普及要从娃娃做起。”教育部和中国科协委托中国计算机学会举办了 NOI 竞赛，1984 年参加竞赛的有 8000 多人。这一新的活动形式受到党和政府的关怀，得到社会各界的关注与支持。中央领导王震同志出席了首届竞赛发奖大会，并对此项活动给予了充分肯定。从此每年一次 NOI 活动，吸引越来越多的青少年投身其中。十几年来，通过竞赛活动培养和发现了大批计算机爱好者，选拔出了许多优秀的计算机后备人才。当年的许多选手如今已成为计算机硕士、博士，有的已经走上计算机科研岗位。

选手在正式竞赛前应有不少于 2 个小时的练习时间，以熟悉竞赛场地、设备、软件环境以及答案提交方式。竞赛前的练习应安排在第一场竞赛的前一天。在赛前练习结束后，应安排不少于 30 分钟的时间进行标准化笔试题的测试。标准化笔试题包含单选题、多选题和填空题，题目涉及的内容包括计算机和编程的基本知识、NOI 竞赛所使用的操作系统、编程工具等的使用方法，以及基本竞赛规则。标准化笔试题的成绩计入选手竞赛的总成绩。

注：信息来自百度百科。

以上 5 项比赛涉及的知识点基本都涵盖了本书内容，另外还有更深的算法和数学知识。

17.2　黄金雄教授在上海交通大学的演讲（部分内容）

来自：http://blog.sina.cn/dpool/blog/s/blog_67c305c40100ihzh.html?vt=4。

2010-05-27 12:59

主持人：尊敬的各位来宾，老师们，同学们，大家晚上好！

又是一次“用心灵感动心灵”的聚会，又是一场“以生命影响生命”的盛筵。在这个初夏的五月，第 40 期励志讲坛又和大家见面了，欢迎各位的光临。

我们今天的嘉宾跟上海交通大学有着不浅的渊源。首先，他是我们上海交通大学的客座教授，所以在这里要尊敬地跟他道一声“教授好”；其次，他是 ACM-ICPC 亚洲区委员会主席，也是第一个把被誉为“计算机界的奥林匹克”的 ACM 比赛引进中国的学者，而 ACM 和上海交通大学的渊源，我想不用说大家也知道，2002 与 2005 年的全球总冠军头衔足以让所有上海交通大学学生为之骄傲和自豪；最后，这位嘉宾以前来过上海交通大学，今天是第二次造访，我想他一定会有不一样的感觉。首先请看大屏幕。

（播放嘉宾介绍 PPT。）

主持人：他是计算机教授，却热爱文学，他说写散文时会把自己拉入与做科研完全不同的境界。文学这个词汇永远与实验室无缘，却和浪漫的咖啡厅甚至暂时隔离尘世的飞机客舱密不可分。他写的书被媒体誉为“计算机教授的心灵鸡汤”。我想他今天一定很高兴来到这里，为上海交通大学的同学们讲述他的多样人生与诗意情怀。下面就请大家用热烈的掌声欢迎本期嘉宾、ACM-ICPC 世界大赛执行委员、亚洲区委员会主席、上海交通大学客座教授——黄金雄先生！

黄金雄：谢谢主持人的解说。首先非常感谢各位同学在这么忙的日子里来听我讲一些人生的故事。

……

ACM 活动为什么在上海交通大学那么重要，我就不细讲了，因为这里的 PPT 投影片可以讲一个小时，甚至一个半小时都讲不完。在这里我简单介绍一下。这个活动叫国际大学生程序设计竞赛，在亚洲已经推动了 10 多年，中国赛区是在 10 年前得到了推动，10 年前在中国推动这个活动是非常辛苦的，直至今天 ACM 已经被整个亚洲接受，接受程度最大的地区就是中国。中国对 ACM-ICPC 十分拥护。这里我的题目叫作中国拥抱 ACM-ICPC，其实也就是在讲上海交通大学拥抱 ACM-ICPC。

这是一个很简单的历史，从整个曲线可以看出 ACM-ICPC 的成长历史，从 1989 年的 400 多支队伍，到目前已经有 6099 支了。我们在亚洲占了一半以上，中国的队伍大概又占其中的一半。之所以讲中国拥抱 ACM-ICPC 是因为这里的成功其实最大的部分是在中国。

我们看一下世界大赛的情况，我们上海交通大学办过一年，2005 年的那次，就是我们上海交通大学举办的一次世界大赛，2007 年在东京举办，2008 年在巴西，2009 年在瑞典，2010 年有可能又回到亚洲，更有可能在中国大陆。这是我们的 ICPC 的历史，从 1970 年就开始了，一直到现在，这其中有很多的细节我就不讲了。ICPC 比赛项目目前是 C++ 和 JAVA 语言，以后可能会有更好的语言，我们语言的题目也会变化。

亚洲 2010 年 9 月～ 11 月一共有 13 个赛场，举办城市有中国的北京、长春、成都、南京、台北，还有印度、孟加拉、越南、伊朗、日本、新加坡，我们在亚洲一共有 13 个赛场，十几年前在亚洲推动时，我们是没有赛场的，也没有队伍，都是从零做起。第 1 个赛场是在中国台湾的台北，第 2 个赛场就是在上海。现在慢慢已经扩充到全亚洲的 13 个赛场，我计划中国将来会有 6 个赛场，分别在东、南、西、北、中和西北，这是未来的计划，目前已有 4 个赛场，所以已经占一半以上了。

为什么说中国拥抱 ACM-ICPC，因为现在每个省都会办省赛，我们可以看到东北有几个城市在排队要举办亚洲区域赛，在东北赛区今年是吉林大学，还有哈尔滨工程技术大学，在南京是南京航空大学，还有杭州电子大学，我们看到还有华北地区的赛区，华西地区赛区的几个大学。今天因为时间很短，不能一一介绍。现在来看省赛，东北地区有哈尔滨工程大学在举办，内蒙古有内蒙古师范大学在举办，华东是武汉大学以及国防科技大学，也就是说我国目前已经有很多学校负责办省赛了，所以我说中国拥抱 ACM-ICPC，因为现在连省赛都有很多学校在争取了，而且还有很多学校在排队。

这是中国赛区的指导委员会，时间关系就不详细讲了。接下来，我要给大家看的是世界大赛的冠军，我想这也是大家最喜欢看的，今年三月在东京举办的大赛是华沙大学拿到了冠军，2006 年是俄罗斯的大学，2005 年的冠军则是上海交通大学。可以看到 2004 年是俄罗斯的大学，2003 年又是华沙大学，2002 年又是上海交通大学。我们知道余教授指导我们同学参加 ACM-ICPC 已经有 10 年了，而且取得了非常好的成绩，拿到两次冠军，他现在被国家评为国家师道标兵。

……

主持人：黄教授，下面的时间我们将对您做一个小小的访谈。今天的访谈比较特别，我们邀请了两位特殊的嘉宾，他们是我们上海交通大学的学生，掌声有请他们两位。请两位自我介绍一下吧。

张鑫：大家好，我叫张鑫，是计算机本科三年级的学生。我以前是 ACM 的队员，曾在汉城区赛区拿过第一名，在北京赛区拿过金奖。

戴文渊：大家好，我是交大计算机系研一的学生，在 2005 年的 ACM-ICPC 上拿到世界冠军，谢谢。

主持人：戴学长现在是研一，同时任交大 ACM 队助理教练，可以说是计算机界的刘国梁啊！这位是我们特意邀请的一位 ACM 女将，因为在上海交通大学这样一个男女比例悬殊的学校里，一个女生从 ACM 的领域里脱颖而出，实在是件不简单的事儿。

主持人：三位看到这些是不是觉得很亲切呢？时间过得真快啊，都两年了，黄教授对他们还有印象吗？

黄金雄：当然有，我对戴同学印象很深。这些拿冠军的人，世界大赛的题目非常难，他们可以在五小时中解七八个题目，而且其中有的题目是解不出来的，大概总共有九到十题。如果所有的人都像他们这样的话，今天的电脑世界就不一样了。

主持人：我想听听你们二位的见解。你们对黄教授的印象是什么？

戴文渊：我第一次见到黄教授是他在讲比赛，黄教授每年给我们增加压力，让我们每年多做 1000 题。

黄金雄：很久以前，做 500 题就很厉害了，后来要做 1000 题，就这样慢慢地增加。现在已经增加到 3000 题了，今年清华大学世界排第二的一位同学，我问他做了多少题，他说几年来做了 3000 题。

主持人：这里我们的工作人员做了一段有关 ACM 的介绍，以及 2005 年上海交大参加 ACM 的有关情况。让我们看一下大屏幕。看了这些画面，三位一定觉得非常亲切，我看到当时的戴学长还是很青涩的，现在已经成熟很多了，您现在是上海交通大学的 ACM 教练了。首先我想问一下黄教授，您对参加比赛的中国队员有没有什么特殊的印象呢？

黄金雄：同学们对这个比赛的重视，是我当初在推动这个比赛的时候无法想象的，大家现在已经把这个事情当成奥林匹克竞赛了。大家会花费很多时间练习很多题目，就像我刚刚讲的，成功不是偶然的，要付出很大代价，要成功，要有智慧和努力，还要有一点点的机运。

主持人：你们二位都参加过 ACM 的比赛，我想这些比赛一定会让你们受益匪浅，那么我就想请二位谈一下，ACM 给你们带来的最大感触是什么？

张鑫：当时我非常激动。有人常常问我，参加这个比赛带给你最多的是什么？是不是带给你一个冠军，或者是程序设计能力的提高？我觉得在这方面是有很大提高，但是给我印象更深的是 ACM 队的队员间的感情。很多同学都有这样的感觉，觉得人与人之间的关系渐渐冷漠起来，好像没有小时候那么纯真，好像每个人都会为自己想很多，对别人的关心就会少一些。但是 ACM 是这样的地方，比赛的时候是三个人作为一个整体，在准备比赛的半年到一年的时间里，我们三个人几乎会朝夕相处，经常一起吃饭、比赛。这时候你会为你的队友做很多事情，你的教练和队友也会为你付出很多，他们或者对你有很严厉的批评，或者是跟你很诚恳地谈上一个晚上，也许会听起来不是很舒服，但是如果你知道他的出发点是好的，他是真心为你好，这种感觉是非常温暖的。我觉得这是 ACM 带给我最大的感触。

主持人：谢谢张鑫同学，我想他所强调的最重要的一点就是队员和队员，或者是队员和老师之间的真实的情感。在现代社会中是一笔非常宝贵的财富。因为像我这样的学生对 ACM-ICPC 并没有非常深刻或者是非常具体的了解，在这里我想问一下参加过比赛的戴学长，ACM 的内容或基本的流程是什么样的？

戴文渊：正如刚刚黄教授介绍的，在 5 个小时内，解 8 到 10 个题目，一个队是 3 个人，只能用一台计算机，这样的话，三个人不能各干各的，必须要组成一个有机的整体。

主持人：这是一个非常累的工作。

戴文渊：做 5 个小时的题目是非常累的。

张鑫：我做一个广告吧，明天我们要在这里举办一场 ACM 招新的宣讲会，会有对比赛非常详细的介绍，还有队员们来谈参赛的感想。如果大家感兴趣的话，可以明天同一时间在这个地方相聚。

主持人：我们在媒体上看到 2005 年上海交通大学在参加 ACM-ICPC 的时候，在最后时刻解出了一道题目锁定了胜局，当时的情况是怎么样的？

戴文渊：我们这一道题目并不是很快就能做出来的，这个题目是在倒数第 9 分钟的时候做出来的，大概做了两个多小时，正好在最后时刻做完的，并不是说在最后时刻解出来的，其中有一个很长的计划过程。

主持人：其实我知道你对这个过程有一句很经典的描述，能不能重复一下。

戴文渊：当时我们把最后 8 道题做出来以后，观众席响起了巨大的欢呼声，其实我们三个队员在里面做的时候，心情是非常平静的，因为如果在做题的时候，心情非常激动的话，是不可能做出题的。有一个形容是这样的，整场比赛如果是台风的话，三个队员就是在台风的中心，队员做的事情可能会引起台风外非常大的波动，但是在台风中心是非常平静的。

主持人：谢谢，你们是非常杰出的队伍，希望大家再次用最热烈的掌声送给他们好吗？黄教授，这里还有一个题目想请教一下您，如果您看到学生做题目做得非常辛苦，时间快到了，他们可能要晚几分钟交卷，您会不会感到非常惋惜，甚至想帮他们做？

黄金雄：其实我们根本不知道他们做题的情况，比赛的现场有一个屏幕，屏幕上会显示队员做了多少题，每道题用了多长时间，做了多少次尝试，但是具体做什么我们是根本不知道的，我们其实和在台风外围的人是一样的。当时他们拿冠军的时候，我站在椅子上欢呼，他们自己可能感受不到，我们并不知道他们提交的内容，世界大赛的题目是由世界大赛出题组出的，和主办学校是无关的，题目是世界各地的教授和学者组织在一起拟定的，裁判是裁判委员会选出的。我一直盼望亚洲的学校拿第一名，上海交通大学做到了，我们感谢上海交通大学的同学和余老师两次实现了我的愿望。

主持人：我想刚刚黄教授讲了比赛的公正性。现在戴文渊和张鑫两个人都做了上海交通大学ACM 队的教练，我想问一下，对于这种角色上的转换，你们有没有什么不一样的感受呢？

戴文渊：我在队里其实是一步一步地做上来的。一开始是队员，那时候只管好自己的题，把题拿来解掉就可以了。后来慢慢地做到队长，做队长的时候，就不光是要做对自己的题，队员做错一道题也是和我有关的，所以我要想办法让我的队员做得更好。当我成为队长的时候，我要负责三个人。当了教练以后，责任就更大了。我的手下有 18 个人，他们每一个人有不同的愿望和需求，我要使这个大的集体得到最大的利益，就是这样一步一步地做下来，考虑的层次越来越高，考虑的人越来越多，也就是一开始只是为自己服务，再后来是为 3 个人服务，再接下来是为 18 个人服务。

主持人：你本人更加喜欢一个人还是做教练？

戴文渊：我更享受做教练的过程，虽然说我不是自己去做题，但是我可以发挥更大的能量。

主持人：想问一下黄教授，您是将 ACM-ICPC 引入中国的第一人，那么您对上海交通大学和中国的 ACM 事业有没有什么新的展望呢？

黄金雄：其实很多事情并不像你想的那样发展，而是一步一步来的。1991 年，我是 ACM 的一个大会的主席，那时候 ICPC 这个活动很小，它是我们大会中附带的 1 个小活动，这个活动是在大会中组织的，后来他们跑来找我，说你们亚洲这么大，怎么没有一个人参加？那时候亚洲没有学生参加这个世界大赛。他说能不能帮个忙啊，推动一下。我也不知道会怎么样，就是靠着热情做下去的。第一年我到台北演讲，开始推动，也没有什么结果。第二年，我让 ACM 给一些经费，然后再到台北推动，还是没有搞成，第三年才慢慢搞成了。之后我请台湾最好学校的学生派队到世界大赛，再下面的一年，我去了北京大学、清华大学、天津大学，然后跑到复旦大学、上海交通大学、上海大学，大家都说很好。有人问我，你要我们做这个事情，需要什么回报？我说什么回报也不要，这是一个义务的活动。我后来找的上海大学的一名教授，现在已经是 ICPC 的名人了。

后来我联络到上海大学的校长，继续慢慢地推动。当初没有什么目标，碰到挫折就更正修改；碰到好的，就寻求答案。可以说目标就是继续推广。现在我国在这方面推广得很好，我们的省赛很多，将来还要把省赛稍微调整一下。印度也很大，大赛也会进入印度，我希望将来能越做越大，有更多像戴同学和余教授这样的人。

因为我是自愿的，所以遇到挫折也没有那么痛苦。我期望亚洲能有更多的人得冠军，更希望中国是得冠军的队。

主持人：谢谢，问一下我们的两位教练，上海交通大学ACM在近期的目标能不能给我们讲一下？

戴文渊：我们是希望整个ACM队有一个很好的延续，并不是说一定要拿冠军，而是说每年交大的队伍出去都是一支非常有竞争力的队伍，可能若干年后会有冲击冠军的机会。其实作为整个ACM队来说，更重要的是培养人才，所以这个延续是非常重要的，只要有这样的延续的过程，即便我们几年没有拿到冠军，从ACM队中走出来的精英也是不会停的。

主持人：我在想，ACM队近期的目标应该是希望有志加入ACM队的同学，明天来这里参加ACM的宣讲会，希望有更多的同学加入到ACM队来。

黄金雄：他们是非常辛苦的，要成功就要付出代价、要努力。机运是一个函数，它的变数是天资、努力、情商和机会。成功的三个因素是天资、努力和机运。我希望你们好好把握你们的天资，励志未来，努力拼搏，成功就在你们眼前。

……

17.3 ACM-ICPC 比赛随想——刘汝佳

刘汝佳，1982年12月出生，毕业于重庆外国语学校，清华大学计算机科学与技术系2005级研究生。高二时创立"信息学初学者之家"网站（OIBH），高三入选IOI2001国家集训队。

大学一年级时获ACM-ICPC世界总决赛银牌（世界第四），IOI2002/03/04国家集训队指导老师。曾与黄亮合作出版了"算法艺术与信息学竞赛"丛书，自2002年至今为科学委员会学生委员，在命题方面和辅导学生方面成绩突出，同时兼任NOI网站总监。

从第一次听说ACM-ICPC到现在，已经有快七个年头了。最开始因好奇而关注，而现在因了解而关注——关注比赛，更关注参加比赛的人。ACM-ICPC是一个五味瓶，没有接触过它的人不会知道其中的酸甜苦辣，而一旦置身其中，每个选手都会对它产生一种特殊的感情，时间越长，这种感情也越复杂、越浓烈。感情来源于对算法与题目的喜爱，来源于对成功的向往和失败的恐惧，来源于在各种选择与放弃中的徘徊与摇摆不定，来源于程序世界与现实生活的巨大差异，也来源于通往理想的曲折道路——探索其中时的无助和艰辛。等到退役的那一天，回过头再来看当时的自己，相信每位选手都会发现自己在很多方面成熟了许多——远不只是编程能力和算法功底。以前我觉得这是比赛的副产品，而现在我认为这才是比赛的主要目的，至少对于选手自己是如此。

虽然我从心里喜欢这个比赛，但我并不鼓励每个人参加。并不是每个人在每个时期都适合参加这个比赛，且适合的人选也并不代表一定能取得好成绩——比赛场上是没有"一定"的，任何一个选手都必须有勇气承担风险，就像所有其他有潜在回报的事一样。另一方面，对于所有下定决心参加比赛的选手，我鼓励他坚持到底，因为只有这样才会受到真正的磨练。在“参加”与“不参加”的岔路口上，大多数选手被两个问题所困扰：第一个是“我能获奖么？奖会给我带来什么好处？”，第二个是“抛开荣誉，从比赛中学到的东西值得我花费这么多时间吗？”。第一个问题我无能为力，也不愿意回答，因为这取决于很多复杂的因素。而这些因素，更多的要靠自己把握。而对于第二个问题，我可以毫不犹豫地说：答案是肯定的，但前提是要视野开阔，不要把自己局限在一个狭小的空间之内。大家都知道，ACM-ICPC 竞赛要求选手在理论上具有一定的知识和能力，编程上要求速度和正确性，但我认为更重要的一点是 ACM-ICPC 培养选手实践能力和洞察力。这两点相对于理论和技术本身而言更难培养，也是高素质人才更需要的。这里的实践能力因追求生产效率和创造性而显著区别于依葫芦画瓢型的体力式的“技术能力”，而洞察力让有心的选手往各方面发展，让自己的才能展现到计算机科学、自然科学乃至艺术、人文方面的各个角落。一位 MIT 教授曾在课上对学生说：“从某种意义下，计算机科学不是关于计算机的，它也不是一门科学。对于这样一个开放型事物，如果能够用洞察力寻找方向，用效率和创造性开辟道路，发展空间将是巨大的。”

我的选手“生涯”是短暂的。三年半前夏威夷总决赛回来以后虽然有些不甘心，但我从心理上已经不再用选手的标准来要求自己了。随后在完成“算法艺术与信息学竞赛”丛书的日子中，我的思维方式渐渐转向了教练和命题者，虽说少了比赛时的激情，但能更加理智和清醒地看待问题。“算法艺术与信息学竞赛”是一个各种思想、知识、资源的复杂编织体，虽然有诸多遗憾，但是真实地反映了我当时的写作状态，相信不同动机和立场的人阅读时会有不同的感想和认识。竞赛的题目有着统一的外观，但它们背后的东西包罗万象。这些相关的知识都有着很强的应用背景，而非专门为竞赛而设计，因此有着独立的体系和相应的文献。程序设计语言、数据结构、算法设计方法、计算理论等内容都是经典的计算机科学分支，而高等数学、数论、组合数学、概率论、图论、组合游戏论、人工智能、计算几何、计算机图形学、生物信息学等内容也常见于各类竞赛中。虽然这些学科只有一小部分内容目前已经在题目中出现，但是对这些“小部分知识”的理解和实践将十分有利于对这些学科进行更全面、深入的学习。对任何知识的学习都离不开三方面：理论、模型和实现。理论部分相对容易把握，但要求学习时一丝不苟，善于总结、抓住本质。主要培养选手的洞察力；模型部分比较灵活，富有创造性，不管是模型的建立还是求解，都需要大量积累和思考。这也是最有启发性的部分，主要培养选手的创造力。实现部分比较自由，也是个人风格的体现，很难有一个固定的标准，但有很多前人经验和模式可以遵循。这部分有很多其他资料可以参考，也属于实践性最强的部分，主要培养选手的效率（当然也包括正确性。没有正确性就谈不上有效率）。有了前面的宏观叙述，这三方面孰轻孰重、关系如何，自然就很明了。

对于大多数人来说，ACM-ICPC 只是生命中一个很小的部分，但每一位有心的人都可以把这段经历变得重要而有价值。准备 ACM-ICPC 的日子是一段麻醉期，很多平时在意的东西都可以在准备竞赛时置之不理，也不去过多地考虑未来可能来临的烦恼。思想最单纯的时候做事是最有激情最快乐的，而在这样的时期，与志同道合的人建立的友情也是最可贵的。不管曾经、正在或者即将面临多大困难和艰辛，也不管结果如何，我想把这句话送给关心 ACM-ICPC 的每一个人：

“ACM-ICPC is healthy, just do it.”

ACM-ICPC 是一个五味瓶。没有接触过它的人不会知道其中的酸甜苦辣，而一旦置身其中，每个选手都会对它产生一种特殊的感情，时间越长，这种感情也越复杂、越浓烈。感情来源于对算法与题目的喜爱，来源于对成功的向往和失败的恐惧，来源于各种选择与放弃中的徘徊与摇摆不定，来源于程序世界与现实生活的巨大差异，也来源于通往理想的曲折道路——探索其中的无助和艰辛。等到退役的那一天，回过头来再看当时的自己，相信每位选手都会发现自己的很多方面成熟了许多——远不只是编程能力和算法功底。以前我觉得这是比赛的副产品，而现在我认为这才是比赛的主要目的，至少对于选手自己是如此。

注：来自 https://blog.csdn.net/u012860063/article/details/38017229

其他参考阅读：https://www.xuebuyuan.com/3227380.html

https://www.cnblogs.com/handsomecui/p/4985288.html

http://www.cppblog.com/longshen/archive/2009/11/17/101253.html

第 18 章　蓝桥杯竞赛题解

例 18-1　年号字串

小明用字母 A 对应数字 1、B 对应 2，以此类推，用 Z 对应 26。对于 27 以上的数字，小明用两位或更长位的字符串来对应。例如，AA 对应 27、AB 对应 28、AZ 对应 52、LQ 对应 329。

输入

输入一个数字 N。

输出

输出对应的字符串。

样例输入	样例输出
1 2 27 28	A B AA AB

试题来源：2019 第十届蓝桥杯省赛（C/C++）B 组

试题解析

思考每个样例，发现 AA=26^1*1+26^0*1；AB=26^1+1+26^0*2；LQ=26^1*12+26^0*17。然后可以发现这道题就是十进制和二十六进制之间的转换。

程序清单

```
#include<stdio.h>
char  str[27]={0, 'A', 'B', 'C', 'D', 'E', 'F', 'G', 'H', 'I', 'J', 'K', 'L', 'M', 'N', 'O', 'P', 'Q',
'R', 'S', 'T', 'U', 'V', 'W', 'X', 'Y', 'Z'};
int main()
{
    int num;
    string ans="";
   scanf("%d",&num);
   while(num){                  // 将 num 转换为二十六进制
      ans+=str[num % 26];   // 当将前位 num%26 数值对应的字母取出，放在字符串 ans 的后面
      num/=26;
   }
   for(int i=ans.size()-1;i>=0;i--){
      cout<<ans[i];       // 从高位开始输出
   }
```

```
    return 0;
}
```

例 18-2　数列求值

给定数列 1、1、1、3、5、9、17、…，从第 4 项开始，每项都是前 3 项的和。求第 20190324 项的最后 4 位数字。

输入

20190324。

输出

打印第 20190324 的最后 4 位。

样例输入	样例输出
1 6	1 9

试题来源：2019 第十届蓝桥杯省赛（C/C++）B 组

试题解析

首先了解一下斐波那契数列二 $f(n)=f(n-1)+f(n-2)$。所以这道题就是一道斐波那契的变形题，按照斐波那契数列的解法，我们只需要递推一遍就可以知道答案。这里有一个问题，斐波那契数列到后面的数据会过大，以 C++ 的基础数据类型根本存不下，更别说这道题目的数据了。根据题目我们只需要后 4 位，那么其实可以把每个得到的数据对 10000 取模。因为是得到后 4 位，加法形式对 10000 取模不会影响后 4 位的值。

程序清单

```
#include<bits/stdc++.h>
using namespace std;
typedef long long LL;
const int mod=1e4;
LL dp[20190325];
int main(){
    dp[1]=dp[2]=dp[3]=1;
    for(int i=4;i<=20190324;i++){
        dp[i]=(dp[i-1]+dp[i-2]+dp[i-3])% mod;
    }
    cin>>n
    cout<<dp[n]<<endl;
    return 0;
}
```

例 18-3　等差数列

数学老师给小明出了一道等差数列求和的题目。但是粗心的小明忘记了一部分数列，只记得其中 n 个整数。

现在给出这 n 个整数，小明想知道包含这 n 个整数的最短的等差数列有几项。

输入

第一行包含一个整数 n。

第二行包含 n 个整数 a_1、a_2、…、a_n（注意 a_1～a_n 并不一定按等差数列中的顺序给出）。

输出

输出一个整数表示答案。

样例输入	样例输出
5 2 6 4 10 20	10

试题来源：2019 第十届蓝桥杯省赛（C/C++）B 组

试题解析

这道题目考查了数论知识，即 gcd 最大公约数和等差数列公式。

我们要求出最短等差数列的长度，就要找到一个最大的公差，这样数列才是最短的。

首先注意到题目所给出的 n 个整数并不是有序的，为了方便解题，可以先将题目给出的序列从小到大进行排序，得到一个有序的序列。

排序后，假设公差为 d，任意相邻两个数之间的差为 $value_i$，如 $value_1=a_2-a_1$，$value_2=a_3-a_2$，$value_{n-1}=a_n-a_{n-1}$。而 $n-1$ 个差值又是 d 的整数倍，所以 $n-1$ 个差值的最大公约数就是我们要的最大公差，$(a_n-a_1)/d_{max}+1$ 就是最短的长度。注意，如果给出的 n 个整数均相同，即这个数列为常数数列，那么最短的长度就是 n。

对于样例，我们先将其排序：2、4、6、10、20，其任意相邻两项的差值为 2、2、4、10，这些差值的最大公约数就是 2，所以最短的等差数列中的公差为 2，构成的最短等差数列为 2、4、6、8、10、12、14、16、18、20，长度为 (20−2)/2+1=10。

又如 n=5，这 5 个数分别为 2、4、7、16、23。其任意相邻两项的差值为 2、3、9、7，这些差值的最大公约数为 1，所以公差为 1，构成的最短等差数列为 2、3、4、…、22、23，长度为 (23−2)/1+1=22。

程序清单

```
#include<stdio.h>
#include<iostream>
#include<algorithm>
```

```
using namespace std;
int n,a[100005];
int gcd(int a,int b)
{                                   // 辗转相除法求最大公约数
    return b? gcd(b,a%b): a;
}
int main()
{
    cin>>n;
    for(int i=1;i<=n;i++)
    cin>>a[i];
    sort(a+1,a+1+n);                // 将数组从小到大排序
    int d=a[2]-a[1];
    for(int i=3;i<=n;i++)
        d=gcd(d,a[i]-a[i-1]);       // 求 n-1 个差值的最大公约数，即公差
    if(d==0)                        // 公差为 0，常数数列，最短长度为 n
        cout<<n<<endl;
    else cout<<(a[n]-a[1])/d+1<<endl;
                                    // 公差不为 0，最短长度为最大最小值的差除以 d 再加 1
    return 0;
}
```

例 18-4　后缀表达式

给定 n 个加号，m 个减号，以及 $n+m+1$ 个整数 a_1、a_2、…、$a_{(n+m+1)}$，小明想知道，在所有由 n 个加号、m 个减号，以及 $n+m+1$ 个整数凑出的合法的后缀表达式中，结果最大的是哪一个。

请你输出这个最大的结果。

例如，使用 1 2 3 + -，则“2 3 + 1 -”这个后缀表达式的结果是 4，是最大的。

对于所有样例，$0 \leqslant n$，$m \leqslant 100000$；$-10^9 \leqslant a_i \leqslant 10^9$。

输入

第一行包含一个整数 n 和 m。

第二行包含 $n+m+1$ 个整数 a_1、a_2、…、$a_{(n+m+1)}$。

输出

输出一个整数表示答案。

样例输入	样例输出
1 1 1 2 3	4

试题来源：2019 第十届蓝桥杯省赛（C/C++）B 组

试题解析

计算表达式 3-（1-2）= 4，其后缀表达式为 312--，当只有加、减符号时，后缀表达式相当于带括号的中缀表达式。

当 m==0 时，将这些数相加，所以最大值即为 $n+m+1$ 个整数的和。

当 m!=0 时，即至少有一个减号。

（1）当减号数目小于负数数目时，由于后缀表达式具有隐含的括号，相当于带括号的中缀表达式，所以只要有一个减号，就可以衍生出无数的减号。

例如：$a-(b+c+\cdots+z)=a-b-c-\cdots-z$。

例如：$n=3$，$m=1$，N 个整数分别为 5、−1、−2、−3、−4 时，可以写成 $5-((-1)+(-2)+(-3)+(-4))=15$。

例如：$n=3$，$m=1$，N 个整数分别为 −5、−1、−2、−3、−4 时，可以写成 $-1-((-2)+(-3)+(-4)+(-5))=13$。

即我们加上最大值，其他数都加上绝对值即可。

（2）当减号数目大于负数数目时，必定要减去一个数，所以我们减去一个最小的数。

例如：$n=1$，$m=1$，N 个整数分别为 1、2、3，可以写成 $3+2-1=4$。

例如：$n=0$，$m=2$，N 个数分别为 1、2、3，可以写成 $3-(1-2)=3+2-1=4$。

即减号数比负数数目多时，把所有数的绝对值相加，再减去一个最小的绝对值。

（3）当减号数目等于负数数目时，显然，直接全部都加上绝对值即可。

例如：$n=2$，$m=2$，N 个整数分别为 2、3、4、−5、−6，可以写成 $2+3+4-(-5)-(-6)=20$。

综上，m!=0 时，我们加上最大值，减去最小值，其他数都加上绝对值即可。

训练攻略

可能有读者会说，虽然看懂了上面的解析，但是很难自己得出来。这类题，一般需要足够样例，采用分类、归纳、总结等方法来加以思考，有时凭空想象是很困难的，所以把数据样例写出来就很好。即便不能归纳得那么完美，对于此题的各种情形，多写几个 if 语句也是可以的。

程序清单

```
#include<bits/stdc++.h>
#include<cstring>
#include<cstdlib>
#include<cstdio>
using namespace std;
const int N=2e5+5;
int a[N];
main(){
    int n,m,ans=0;
    cin>>n>>m;
    int k=n+m+1;            //总的数据个数
    for(int i=1;i<=k;i++)
         cin>>a[i];
    sort(a+1,a+k+1);        //把 a 按从小到大进行排序
```

```
    if(!m){                 // m=0，无减号，则所有数相加
        for(int i=1;i<=k;i++)
            ans+=a[i];
        cout<<ans<<endl;
    }
    else{//m!=0 时，加上最大的数，减去最小的数，中间的按绝对值加起来
        ans+=a[k];ans-=a[1];
        for(int i=2;i<k;i++)
            ans+=abs(a[i]);
        cout<<ans<<endl;
    }
    return 0;
}
```

例 18-5　2019

请找到两个正整数 x 和 y 满足下列条件。

（1）$2019<x<y$。

（2）2019^2、x^2、y^2 构成等差数列。

满足条件的 x 和 y 可能有多种情况，请给出 $x+y$ 的值，并且令 $x+y$ 尽可能小。

题来源：2019 第十届蓝桥杯国赛（C/C++）B 组

试题解析

直接暴力，sqrt 函数会丢失精度，把找到的值再平方一下，看是否构成等差数列，找到的第一对 x，y 值即为答案。

程序清单

```
#include<iostream>
#include<cmath>
using namespace std;
int main()
{
    for(long long x=2020;;x ++){
        long long y=sqrt(2*x*x-2019*2019);
                                                    // 按照等差数列等式，如下面的 if
                                                    // 中等式推出的 y 值
        if(x*x-2019*2019==y*y-x*x){                 // 验证等差数列
            cout<<x<<"+"<<y<<"="<<x+y<<endl;        // 通过验证即输出解答
            break;
        }
    }
    return 0;
}
```

例 18-6　子序列

给定两个字符串 *s* 和 *t*，保证 *s* 的长度不小于 *t* 的长度，问至少修改 *s* 的多少个字符，可以令 *t* 成为 *s* 的子序列。

输入

第一行是字符串 *s*；第二行是字符串 *t*。保证 *s* 的长度不小于 *t* 的长度，*s* 的长度范围为 0～1000。

输出

答案，一个非负整数。

样例输入	样例输出
XBBBBBAC ACC	2

试题来源：2019 第十届蓝桥杯国赛（C/C++）B 组

试题解析

此题可以用动态规划来做。

dp[*i*][*j*] 表示令 *t* 的前 *j* 个字符成为 *s* 的前 *i* 个字符的子序列需要修改的字符个数。

先初始化 *i*=*j* 和 *j*=0 的情况。

状态转移方程：

```
if(s[i]==t[j])
        dp[i][j]=dp[i-1][j-1];
else
        dp[i][j]=min(dp[i-1][j],dp[i-1][j-1]+1);
```

程序清单

```
#include<cstdio>
#include<iostream>
#include<string>
using namespace std;
const int N=1e3+10;
int dp[N][N];
string s,t;
int main()
{
    cin>>s>>t;
    int ls=s.size();
    int lt=t.size();
    if(s[0]!=t[0])
```

```
        dp[0][0]=1;
    for(int i=1;i<lt;i++)
        if(s[i]==t[i])
             dp[i][i]=dp[i-1][i-1];
        else
             dp[i][i]=dp[i-1][i-1]+1;
    for(int i=1;i<ls;i++)
    {
        if(s[i]==t[0])
             dp[i][0]=0;
        else
             dp[i][0]=dp[i-1][0];
    }
    for(int j=1;j<lt;j++)
        for(int i=j+1;i<ls;i++)
            if(s[i]==t[j])
                dp[i][j]=dp[i-1][j-1];
            else
                dp[i][j]=min(dp[i-1][j],dp[i-1][j-1]+1);
    printf("%d\n",dp[ls-1][lt-1]);
    return 0;
}
```

第 19 章　ICPC 竞赛题解

例 19-1　Who is the Champion

在一个国家，足球是最受欢迎的运动。但是，国家队在世界舞台上的表现不佳。为了激发青年球员的活力，每年都举办全国足球锦标赛。

某年，有 n 支球队参加冠军赛。与往常一样，采用单循环系统，一场标准比赛要求两队有 10 名球员和 1 名门将，总共有 22 名球员。他们彼此面对，捍卫自己的球门，并在长方形草地球场上进攻对手的球门。

在 90 分钟的比赛中，他们试图一次又一次地射门。比赛结束时，进球较多的球队将获胜，并在计分板上获得 3 分，而失败者则一无所获。一个非常特殊但常见的情况是，两个团队获得相同的进球数，这是平局。那么两个团队都将在计分板上获得 1 分。

在赛季结束时，联赛将宣布冠军，即总分最高的球队。如果两支或多支球队的总得分最高且相同，则进球差异最大（计算为所有联赛中进球数减去失球数）的球队将成为冠军。最糟糕的情况是，多支球队总得分相同，进球差距也相同，这时将通过附加赛来解决。

输入

第一行包含一个整数 n（$1 \leqslant n \leqslant 100$），表示团队数量。

接下来的 n 行中的每行包含 n 个整数。第 i 行中的第 j 个整数（非负且最多 5 个）表示第 i 队对第 j 队得分的进球数。

我们保证 $a_{ii}=0$，$1 \leqslant i \leqslant n$。

输出

如果联赛可以宣布冠军，则输出将成为冠军的球队的分数，或者输出 play-offs（将组织额外的季后赛）。

样例输入	样例输出
2 0 1 2 0 2 0 1 1 0 3 0 1 3 1 0 4 0 0 0	2 play-offs 2

试题来源：2019 ICPC Asia Nanchang Regional

在线测试：jisuanke 42587

试题解析

定义一个结构体，包括三个变量：队伍编号（id）、得分（score）和差异分（diff）。每场根据双方进球数，进球多的为胜方，胜方 score 加 3 分，双方的 diff 加上进球数量差（自己的进球数减去对手的进球数）；如果进球数相等，双方的 score 都只加 1 分，按照 score 从高到低排序；如果 score 一样，按照 diff 从高到低排序。

程序清单

```
#include<bits/stdc++.h>
using namespace std;
const int N=110;
struct team
{ //定义结构体
    int id;
    int score;
    int diff;
};
bool cmp(team a,team b)
{ //按照 score 从高到低排序；如果 score 一样，则按照 diff 从高到低排序
    if(a.score!=b.score)
         return a.score>b.score;
    else
         return a.diff>b.diff;
}
int n,score[N][N];
team teams[N];
int main()
{
    int i,j;
    cin>>n;
    for(i=1;i<=n;i ++)
    {
        teams[i].id=i;
        teams[i].score=0;
        teams[i].diff=0;
        for(j=1;j<=n;j++)
        {
            scanf("%d",&score[i][j]);
        }
    }
    if(n==1)
    {
        cout<<1<<endl;
        return 0;
```

```
    }
    for(i=1;i<n;i++)
    {
        for(j=i+1;j<=n;j++)
        {
             if(score[i][j]>score[j][i])
             { // 如果 i 胜
                  teams[i].score+=3;                          // i 方的 score 加 3 分
                  teams[i].diff+=(score[i][j]-score[j][i]); // i 方的 diff 加上 i 与
                                                              // j 的进球数差值
                  teams[j].diff+=(score[j][i]-score[i][j]); // j 的 diff 加上 j 与 i
                                                              // 的进球数差值
             }
             else if(score[i][j]==score[j][i])
             {// 如果双方进球数相等，双方的 score 都加 1 分
                  teams[i].score+=1;
                  teams[j].score+=1;
             }
             else
             {                                                // 如果 j 胜
                  teams[j].score+=3;                          // j 方的 score 加 3 分
                  teams[j].diff+=(score[j][i]-score[i][j]); // j 方的 diff 加上 j 与
                                                              // i 的进球数差值
                  teams[i].diff+=(score[i][j]-score[j][i]); // i 的 diff 加上 i 与 j
                                                              // 的进球数差值
             }
        }
    }
    sort(teams+1,teams+n+1,cmp);// 按照 score 和 diff 从大到小排序
    if(teams[1].score==teams[2].score&&teams[1].diff==teams[2].diff)
        cout<<"play-offs"<<endl;// 如果最强的两支队伍的 score 和 diff 都相同，就安排附加赛
    else
        cout<<teams[1].id<<endl;// 输出冠军队号
    return 0;
}
```

例 19-2　And and Pair

给定一个非常大的非负整数 n，要求计算满足以下条件的整数对（i,j）的数目：

$0\leqslant j\leqslant i\leqslant n$, i & $n=i$, i & $j=0$。

其中，&表示按位与运算。

为简单起见，将给出 n 的二进制表示形式。同时，只需输出答案模（10^9+7）。

输入

第一行包含指示测试样例的数目的整数 T（$1\leqslant T\leqslant 20$）。

下面 T 行，每行包含一个字符串，长度为 s（$1\leqslant|s|\leqslant$10^5），是非负整数 n 的二进制表示。需要注意输入中含有 s 的前导 0。

输出

对于每个测试样例，输出答案对（10^9+7）的模。

样例输入	样例输出
2 111 1010	14 15

试题来源：2019 ICPC Asia Nanchang Regional

在线测试：jisuanke 42578

试题解析

本题考查组合数学。对一个特定的 i（如 0101010）来说，设从低位到最高位的 1 之间有 x 个 0，可选择的 j 就是 $2x$ 种（i 为 0 的位置，j 可以选 0/1；i 为 1 的位置，j 为 0），从低位向高位枚举每个数字，当遇到 1 时，让它做 i 的第一位，除了第一位，看后面还有多少个 0，设这个 i 的低位中有 y 个 1 和 x 个 0；有多少个 1，设这个 i 的低位中有 y 个 1 和 x 个 0，通过再枚举每个子集里面的每个子集。推导得出有 $2^x \cdot \sum C(y,i)2^i$ 种方案。这个式子经过化简，最终可以得到有 $2^x \cdot 3^y$ 种方案。

$$\sum C(y,i) \cdot 2^i = 3^y$$

证明：根据二项式定理（请参见百度百科相关内容），

已知 $(x+1)^n=C(n,0) \cdot x^0+C(n,1) \cdot x^1+C(n,2) \cdot x^2+\cdots+C(n,n-1) \cdot x^{(n-1)}+C(n,n) \cdot x^n$

令 $x=2$，则有 $3^n=C(n,0) \cdot 2^0+C(n,1) \cdot 2^1+C(n,2) \cdot 2^2+\cdots+C(n,n-1) \cdot 2^{(n-1)}+C(n,n) \cdot 2^n$

证毕。

还要注意，第一位我们最后是没有考虑它为 0 的情况，第一位为 0，后面只能都是 0，这样最后再加 1 即可。

程序清单

```
#include<string.h>
#include<iostream>
#include<cstdio>
using namespace std;
typedef long long ll;
const int mod=1e9+7;
const int maxn=1e5+10;
ll num2[maxn];
ll num3[maxn];
char a[maxn];
int main(){
     ll t;
     scanf("%lld",&t);
     getchar();
```

```
    num2[0]=num3[0]=1;
    for(int i=1;i<maxn;i++){
        num2[i]=(num2[i-1]*2)% mod;    //将 2 的 i 次方存入 num2 中
        num3[i]=(num3[i-1]*3)% mod;    //将 3 的 i 次方存入 num3 中
    }
    while(t--){
        scanf("%s",a);
        ll len=strlen(a);
        ll y,x;
        y=x=0;
        ll num=0;
        for(ll i=len-1;i>=0;i--){
            if(a[i]=='1'){
                num=(num+(num2[x]*num3[y])% mod)% mod;
                y++;
                //printf("%lld %lld %lld \n",num2[x],num3[y],num);}
            {
            else x++;
        }
        num=(num+1)% mod;        //只算了 i 的最高位 1 的情况，要算上 i==0 的情况
        printf("%lld\n",num);
    }
    return 0;
}
```

例 19-3 Bob's Problem

Bob 遇到了麻烦，他用手指摩擦了魔环，然后你从地上走出来。

你将获得一个无向图 G，其中包含 n 个从 1 到 n 标记的顶点，并且它们之间的 m 条加权边，以黑色或白色上色。必须选择 G 中的一些边，以便在任意两个顶点之间至少有一条路径通过选定的边，最多只能选择 k 条白色边。可能有多种策略来确定这些边，并要求找出总权重最大的方法。

输入

第一行包含一个整数 T（$1 \leqslant T \leqslant 5$），表示测试样例的数量。

对于每个测试样例，第一行包含 3 个整数 n（$1 \leqslant n \leqslant 50000$）、$m$ 和 k（$1 \leqslant k \leqslant m \leqslant 500000$）。

接下来的 m 行，每行包含 4 个整数 u、v（$1 \leqslant u, v \leqslant n$）、$w$（$0 \leqslant w \leqslant 100000$）和 c（$0 \leqslant c \leqslant 1$），第 u 个顶点和第 v 个顶点之间有一条边，它的权重为 w，颜色为 c。如果 c=1，则边为白色；如果 c=0，则边为黑色。

请注意，某些顶点之间可能有多条边，并且也允许自环。

输出

对于每个测试样例，输出带有整数的一行，该整数指示所选边的最大总权重；如果给定图没有解决方案，则输出 -1。

样例输入	样例输出
1	16

样例输入	样例输出
5 6 2 1 2 0 0 1 3 5 1 1 5 1 0 2 3 6 1 2 4 2 0 3 4 7 1	

试题来源：2019 ICPC Asia Nanchang Regional

在线测试：jisuanke 42580

试题解析

给出 n 个点和 m 条边（边有两种，黑边和白边），每条边都有一个权值 w（0～100000）。给出黑色的边无限制要求，想选就选；对于白边，你最多只能拿 k 条。在这些条件下，要将这些点连通并使得树的权值最大，问是否能完成，能则输出最大权值；不能则输出 -1。带数值的图例如图 19-1 所示。

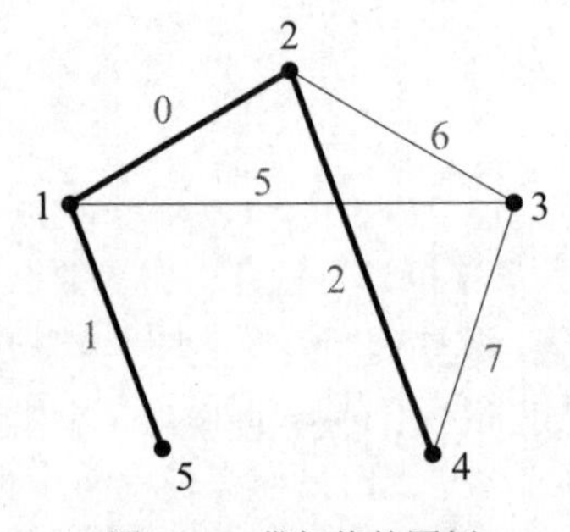

图 19-1　带权值的图例

加粗线代表黑线；细线代表白线。因为黑线可以任意选择且权值都大于等于 0，所以黑线全部选取，边选边进行缩点，这样 1、2、5、4 缩为一点，此时总权值为 0+1+2=3，剩下 3 号点和 3 条白线，进行最大生成树，选取 3→4 权值为 7 的边，此时全图连通，总权值为 10，但因为 k 值是 2，我们可以再选一条白边（虽然现在选的白边对连通性无影响），为使得总权值最大，这时只需要对剩下的白线进行贪心，使得白线总数为 k，选 2→3 权值为 6 的一条边，最终得到答案 16。

本题考查图论的基础知识。因为边权全部是正值，所以可以把黑边全选上，缩点之后对各个连通块和白边进行一次最大生成树，对没有选择的白边再做一次贪心，所得答案便是最优解。

程序清单

```
#include<algorithm>
#include<iostream>
using namespace std;
typedef long long ll;
```

```
const int mod=1e9+7;
const int maxn=5e4+10;
const int maxm=5e2+10;
struct edge{
    ll u,v,dis;                                     // u、v 为顶点，dis 为权值
    edge(){}
    edge(ll _u,ll _v,ll _dis):u(_u),v(_v),dis(_dis){}
    bool operator<(const edge s)const {             // 自定义结构体快排序方式为 dis 从大到小
        return dis>s.dis;
    }
};
ll f[maxn];                                         // 定义祖宗节点
ll find_set(ll x){  // 寻祖缩点：你是不是祖宗？祖宗不变，否则递归赋值找你现在祖宗的祖宗
    return f[x]==x?x:f[x]=find_set(f[x]);
}
ll n,m,k;
edge edge0[maxm];          // 黑边
edge edge1[maxm];          // 白边
edge edge2[maxm];          // 剩下的白边
ll num0,num1,num2;         // num0 为黑边的数量；num1 为白边的数量；num2 为剩下白边的数量
int main(){
    ll t;
    scanf("%lld",&t);      // t 组样例
    while(t--){
        num0=num1=num2=0;
        scanf("%lld%lld%lld",&n,&m,&k);
        for(int i=0;i<=n;i++)f[i]=i;            // 初始化祖宗节点，自己独立成宗
        for(int i=0;i<m;i++){
            ll u,v,dis,color;
            scanf("%lld%lld%lld%lld",&u,&v,&dis,&color);
            if(color==0){
                edge0[num0++]=edge(u,v,dis);        // 记录黑边
            }else{
                edge1[num1++]=edge(u,v,dis);        // 记录白边
            }
        }
        ll cnt=n;          // 记录缩点后需要最大生成树点的数量，初始化为 n
        ll nnum1=0;        // 最大生成树使用白边的数量初始化为 0
        ll ans=0;          // 初始化总权值为 0
        for(int i=0;i<num0;i++){
            ll x,y;
            x=find_set(edge0[i].u);   // x= 黑边 u 点的祖宗
            y=find_set(edge0[i].v);   // y= 黑边 v 点的祖宗
            if(x!=y){  // 两个人是否同宗，即缩点
                f[x]=y;
                cnt--;
            }
            ans+=edge0[i].dis;         // 黑边全部选
            //printf("%lld\n",ans);
        }
        sort(edge1,edge1+num1);        // 将白边排序，以备最大生成树
```

```
        for(int i=0;i<num1;i++){
            ll x,y;
            x=find_set(edge1[i].u);
            y=find_set(edge1[i].v);
            if(x!=y){                    // 如果不同宗，则归宗，记录答案
                f[x]=y;
                cnt--;
                nnum1++;                 // 记录最大生成树所需的白边数量 ++
                ans+=edge1[i].dis;
            }else{                       // 如果这条白边两个点已经同宗，则计入 edge2 中，预备贪心
                edge2[num2++]=edge1[i];
            }
            //printf("%lld\n",ans);
        }
        sort(edge2,edge2+num2);          // 将剩下的白边排序
        for(int i=0;i<num2;i++){         // 开始贪心
            if(nnum1>=k)break;
            ans+=edge2[i].dis;
            nnum1++;
            //printf("%lld\n",ans);
        }
        if(nnum1>k||cnt>1){              // 如果所需白边数量大于 k，即不能生成树，则输出 -1
            printf("-1\n");
        }else {
            printf("%lld\n",ans);
        }
    }
    return 0;
}
```

例 19-4 Digit Sum

位数和 $S_b(n)$ 是 n 的 b 位数的各位之和。如 $S_{10}(233)=2+3+3=8$，$S_2(8)=1+0+0+0=1$，$S_2(7)=1+1+1=3$。

给定 N 和 b，需要计算 $\sum_{n=1}^{N} S_b(n)$

输入

第一行给出测试样例的数量 T。每个测试样例包含两个整数 N 和 b。$1 \leqslant T \leqslant 100000$，$1 \leqslant N \leqslant 10\text{^}6$，$2 \leqslant b \leqslant 10$。

输出

对于每个测试样例，输出包含“Case #x：y”的一行。其中，x 是测试样例编号（从 1 开始），而 y 是答案。

样例输入	样例输出
2 10 10 8 2	Case #1：46 Case #2：13

试题来源：The Preliminary Contest for ICPC Asia Shanghai 2019

在线测试：jisuanke 41422

试题解析

首先分析样例 10 10，对序列 1、2、…、10 中每一个元素求 S 值，并累加：

$$1+2+3+\cdots+9+1+0=46$$

定义 $S_i(j)$ 为 ac (i,j)，在 i 进制下，j 数据的各位相加求和。

再定义 a[i][j] 为 i 进制下，从 1 累加至 j 的 $S_i(j)$ 值之和。

显然有：

```
a[i][j]=a[i][j-1]+ac(j,i)
```

暴力会超时，所以需要先进行预处理。由于 1 的 2～10 进制均为 1，所以有：

```
for(int i=1;i<=10;i++)
{
     a[i][1]=1;
}
// 递推地求出所有 a[i][j]:
for(int i=2;i<=10;i++)
     {
            for(int j=2;j<=maxn;j++)
            {
                  a[i][j]=a[i][j-1]+ac(j,i);
            }
     }
```

程序清单

```
#include<iostream>
#include<cstdio>
#include<cstring>
#include<algorithm>
const int maxn=1e6+10;
using namespace std;
typedef long long ll;
ll a[11][maxn];
int ac(ll n,ll b)
{ //在 b 进制下求 n 数值的各位之和
     ll sum=0;
     while(n)
     {
          sum+=n % b;
          n=n/b;
     }
```

```
    return sum;
}int main()
{
    for(int i=1;i<=10;i++)
    { //由于1的2～10进制均为1
        a[i][1]=1;
    }
        for(int i=2;i<=10;i++)
        { //递推地求出所有a[i][j]
        for(int j=2;j<=maxn;j++)
        {
            a[i][j]=a[i][j-1]+ac(j,i);
        }
    }
    ll t;
    scanf("%lld",&t);
    int ak=1;
    while(t--)
    {
        ll n,b;
        scanf("%lld%lld",&n,&b);
        printf("Case #%d:%lld\n",ak++,a[b][n]);
    }
}
```

例 19-5 Light Bulbs

索引从 0 到 N-1 的 N 个灯泡。最初，它们全部关闭。

FLIP 操作可以切换灯泡相邻子集的状态。FLIP（L, R）表示翻转 x 灯泡，使 $L \leqslant x \leqslant R$。例如，FLIP（3, 5）表示翻转灯泡 3、4 和 5；FLIP（5, 5）表示翻转灯泡 5。

给定 N 的值和 M 个翻转序列，计算在结束状态下将点亮的灯泡数。

输入

第一行给出测试样例的数量 T。每个测试样例都从包含两个整数 N 和 M 这行，分别是灯泡的数量和操作的数量。接着 M 行，每行包含两个整数 L_i 和 R_i，表示第 i 次操作想翻转 L_i 到 R_i 中的所有灯泡。

$1 \leqslant T \leqslant 1000$，$1 \leqslant N \leqslant 106$，$1 \leqslant M \leqslant 1000$，$0 \leqslant L_i \leqslant R_i \leqslant N-1$。

输出

每个测试样例的输出包含“Case #x：y”的一行。其中，x 是测试样例编号（从 1 开始）；y 是将在结束状态下点亮的灯泡数。

样例输入	样例输出
2 10 2 2 6	Case #1：4 Case #2：3

样例输入	样例输出
4 8 6 3 1 1 2 3 3 4	

试题来源：The Preliminary Contest for ICPC Asia Shanghai 2019

在线测试：jisuanke 41399

试题解析

翻转奇数次的灯泡是亮的，所以需要求出每个灯泡翻转的次数。容易想到可以用差分，对所有操作的两个端点排序，求差分数组 a。然后根据差分数组求前缀和。只需要考虑那些有贡献的 $2\times M$ 个点，对于区间中那些 0 的部分，就不需要遍历了。本题可以阅读完程序后，再看后面的样例分析。

程序清单

```
#include<bits/stdc++.h>
#define il inline
#define pb push_back
#define ms(_data,v)memset(_data,v,sizeof(_data))
#define SZ(a)int((a).size())
#define mid((l+r)>>1)
using namespace std;
typedef long long ll;
const ll inf=0x3f3f3f3f;
const int N=1e3+5;
struct node{ int id,x;}
a[N<<1];
bool cmp(node x,node y){
     return x.id<y.id;                           // 按照 id 从小到大对数组排序
}
int T,ans,sum,n,m,cnt=0;
int main(){
     scanf("%d",&T);
     int inpos,outpos;
     for(int t=1;t<=T;++t){
          scanf("%d%d",&n,&m);
          ans=0,sum=0,cnt=0;
          for(int i=1;i<=m;++i){
          scanf("%d%d",&inpos,&outpos);
          a[++cnt].id=inpos,a[cnt].x=1;          // 入点，x 记 1
          a[++cnt].id=outpos+1,a[cnt].x=-1;      // 出点，x 记 -1，左闭右开
```

```
        }
        sort(a+1,a+cnt+1,cmp);
        for(int i=1;i<=cnt-1;++i){
            sum+=a[i].x;  //sum 记录了区间 [a[i].id,a[i+1].id) 的翻转次数的奇偶
            if(sum&1)ans+=a[i+1].id-a[i].id;      // 如果是奇数次翻转
                        // 则该区间的灯泡都是亮的，该区间有灯泡数量是 a[i+1].id-a[i].id
        }
            printf("Case #%d:%d\n",t,ans);
        }
    }
```

样例分析如表 19-1 所示。

10 2

2 6

4 8

表 19-1　样例分析

第 i 盏灯	1	2	3	4	5	6	7	8	9	10
初始灯泡状态	0	0	0	0	0	0	0	0	0	0
FLIP（2, 6）		1	1	1	1	1				
FLIP（4, 8）				0	0	0	1	1		
结果 4 个灯泡亮	0	1	1	0	0	0	1	1	0	0

```
for(int i=1;i<=m;++i){
            scanf("%d%d",&x,&y);
            a[++cnt].id=x,a[cnt].x=1;
            a[++cnt].id=y+1,a[cnt].x=-1;
}
```

经过上面的 for 循环后，这两次翻转使得数组 a 的值的变化如表 19-2 所示。

表 19-2　数组 a 的值的变化

i	1	2	3	4
a[i].id	2	7	4	9
a[i].x	1	−1	1	−1

按照 id 对数组 a 排序后，如表 19-3 所示。

表 19-3　对数组 a 排序后的值

i	1	2	3	4
a[i].id	2	4	7	9
a[i].x	1	1	−1	−1

再经过下面的 for 语句：

```
for(int i=1;i<=cnt-1;++i){
                sum+=a[i].x;
                if(sum&1)ans+=a[i+1].id-a[i].id;
}
```

i=1，sum=1，ans=4−2=2，亮着的是 2、3 灯。

i=2，sum=2，sum 为偶数，说明翻转了偶数次，灯还是灭的，无须给 ans 增加。

i=3，sum=1，a[4].id=9，a[3].id=7，ans=2+ (9−7) =4，新增亮的灯是 7、8 这两盏。

所以最后答案是 4 盏灯亮着。

总结来说，以 id 对数组 a 排序后，就只需对灯从左到右看一遍，即对数组 a 扫描一遍。数组 a 中前后相邻的两个元素，就表示这个区间中的灯有着相同的翻转次数，[2,4）区间的灯翻转了 1 次；[4,7）区间的灯翻转了 2 次；[7,9）区间的灯翻转了 1 次。FLIP（a_1, a_2）操作，a_1 叫作进区间的点（简称进点），a_2+1 叫作出区间的点（简称出点），进点的 a[a_1].x 设为 1，出点的 a[a_2+1] 设为 -1。那么数组 a 中如果前后两个元素都是进点，两个 FLIP 原始区间是交叉的，如图 19-2（a）所示。for 走到后面这个进点时，就相当于翻转了偶数次，1+1=0 可以有效地跳过这个区间，不对 ans 贡献，以此类推，各类情况都涵盖了。用 sum 记录了区间 [a[i].id, a[i+1].id）的翻转次数的奇偶。读者可以自己分析如图 19-2（b）所示的相离情形。无论交叉还是相离，排序后，数组 a 保留的是各小区间的端点，每个端点有 x 和 id 信息，然后，重新从左到右来依次看前后两个端点构成的新区间。

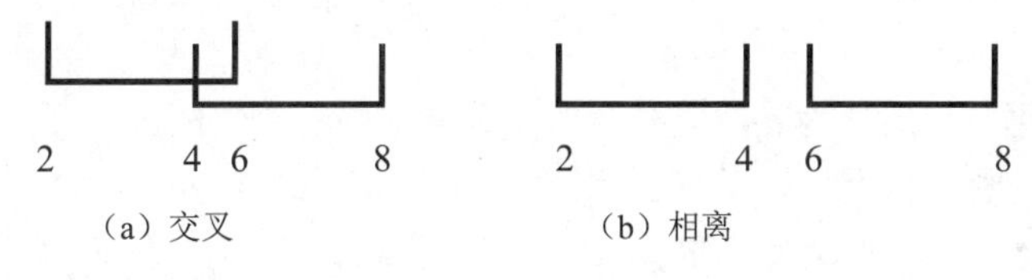

图 19-2　交叉与相离

在图 19-2（a）中，FLIP（2,6）、FLIP（4,8）两个交叉的区间翻转，排序后，就变成处理 3 个区间 [2,4）、[2,6）、[6,8）；图 19-2（b）中两个相离的区间翻转，排序后，也是处理 3 个区间 [2,4）、[2,6）、[6,8）。但是结果是不同的，因为 x 记录的 4、6 两个点的进出属性不同，最后一个 for 循环中 sum 值变化也不同。读者可以自己尝试把不同的数据带入程序，观察运行过程中数据的变化，而对程序加以理解，然后再总结，遇到此类问题，自己首先用图示分析，然后设计代码。要学会让大脑做思维的体操，最后才能熟能生巧。

例 19-6　Stone Game

CSL 喜欢玩石头游戏。他有 n 块石头，每个都有一个权重 a_i。CSL 希望获得一些帮助。规则是，他拿到的那堆石头的总质量应该比其余的石头的总质量大或相等。但是，如果他从堆放的石头中取出任何石头，则堆放的总质量将不大于其余的总质量。对于 CSL 而言，这是如此容易，因为 CSL 是一位才华横溢的石头游戏玩家，几乎可以赢得所有石头游戏！因此，他想知道可能的计划数量。答案的得数可能很大，因此，应该以 10^9+7 对结果取模。

现在，你会获得标记的集 $S=\{a_1, a_2, \cdots, a_n\}$，找出 S 的子集数使其满足：

$S'=\{a_{i1}, a_{i2}, \cdots, a_{ik}\}$，$(\mathrm{Sum}(S')\geqslant \mathrm{Sum}(S-S'))\wedge(\forall t\in S', \mathrm{Sum}(S')-t\leqslant \mathrm{Sum}(S-S'))$。

输入

第一行是整数 T（$1\leqslant T\leqslant 10$），它是样例个数。

对于每个测试样例，第一行是整数 n（$1\leqslant n\leqslant 300$），表示石堆的数量。第二行是 n 个以空格分隔的整数 a_1、a_2、a_3、…、a_n（$1\leqslant i\leqslant n$，$1\leqslant a_i\leqslant 500$）。

输出

对于每种情况，只有一个整数 t 的输出，即为可能的计划数。如果答案太大，请以 10^9+7 为模输出答案。

样例输入	样例输出
2 3 1 2 2 3 1 2 4	2 1

试题来源：The Preliminary Contest for ICPC Asia Shanghai 2019

在线测试：jisuanke 41420

试题解析

给定 n 块石头，每一块质量为 a_i，现在要求你选取一些石头组成第 1 堆，剩下的石头组成第 2 堆，要求第 1 堆石头的总质量大于等于第 2 堆，并且若从第 1 堆石头中任取一块石头，则剩下的总质量需要小于等于第 2 堆，求取法的方案数。

说是任取，其实只要取第一堆中最小的石头后满足条件，那么这个堆就是一种合理的取法。

先来看二维数组 dp 解法。第 1 个集合的和是 sum_1，第 2 个集合的和是 sum_2，那么需满足 $\mathrm{sum}_1\geqslant \mathrm{sum}_2$，并且 minofSet1 $\geqslant$ abs $(\mathrm{sum}_1-\mathrm{sum}_2)$，minofSet1 是集合 1 中的最小值，自然想到枚举第 1 个集合的最小值，然后再求剩下的划分方案；先从小到大排序，定义 dp[x][y] 表示第 x 个数到最后一个数能组成和为 y 的方案数，从 x 为最后 1 个数开始计算，逐步往前推算；假设最小值为 a[x]，那么第 1 个集合的和包含 a[x]，它就只可能是第 x 个到最后一个数组成的。于是枚举第 1 个集合的和，判断是否满足条件即可统计答案。

程序清单

```
#include<bits/stdc++.h>
using namespace std;
typedef long long ll;
const int N=305;
```

```
const int M=150000;//300*500
const int mod=1e9+7;
int dp[N][M];
int a[N];
int main(){
     int t;
     scanf("%d",&t);
     while(t--){
          int n,sum=0;            //sum: 计算总质量
          scanf("%d",&n);
          for(int i=1;i<=n;i++){
               scanf("%d",&a[i]);
               sum+=a[i];
          }
          sort(a+1,a+1+n);// 从小到大排序
          for(int i=0;i<=sum;i++)
               dp[n+1][i]=0;       // 初始化
          int ans=0;
          dp[n+1][0]=1;
          for(int i=n;i>=1;i--){ // 从后往前枚举物品
                                 // 计算每种物品分别为所取最小物品时符合条件的方案数
               for(int j=0;j<=sum;j++){// 对于第 i 个物品来说，分两种情形：选与不选
                    dp[i][j]=dp[i+1][j];// 如果不选当前物品，就与从下一个物品开始选是一样的
                    if(j>=a[i]){          // 刚好能加当前的 a[i]，和为 j
                         dp[i][j]+=dp[i+1][j-a[i]];        // 如果当前的 a[i] 选上，那么总的质
                                                            // 量剩下的就是
                         // j-a[i]，j-a[i] 的质量由下一个物品 i+1 开始往后选。所得到的选法数量
                         // 也加进来
                         // 此时选取符合题目条件的，加到答案数量 ans 中
                         if(j>=(sum-j)&&abs(j-(sum-j))<=a[i])
                              ans+=dp[i+1][j-a[i]];
                              ans%=mod;   // 答案取模
                    }
                    dp[i][j]%=mod;         // 取模
               }
          }
          printf("%lld\n",ans);
     }
     return 0;
}
```

样例 1 分析。

（1）物品个数：3。

（2）物品质量 a[*i*]：1、2、2。

（3）总质量 sum：5。

（4）从小到大排序后：1、2、2。

dp[*i*][*j*]：表示第 *i* 个数到最后一个数能组成质量和为 *j* 的方案数，如表 19-4 所示。

表 19-4 样例 1 方案数

$i \backslash j$	0	1	2	3	4	5
1	1（取 {}）	1（取 {1}）	2（取 {2} 或 {2'}）	2（取 {1,2} 或 {1,2'}；符合条件 ans+2）	1（取 {2,2'}）	1（取 {1,2,2'}）
2	1（取 {}）	0	2（取 {2} 或 {2'}）	0	1（取 {2,2'}）	0
3	1（取 {}）	0	1（取 {2'}）	0	0	0
4	1	0	0	0	0	0

综上，ans=2。

样例 2 分析。

（1）物品个数：3。

（2）物品质量 a[i]：1、2、4。

（3）总质量 sum：7。

（4）从小到大排序后：1、2、4。

dp[i][j]：表示第 i 个数到最后一个数能组成质量和为 j 的方案数，如表 19-5 所示。

表 19-5 样本 2 方案数

$i \backslash j$	0	1	2	3	4	5	6	7
1	1（{}）	1（{1}）	1（{2}）	1（{1,2}）	1（{4}, 符合题目条件 ans+1）	1（{1,4}）	1（{2,4}）	1（{1,2,4}）
2	1（{}）	0	1（{2}）	0	1（{4}）	0	1（{2,4}）	0
3	1（{}）	0	0	0	1（{4}）	0	0	0
4	1	0	0	0	0	0	0	0

综上，ans=1。

这两个样例都是 i 从 n 开始从后往前遍历，类似于 0-1 背包原理，每个物品都有取或者不取两种状态，枚举出每种质量和为 j 的方案数，每次把 a[i] 当作最小的物品，再从转移过来的方案里，挑选出满足题目条件 (sum1>=sum2&&a[i]>=abs(sum1-sum2)) 的方案数，ans 加上符合的方案数，最后的 ans 就是答案。

试题解析

一维数组 dp 做法：我们可以把所有石头从大到小进行排序，并设 dp[k] 表示第一堆石头总质量为 k 的方案数，这就成了 0-1 背包问题。因为石头是从大到小选取的，设当前抉择的石头为 i，则选取第 i 块石头为最小石头，并且总质量为 k 的方案数就是 dp[k-a[i]]（不能直接用 dp[k]，因为 dp[k] 可能包含不选择 i 的情况），判断一下，若满足条件就累加答案即可。

程序清单

```
#include<cmath>
#include<cstdio>
#include<cstring>
#include<iostream>
#include<algorithm>
using namespace std;
const int MOD=1e9+7;
const int N=150000+50;
typedef long long ll;
int n;
int a[305],sum[305];
ll dp[N];
bool cmp(int a,int b){return a>b;}
int main()
{
    int T;
    scanf("%d",&T);
    while(T--)
    {
        ll ans=0;
        ll sum=0;
        scanf("%d",&n);
        for(int i=1;i<=n;i++)scanf("%d",&a[i]),sum+=a[i];
        sort(a+1,a+n+1,cmp);                    //对 a 排序
        memset(dp,0,sizeof(dp));dp[0]=1;
        for(int i=1;i<=n;i++)
        {
            for(int k=sum;k>=a[i];k--)
            {
                if(k>=sum-k && k-a[i]<=sum-k) //满足题设条件
                    ans=(ans+dp[k-a[i]])%MOD;
                dp[k]=(dp[k]+dp[k-a[i]])%MOD;
            }
        }
        printf("%lld\n",ans);
    }
    return 0;
}
```

附录 A　ASCII 表

ASCII 值	控制字符	ASCII 值	控制字符	ASCII 值	控制字符	ASCII 值	控制字符
0	NUL	32	（space）	64	@	96	、
1	SOH	33	!	65	A	97	a
2	STX	34	”	66	B	98	b
3	ETX	35	#	67	C	99	c
4	EOT	36	$	68	D	100	d
5	ENQ	37	%	69	E	101	e
6	ACK	38	&	70	F	102	f
7	BEL	39	‘	71	G	103	g
8	BS	40	（	72	H	104	h
9	HT	41	）	73	I	105	i
10	LF	42	*	74	J	106	j
11	VT	43	+	75	K	107	k
12	FF	44	,	76	L	108	l
13	CR	45	-	77	M	109	m
14	SO	46	.	78	N	110	n
15	SI	47	/	79	O	111	o
16	DLE	48	0	80	P	112	p
17	DC1	49	1	81	Q	113	q
18	DC2	50	2	82	R	114	r
19	DC3	51	3	83	X	115	s
20	DC4	52	4	84	T	116	t
21	NAK	53	5	85	U	117	u
22	SYN	54	6	86	V	118	v
23	TB	55	7	87	W	119	w
24	CAN	56	8	88	X	120	x
25	EM	57	9	89	Y	121	y
26	SUB	58	：	90	Z	122	z
27	ESC	59	；	91	[	123	{
28	FS	60	<	92	\	124	|
29	GS	61	=	93	]	125	}
30	RS	62	>	94	^	126	～
31	US	63	?	95	—	127	DEL

附录 B　常用 OJ 网址

1. http://acm.hdu.edu.cn
2. http://codeforces.com
3. https://vjudge.net
4. http://bailian.openjudge.cn
5. http://poj.org
6. https://www.jisuanke.com
7. https://www.luogu.com.cn
8. https://ac.nowcoder.com
9. http://www.rqnoj.cn
10. https://zoj.pintia.cn
11. https://www.dotcpp.com

注：排名不分先后，本书例题大部分可在上述 OJ 网址中测试。

参 考 文 献

[1] 吴永辉，王建德. 算法设计编程实验：大学程序设计课程与竞赛训练教材[M]. 2版. 北京：机械工业出版社，2019.

[2] Wu Yonghui，Wang Jiande. Algorithm Design Practice：for Collegiate Programming Contests and Education. [M]. CRC Press，2018.

[3] 吴永辉，王建德. 提升程式设计的资料结构力：国际程式设计竞赛之资料结构原理、题型、解题技巧与重点解析[M]. 2版. 台北：碁峰资讯股份有限公司，2017.

[4] 吴永辉，王建德. 数据结构编程实验：大学程序设计课程与竞赛训练教材[M]. 2版. 北京：机械工业出版社，2016.

[5] Yonghui Wu，Jiande Wang. Data Structure Practice：for Collegiate Programming Contests and Education [M]. CRC Press，2016.

[6] 吴永辉，王建德. 程序设计解题策略：大学程序设计课程与竞赛训练教材[M]. 北京：机械工业出版社，2015.

[7] 吴永辉，王建德. 程式设计的解题策略：活用资料结构与演算法[M]. 台北：碁峰资讯股份有限公司，2015.

[8] 吴永辉，王建德. ACM-ICPC世界总决赛试题解析（2004—2011）[M]. 北京：机械工业出版社，2012.

[9] 吴永辉，王建德. 提升程式设计的资料结构力：国际程式设计竞赛之资料结构原理、题型、解题技巧与重点解析[M]. 台北：碁峰资讯股份有限公司，2012.

[10] 甘岚. C语言程序设计[M]. 成都：西南交通大学出版社，2015.

[11] 任正云，李素若，赖玲. C语言程序设计[M]. 3版. 北京：中国水利水电出版社，2016.

[12] 王兴宁，刘海波，等. C语言程序设计[M]. 2版. 南昌：江西高校出版社，2018.

[13] 金百东，刘德山. C++ STL基础及应用[M]. 2版. 北京：清华大学出版社，2015.

[14] 肖波，徐雅静. 数据结构与STL[M]. 北京：北京邮电大学出版社，2014.

[15] Yonghui Wu. Cooperating_Programming_Contest_Training_with_Education. Competitive Learning Institute Symposium（CLIS）2019. Porto，Portugal. https://ciiwiki.ecs.baylor.edu/index.php/Main_Page

[16] Yonghui Wu. The Book Series"Collegiate Programming Contests and Education". Competitive Learning Institute Symposium（CLIS），2018. https://ciiwiki.ecs.baylor.edu/index.php/The_Book_Series_%E2%80%9CCollegiate_Programming_Contests_and_Education%E2%80%9D

[17] Yonghui Wu，Jingshan Yu，Xuefeng Jiang，Sheng-Lung Peng. Programming Training League：A System Organizing Programming Training Cross Region. Competitive Learning Institute Symposium（CLIS），2018. https://ciiwiki.ecs.baylor.edu/index.php/Programming_Training_League:_A_System_Organizing_Programming_Training_Cross_Region.

[18] Yonghui Wu，C. Jinshong Hwang. Joint Programming Training in Taiwan. Competitive Learning Institute Symposium（CLIS），2015，Marrakech，Morocco. https://ciiwiki.ecs.baylor.edu/images/d/d3/Joint_Programming_Training_in_Taiwan.pdf

[19] Yonghui Wu. Experiments for Data Structures，Algorithms and Strategies Solving Problems based on Programming Contests. Competitive Learning Institute Symposium（CLIS），2014，Ekaterinburg，Russia. https://ciiwiki.ecs.baylor.edu/index.php/Experiments_for_Data_Structures，_Algorithms_and_Strategies_Solving_Problems_based_on_Programming_Contests

[20] 吴永辉. 采用程序设计竞赛试题的双语种系列实验教材的建设与实践. 两岸四地高校教学发展网络2016年会（CHED2016），2016，合肥. http://mooc1.chaoxing.com/course/87622093.html#courseArticle_112403849

[21] 刘觉夫，周娟. 大整数运算的基选择[J]. 华东交通大学学报，2007，24（2）：100-102.

[22] 周娟，周尚超 . 素数原根的两个猜想 [J]. 华东交通大学学报，2009，26（6）：98-100.
[23] 周娟，周尚超，谭炳文 . 基于 JSP 和 XML 的在线裁判系统 [J]. 计算机应用与软件，2009（12）：177-178.
[24] 周娟，曹义亲，谢昕 . 基于树状数组的逆序数计算方法 [J]. 华东交通大学学报，2011，28（2）：45-49.
[25] 周娟，谢承旺，徐保根 . 关于圈 C_n 的 IC- 着色和 IC- 指数 [J]. 华东交通大学学报，2012（4）：64-68.
[26] 周娟，龚正，陈建亨，等 . 基于卫星云图的风矢场度量模型与算法探讨 [J]. 数学的实践与认识，2013（15）：152-164.
[27] 周娟，王双华，王涛，等 . 高山滑雪中速度建模仿真研究 [J]. 计算机仿真，2015，32（9）：226-232.
[28] Juan Zhou，Xin Xie，Chengwang Xie. Time Complexity of HSO Algorithm，2015 International Conference on Frontiers of Manufacturing and Design Science，December 18-19，2015，Hong Kong，1296-1302.
[29] 周娟，汪立夏，李雄 . 思政教育融入计算机专业课课堂，新校园，2018（2）：94-96.
[30] 周娟，汪立夏，曾露萍 . 大学生视野下基于本科生导师制加强思想政治教育的研究 [J]. 教育观察，2018，7（5）：31-33.
[31] 汪立夏，周娟，卢丽刚，等 . 基于 AHP 与灰色理论的高校思政教育实效性评价研究 [J]. 华东交通大学学报，2018.
[32] 周娟，张英琦，张文明，等 . 基于 ACM 竞赛模式的教学改革与实践探索 [J]. 教育现代化，2020.